U0830243

21世纪电气自动化专业高职高专系列教材

可编程控制器技术应用

赵华军　唐国兰　主编

华南理工大学出版社
·广州·

内 容 简 介

本书根据高等职业技术院校电气自动化技术专业教学计划和教学大纲编写，全书以项目结构编排，贯穿一个项目、多个知识点的编写思想，通过各知识点、技能训练等实践教学环节，使学生切实掌握可编程控制器在各种控制中的应用。本书以三菱公司的 FX2N 系列 PLC 为例，按照任务驱动教学法，系统地介绍了 PLC 的指令系统、编程方法、应用实例，主要内容包括：PLC 基础知识、基本控制指令应用、高级指令应用、通信等。

本书为高等职业技术院校电气自动化技术专业教材，也可作为成人高校、广播电视大学、本科院校举办的二级职业技术学院和民办高校的电气自动化技术专业教材，或作为自学用书。

图书在版编目（CIP）数据

可编程控制器技术应用/赵华军，唐国兰主编. —广州：华南理工大学出版社，2009. 8
(2018. 8 重印)
(21 世纪电气自动化专业高职高专系列教材)
ISBN 978-7-5623-3147-6

Ⅰ. 可…　Ⅱ. ①赵…　②唐…　Ⅲ. ①电气控制-高等学校：技术学校-教材　②可编程序控制器-高等学校：技术学校-教材　Ⅳ. TM921. 5　TP332. 3

中国版本图书馆 CIP 数据核字（2009）第 143255 号

总 发 行：华南理工大学出版社（广州五山华南理工大学 17 号楼，邮编 510640）
营销部电话：020－87113487　87110964　87111048（传真）
E-mail：scut13@scut. edu. cn　http://www. scutpress. com. cn
策划编辑：孟宪忠　庄　严
责任编辑：兰新文
印 刷 者：虎彩印艺股份有限公司
开　　本：787mm×1092mm　1/16　**印张**：14. 75　**字数**：365 千
版　　次：2009 年 8 月第 1 版　2018 年 8 月第 6 次印刷
印　　数：8001～9000 册
定　　价：26. 00 元

版权所有　盗版必究

前　言

可编程序控制器简称PLC，是以微处理器为核心的工业自动控制通用装置。它具有控制功能强、可靠性高、使用灵活方便、易于扩展、通用性强等一系列优点，不仅可以取代继电器控制系统，还可以进行复杂的生产过程控制并应用于工厂自动化网络，被誉为现代工业生产自动化的三大支柱之一。因此，学习和掌握PLC应用技术已成为工程技术人员的紧迫任务。

本书编写时从职业（岗位）需求入手，参照国家职业标准《维修电工》、《可编程控制器设计师》的要求，精选教材内容，切实落实“管用、够用、适用”的教学指导思想，力求由浅入深、通俗易懂、理论联系实际、注重应用。本书适用于高职高专自动化、电气工程、电子信息、机电一体化及相关专业的教学，也可作为工业自动化技术人员的培训教材和自学参考书。

本书从应用的角度出发，体现以技能训练为主线、相关知识为支撑的编写思路，系统地介绍了PLC硬件组成、工作原理和性能指标，以国内使用较多的日本三菱公司FX系列PLC为样机，详细介绍了其指令系统及应用、PLC程序设计的方法与技巧、PLC控制系统设计应注意的问题等。

全书共分九部分，分别是：项目一初识PLC，项目二电动机的PLC控制，项目三自动小车的PLC控制，项目四十字路口交通灯的PLC控制，项目五彩灯控制，项目六电梯平层控制，项目七模拟量处理，项目八PLC通信与编程，项目九恒压供水系统的设计。每个项目均由若干模块组成。

本书由广州铁路职业技术学院赵华军、松山职业技术学院唐国兰主编。参加编写的有广州铁路职业技术学院赵华军（项目二、项目三、项目四）、钟波（项目一、项目五）、童巧新（项目八、项目九），松山职业技术学院唐国兰（项目六、项目七）。全书由赵华军统稿。

由于编者水平所限，书中不足和错误之处恳请读者批评指正。

赵华军

2009年5月

目　录

项目一　初识 PLC

任务一　PLC 的产生

任务目标

（1）了解 PLC 的发展过程；
（2）掌握 PLC 的基本组成；
（3）掌握 PLC 各组成部分。

相关知识

一、PLC 的产生

1. PLC 的发展过程

可编程控制器的产生和发展与继电器有很大的关系。继电器是一种用弱电信号控制强电信号的电磁开关，虽有上百年的历史，但在复杂的继电器控制系统中，故障的查找和排除是非常困难的，可能会花大量时间，严重地影响生产。如果工艺要求发生变化，就得重新设计线路连线安装，不利于产品的更新换代。显然，需要寻求一种新的控制装置来取代老式的继电器控制系统，使电气控制系统的工作更可靠、更容易维护、更能适应经常变动的工艺条件。

1968 年，美国通用汽车公司（GM）对外公开招标，要求用新的电气控制装置取代继电器控制系统，以适应迅速改变生产程序的要求。该公司为新的控制系统提出 10 项指标。

（1）编程简单，可以在现场修改和调试程序；
（2）维修方便，采用插入式模块结构；
（3）可靠性高于继电器控制系统；
（4）体积小于继电器控制柜；
（5）能与管理中心计算机系统进行通信；
（6）成本可与继电器控制系统相竞争；
（7）输入量是 115V 交流电压；
（8）输出量是 115V 交流电压，输出电流在 2A 以上，能直接驱动电磁阀；

(9) 系统扩展时，原系统只需做很小的改动；

(10) 用户程序存储器容量至少4KB。

1969年，美国数字设备公司（DEC）根据上述要求，研制出世界上第一台可编程控制器，并在GM公司汽车生产线上首次应用成功，实现了生产的自动化控制，取得了令人满意的效果，从此开创了工业控制的新纪元。

早期的可编程控制器是为取代继电器控制系统而设计的，用于开关量控制，进行逻辑运算，故称之为可编程逻辑控制器（Programmable Logical Controller，PLC）。

20世纪70年代后期，随着微电子技术、计算机技术和数字控制技术的迅速发展，可编程逻辑控制器从开关量逻辑控制扩展到计算机数字控制等领域，更多地具有计算机的功能，不仅用于逻辑控制场合，而且还可以用于运动控制、过程控制、PID控制等所有控制领域。因此，国际电工委员会（IEC）将可编程逻辑控制器改称为可编程控制器（Programmable Controller，PC)，但后来为了与个人计算机（Personal Computer，PC）相区别，人们又用PLC作为可编程控制器的简称。

如今，PLC已大量应用在进口和国产设备中，各行各业也涌现了大批应用PLC改造旧设备的成果，它的应用几乎覆盖了所有的工业企业。PLC技术已成为当今世界的潮流，成为工业自动化的三大支柱（PLC技术、机器人、计算机辅助设计与制造）之一。

2. PLC的特点

随着PLC的发展，其应用也越来越广泛。为了确定它的性质，国际电工委员会在1987年2月颁布了PLC的标准草案，草案对PLC作了如下定义："可编程控制器是一种数字运算操作的电子装置，专为在工业环境下应用而设计。它采用可编程序的存储器，用来在其内部存储执行逻辑运算、顺序控制、定时、计数和算术运算等操作的指令，并能通过数字式或模拟式的输入和输出控制各种类型的机械或生产过程。可编程控制器及其有关的外围设备都应按易于与工业控制系统连成一个整体、易于扩充其功能的原则设计。"

由以上定义可知，可编程控制器是一种数字运算操作的电子装置，是直接应用于工业环境，用程序来改变控制功能，易于与工业控制系统连成一体的工业计算机。

PLC之所以能够高速发展，除了它顺应工业自动化的客观要求之外，更重要的是它具有许多适合工业控制的优点，较好地解决了工业控制领域中普遍关心的可靠、安全、灵活、方便、经济等问题。PLC具有以下几个显著的特点。

(1) 可靠性高，抗干扰能力强

传统的继电器控制系统中使用了大量的中间继电器、时间继电器，由于这些继电器的触点多，动作频繁，经常出现接触不良的现象，因此故障率高。而PLC用软元件代替了大量的中间继电器和时间继电器，仅剩下与输入和输出有关的少量硬件，接线可减少到继电器控制系统的1/100～1/10，因触点接触不良而造成的故障大为减少。另外，PLC还使用了一系列硬件和软件保护措施，如所有的输入/输出接口电路均采用光电隔离，使控制现场的外部电路与PLC的内部电路实现电气上的隔离；使用性能优良的开关电源，即使有1kV/s的脉冲干扰，PLC也不会出现误动作；设计了良好的自诊断功能，一旦电源或其他软件、硬件发生异常情况，CPU就立即采用有效措施，以防止事故扩大。因此，PLC具有很高的可靠性和很强的抗干扰能力，平均无故障的工作时间可达数万小时，已被广大用户公认为是最可靠的工业控制设备之一。

(2) 功能强大，性价比高

PLC 除了有逻辑处理功能外，大多还具有完善的数据运算能力，可用于各种数字控制领域。近年来，PLC 的功能模块大量涌现，使 PLC 渗透到位置控制、温度控制、计算机数控（CNC）等工业控制中。目前，随着 PLC 的通信功能及人机界面技术的发展，PLC 可以完成各种非常复杂的控制。与相同功能的继电器控制系统相比，PLC 具有很高的性价比。

(3) 编程简易，可现场修改

PLC 作为通用的工业控制计算机，是面向工矿企业的工控设备，其编程语言易于为工程技术人员接受。其中的梯形图就是使用最多的 PLC 编程语言，其图形符号和表现形式与继电器控制电路图相似，熟悉继电器控制电路图的工程技术人员只需花几天时间就可以熟悉梯形图语言，并用来编制用户程序，而且可以根据现场情况，在生产现场边调试边修改，以适应生产的需要。

(4) 配套齐全，使用方便

PLC 发展到今天，其产品已经标准化、系列化、模块化，有品种齐全的各种硬件和软件供用户选用，用户可灵活方便地进行系统配置，组成不同功能、不同规模的系统。此外，PLC 还具有接线方便和带负载能力强的特点，通常 PLC 都通过接线端子与外部设备连接，可以直接驱动一般的电磁阀和中小型交流接触器，使用起来极为方便。

(5) 寿命长，体积小，能耗低

PLC 不仅平均无故障时间可达数万小时，而且其使用寿命可达几十年。对于复杂的控制系统，使用 PLC 后，可以减少大量的中间继电器和时间继电器，因此，控制柜的体积可以缩小到原来的 1/10 ~ 1/2。特别是小型 PLC 的体积仅相当于两个继电器的大小，且能耗仅为数瓦，所以它是机电一体化设备的理想控制装置。

(6) 系统设计、安装、调试、维修工作量少，维修方便

PLC 用软件取代了继电器控制系统中大量的硬件，使控制柜的设计、安装、接线工作量大大减少。对于复杂的控制系统，如果掌握了正确的设计方法，设计梯形图的时间比设计继电器系统电路图的时间要少得多。PLC 可以将现场调试过程中发现的问题通过修改程序来解决，而且还可以在实验室里模拟调试用户程序，系统的调试时间比继电器系统少得多。PLC 具有完善的自诊断和显示功能，当 PLC 外部的输入装置和执行机构发生故障时，可以根据 PLC 上发光二极管或编程器提供的信息方便地查明故障的原因和部位，从而迅速地排除故障。

3. PLC 的应用领域

目前，可编程控制器已广泛应用于钢铁、石油、化工、电力、建材、机械制造、汽车、轻纺、交通运输、环保等各行各业。随着其性价比的不断提高，其应用范围正不断扩大，其用途大致有以下几个方面。

(1) 开关量逻辑控制

这是 PLC 最基本、最广泛的应用领域。PLC 具有“与”、“或”、“非”等逻辑指令，可以实现触点和电路的串联、并联，代替继电器进行组合逻辑控制、定时控制与顺序控

制。开关量逻辑控制可以用于单台设备，也可以用于自动生产线，其应用领域已遍及各行各业。

（2）运动控制

PLC 使用专用的指令或运动控制模块，对直线运动或圆周运动进行控制，可实现单轴、双轴、三轴和多轴位置控制，使运动控制与顺序控制功能有机地结合在一起。PLC 的运动控制功能广泛地用于各种机械，如金属切削机床、金属成形机械、装配机械、机器人、电梯等场合。

（3）闭环过程控制

过程控制是指对温度、压力、流量等连续变化的模拟量的闭环控制。PLC 通过模拟量 I/O 模块，实现模拟量（Analog）和数字量（Digital）之间的 A/D 与 D/A 转换，并对模拟量实行闭环 PID（比例—积分—微分）控制。现代的 PLC 一般都有 PID 闭环控制功能，这一功能可以用 PID 功能指令或专用的 PID 模块来实现。其 PID 闭环控制功能已经广泛地应用于塑料挤压成形机、加热炉、热处理炉、锅炉等设备，同时还适用于轻工、化工、机械、冶金、电力、建材等行业。

（4）数据处理

现代的 PLC 具有数学运算（包括四则运算、矩阵运算、函数运算、字逻辑运算、求反、循环、移位和浮点数运算等），数据传送、转换、排序，查表及位操作等功能，可以完成数据的采集、分析和处理。这些数据可以与储存在存储器中的参考值进行比较，也可以用通信功能传送到别的智能装置，或者将它们打印制表。

（5）通信联网

PLC 的通信包括主机与远程 I/O 之间的通信、多台 PLC 之间的通信、PLC 与其他智能控制设备（如计算机、变频器、数控装置）之间的通信。PLC 与其他智能控制设备一起，可以组成“分散控制、集中管理”的分布式控制系统，以满足工厂自动化系统发展的需要。

当然，并不是所有的 PLC 都具有上述全部功能，有些小型 PLC 只有上述的部分功能。

4. PLC 的发展趋势

PLC 经过了几十年的发展，从一开始的简单逻辑控制到现在的运动控制、过程控制、数据处理和联网通信。随着科学技术的进步，PLC 还将有更大的发展，主要表现在以下几个方面。

（1）从技术上看，随着计算机技术的新成果更多地应用到 PLC 的设计和制造上，PLC 会向运算速度更快、存储容量更大、功能更广、性能更稳定、性价比更高的方向发展。

（2）从规模上看，随着 PLC 应用领域的不断扩大，为适应市场的需求，PLC 会进一步向超小型和超大型两个方向发展。

（3）从配套性上看，随着 PLC 功能的不断扩大，PLC 产品会向品种更丰富、规格更齐备的方向发展。

（4）从标准上看，随着 IEC 1131 标准的诞生，各厂家 PLC 或同一厂家不同型号的 PLC 互不兼容的格局将被打破，将使 PLC 的通用信息、设备特性、编程语言等向 IEC 1131 标准的方向发展。

（5）从网络通信的角度看，随着 PLC 和其他工业控制计算机组网构成大型控制系统以及现场总线的发展，PLC 将向网络化和通信的简便化方向发展。

5. 如何学好 PLC

在 PLC 的发展过程中形成了几大流派、几百个品种，每个品种又有多种系列。各种品牌的 PLC 尽管在整体结构、工作原理上相差不是太大，但其指令的功能、用法、编程的思路等却有很大的区别。因此认为了解某个品牌的 PLC 就可以去应用另一品牌的 PLC 是不太现实的。例如，我们不能说熟悉了 OMRON 的 C200，就可以去应用西门子的 S7。但是，同一流派的有些 PLC 却十分接近，例如日本三菱公司的 FX2N 系列与日本的 OMRON 系列，尽管存在某些指令形式的不同，内部软元件的表示方式不同，但其编程的思路却比较接近。

因此，学习 PLC 首先要了解其结构、工作原理，在此基础上选取一种逻辑关系清楚的作为学习的主要机型；接着了解其内部软元件，掌握其指令的意义和编程的方法；然后进行大量的编程练习，积累编程经验、掌握编程技巧；之后再学习其他品牌的 PLC。为此，本书选取了日本三菱公司的 FX2N 系列 PLC 作为学习用机，着重介绍其内部软元件、编程工具、基本逻辑指令、步进顺控指令、常用功能指令及特殊功能模块等内容，并安排大量的编程训练。希望读者通过这样的学习，能够掌握一种 PLC 的基本应用，以便在今后的工作中发扬光大。

二、PLC 的基本组成

PLC 通常由基本单元、扩展单元、扩展模块及特殊功能模块组成。基本单元包括 CPU、存储器、I/O 单元和电源，是 PLC 控制的核心；扩展单元是扩展 I/O 点数的装置，内部有电源；扩展模块用于增加 I/O 点数和改变 I/O 点数的比例，内部无电源，由基本单元或扩展单元供电。扩展单元和扩展模块内无 CPU，必须与基本单元一起使用。特殊功能模块是一些具有特殊用途的装置。下面介绍 PLC 基本单元的硬件和软件构成及作用。

1. 硬件

PLC 基本单元的硬件主要由中央处理单元（CPU）、存储器、输入单元、输出单元、电源单元、编程器、扩展接口、编程器接口和存储器接口组成，其结构框图如图 1－1 所示。

（1）CPU 模块

CPU 模块是整个 PLC 的运算和控制中心，在系统程序的控制下，通过运行用户程序完成各种控制、处理、通信以及其他功能，控制整个系统并协调系统内部各部分的工作。PLC 的档次越高，CPU 的位数就越长，运算速度也越快。如三菱 FX2N 系列 PLC，大部分芯片采用了表面封装技术，其 CPU 板有两片超大规模集成电路（双 CPU），所以 FX2N 系列 PLC 在速度、集成度等方面都有明显的提高。

（2）存储器

存储器用于存放程序和数据。PLC 配有系统存储器和用户存储器，前者用于存放系统的各种管理监控程序；后者用于存放用户编制的程序。PLC 存储器常用的有 RAM、ROM、EPROM 和 EEPROM 等 4 种类型。

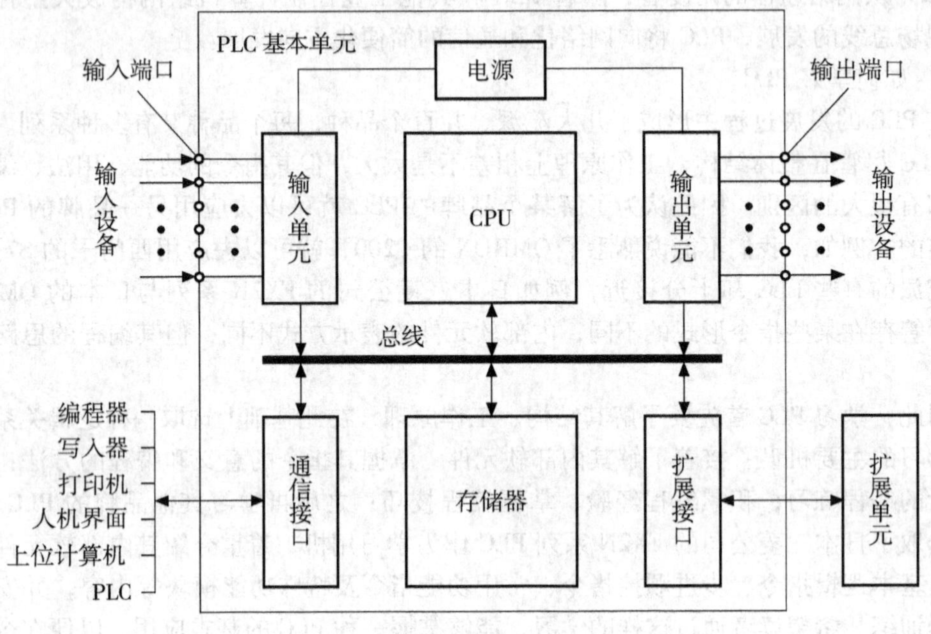

图 1－1 PLC 的结构框图

（3）I/O 单元

I/O 单元是 PLC 与生产设备连接的接口。CPU 所能处理的信号只能是标准电平，因此现场的输入信号，如按钮开关、行程开关、限位开关以及传感器输出的开关量或模拟量信号，需要通过输入单元的转换和处理才可以传送给 CPU。CPU 的输出信号，也只有通过输出单元的转换和处理，才能够驱动电磁阀、接触器、继电器等执行部件。

①输入电路。开关量输入电路的作用是将现场的开关量信号变成 PLC 内部处理的标准信号。按现场信号可接纳的电源类型不同，开关量输入电路可分为 3 类：直流输入接口、交流输入接口和交/直流输入接口。外部输入元件可以是无源触点或有源传感器。输入电路包括光电隔离和 RC 滤波器，用于消除输入触点抖动和外部噪声干扰。

如图 1－2 所示，输入信号接于输入端子（如 X0、X1）和输入公共端 COM 之间，当有输入信号（即传感器接通或开关闭合）时，则输入信号通过光电耦合电路耦合到 PLC 内部电路，并使发光二极管（LED）亮，指示有输入信号。因此，输入电路由输入公共端 COM、输入信号、输入端子与等效输入线圈等组成。当输入信号 ON 时，等效输入线圈得电，对应的输入触点动作，但此等效输入线圈在梯形图中不能出现。

说明：输入继电器习惯写成 X0 ~ X7、……、X260 ~ X267，但通过 PLC 的编程软件或编程器输入时，会自动生成 3 位八进制的编码，如 X000 ~ X007、……、X260 ~ X267。对于输出继电器 Y000 ~ Y007、……、Y260 ~ Y267，也习惯写成 Y0 ~ Y7、……、Y260 ~ Y267。

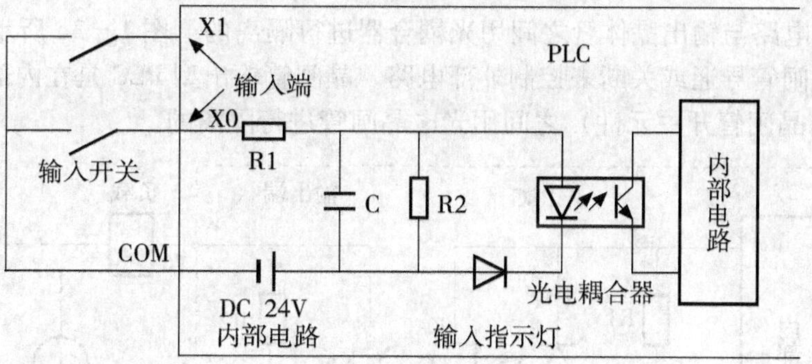

（a）直流输入

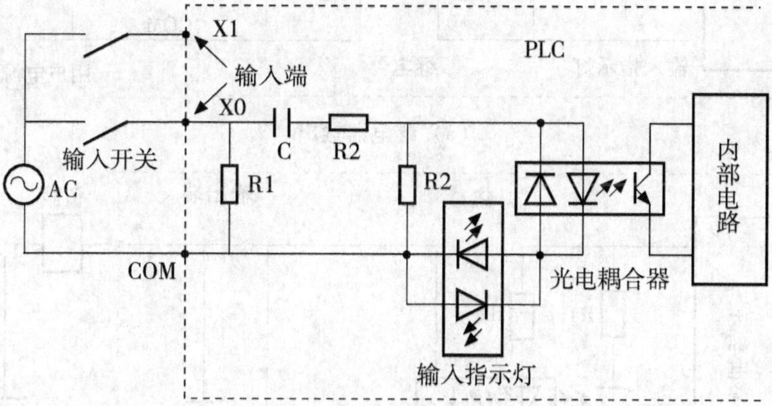

（b）交流输入

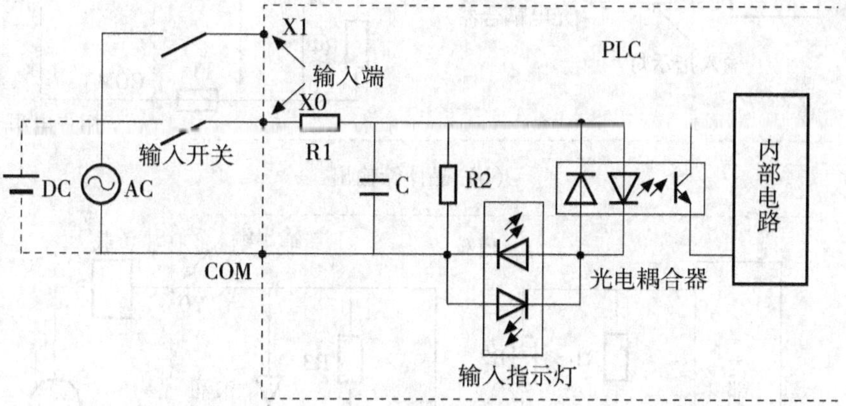

（c）交/直流输入

图 1－2　开关量输入接口

②输出电路。PLC 的输出电路有 3 种形式：继电器输出、晶体管输出和晶闸管输出，如图 1－3 所示。图 1－3a 所示为继电器输出型，CPU 控制继电器线圈的通电或失电，其触点相应闭合或断开，再利用触点去控制外部负载电路的通断。显然，继电器输出型 PLC 是利用继电器线圈和触点之间的电气隔离，将内部电路与外部电路进行隔离的。图 1－3b 所示为晶体管输出型，通过使晶体管截止或饱和导通来控制外部负载电路。晶体管输出型

PLC 是在内部电路与输出晶体管之间用光耦合器进行隔离的。图 1－3c 所示为晶闸管输出型，通过使晶闸管导通或关断来控制外部电路。晶闸管输出型 PLC 是在内部电路与输出元件（三端双向晶闸管开关元件）之间用光电晶闸管进行隔离的。

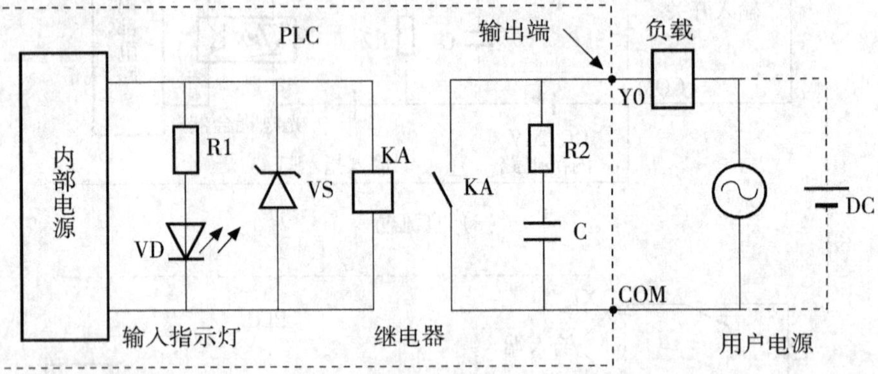

（a）继电器输出

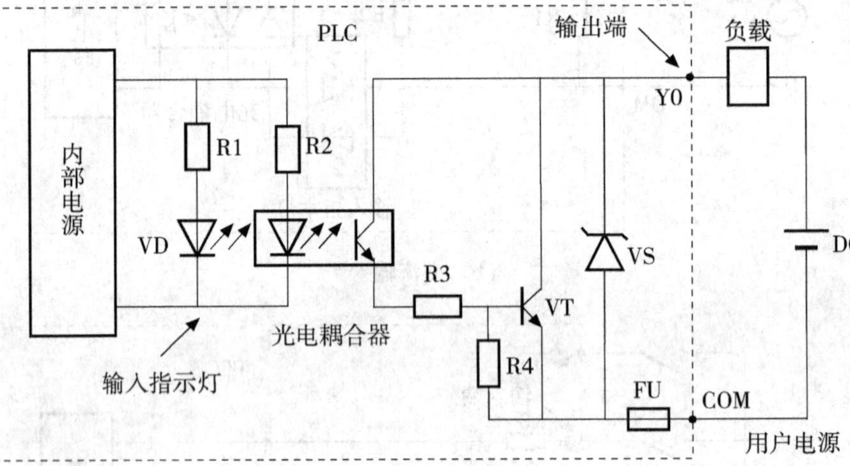

（b）晶体管输出

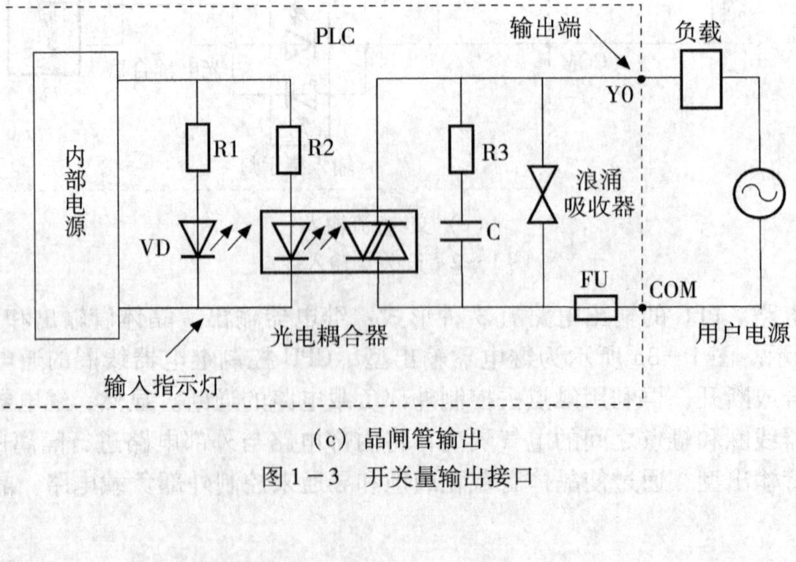

（c）晶闸管输出

图 1－3　开关量输出接口

在上述 3 种输出形式中，以继电器输出型最为常见，但响应时间最长。以 FX2N 系列 PLC 为例，从继电器线圈通电或断电到输出触点变为 ON 或 OFF 的响应时间均为 10ms。有关 FX2N 系列 PLC 的输出技术指标如表 1－1 所示。

表 1－1　PLC 输出单元

输出单元名称	输出单元符号	可带的负载类型	OFF/ON 时间	容量
晶体管	T	直流负载	0.2ms	0.5A/点 DC 5 ～ 30V
晶闸管	S	交流负载	1ms	0.3A/点 AC 85 ～ 242V
继电器	R	交/直流负载	10ms	2A/点 AC 250V，DC30V

（4）电源单元

PLC 的供电电源一般是市电，有的也用 DC 24V 电源供电。PLC 对电源稳定性要求不高，一般允许电源电压在 －15%～＋10% 之间波动。PLC 内部含有一个稳压电源，用于对 CPU 和 I/O 单元供电，小型 PLC 的电源往往和 CPU 单元合为一体，大中型 PLC 都有专门的电源单元。有些 PLC 还有 DC 24V 输出，用于对外部传感器供电，但输出电流往往只是毫安级。

（5）编程器

编程器最少包括键盘和显示两部分，用于对用户程序进行输入、读出、检验、修改。常用的编程器类型如下。

①便携式编程器，也叫手持式编程器，用按键输入指令，大多采用数码管显示，具有体积小、易携带的特点，适合小型 PLC 的编程要求。

②图形编程器，又称智能编程器，采用液晶显示器或阴极射线管（CRT）显示，可在调试程序时显示各种信号状态和出错提示等，还可与打印机、绘图仪、录音机等设备连接，具有较强的功能，对于习惯用梯形图编程的人员来说，这种编程器尤为适合。

③基于个人计算机的编程软件，即在个人计算机上安装专用的编程软件，可以编制梯形图、语句等形式的用户程序。

（6）扩展接口

扩展接口实际上为总线形式，可以连接输入/输出扩展单元或模块（使 PLC 的点数规模配置更为灵活），也可连接模拟量处理模块、位置控制模块以及通信模块等。在大型机中，扩展接口为插槽扩展基板的形式。

（7）编程器接口

PLC 基本单元通常是不带编程器的，为了能对 PLC 进行现场编程及监控，PLC 基本单元上专门设置有编程器接口，通过这个接口可以接各种类型的编程装置，还可以利用此接口做一些监控的工作。

（8）存储器接口

为了存储用户程序以及扩展用户程序存储区、数据参数存储区，PLC 上还设有存储器扩展口，可以根据使用的需要扩展存储器。其内部也是接到总线上的。

2. 软件

PLC 是一种工业计算机，不光要有硬件，软件也必不可少。PLC 的软件包括监控程序

（又称系统程序）与用户程序两大部分。监控程序是由 PLC 厂家编制的，用于控制 PLC 本身的运行。监控程序包含系统管理程序、用户指令解释程序、标准程序模块和系统调用三大部分，其功能是告诉 PLC“怎么做”，它直接决定一台 PLC 的性能。用户程序是 PLC 的使用者通过 PLC 的编程语言来编制的，用于实现对具体生产过程的控制，功能是告诉 PLC“做什么”。

目前，FX2N 系列 PLC 普遍采用的编程语言是梯形图（Ladder Diagram，LD）和指令表（Instruction List，IL）。梯形图是用图形符号及图形符号间的相互关系来表达控制思想的一种图形语言，以其直观、形象、简单等特点为广大用户所熟悉和接受；而指令表则是梯形图的图形符号及它们之间关联的语句表达，和梯形图中的图形符号有严格的对应关系。FX2N 系列 PLC 除了采用梯形图、指令表编制用户程序以外，还采用了 IEC 规定的用于顺序控制的标准化语言——SFC。

（1）梯形图

梯形图（LD）是一种以图形符号及其在图中的相互关系来表示控制关系的编程语言，是从继电器电路图演变过来的，是使用得最多的 PLC 图形编程语言。梯形图由触点、线圈和功能指令等组成，触点代表逻辑输入条件，如外部的开关、按钮和内部条件等；线圈和功能指令通常代表逻辑输出结果，用来控制外部的负载（如指示灯、交流接触器、电磁阀等）或内部的输出条件。

图 1－4 所示为一个继电器电路图与相应梯形图的比较示例。可以看出，梯形图与继电器电路图很相似，都是用图形符号连接而成的，这些符号与继电器电路图中的常开触点、常闭触点、并联连接、串联连接、继电器线圈等是对应的，每一个触点和线圈都对应一个软元件。梯形图具有形象、直观、易懂的特点，很容易被熟悉继电器控制的电气人员掌握。

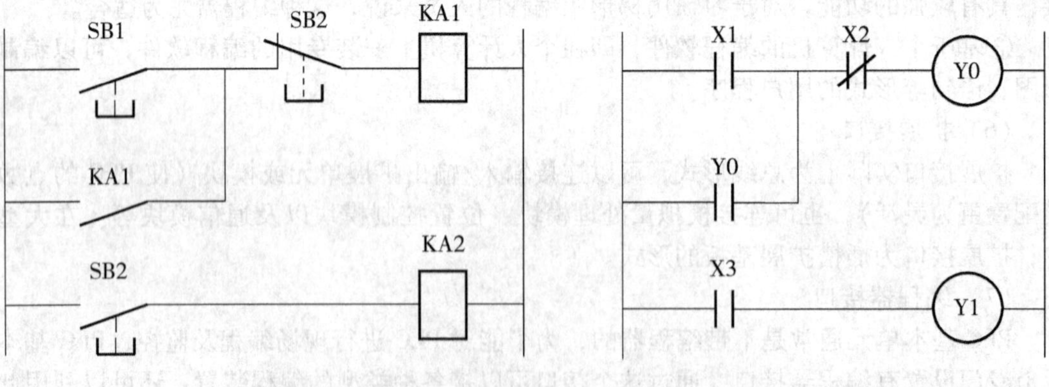

（a）继电器电路图　　（b）梯形图

图 1－4　继电器电路与梯形图对照图

（2）指令表

指令表（IL）是由许多指令构成的，这种编程语言是一种与汇编语言类似的助记符编程表达方式。在 PLC 应用中，经常采用简易编程器，而这种编程器中没有 CRT 屏幕显示，或没有较大的液晶屏幕显示。因此，就用一系列 PLC 操作命令组成的语句表将梯形图描述出来，再通过简易编程器输入到 PLC 中。虽然各个 PLC 生产厂家的语句表形式不尽相同，但基本功能相差无几。以下是与图 1－4 中梯形图对应的（FX2N 系列 PLC）语句表程序。

指令	操作数
LD	X1
OR	Y0
ANI	X2
OUT	Y0
LD	X3
OUT	Y1

可以看出，语句是语句表程序的基本单元，PLC 的指令是一种与微型计算机的汇编语言中的指令相似的助记符表达式，它由操作码和操作数两部分组成。操作码用助记符表示，它表明 CPU 要执行某种操作，是不可缺少的部分；操作数包括执行某种操作所必需的信息，一般由常数和软元件组成，大多数指令只有 1 个操作数，但有的没有操作数，而有的有 2 个或更多。如 LD X1 这条指令，LD 为助记符（即操作码），X1 为软元件（即操作数），其中的 X 为元件符号，1 为元件 X 的编号；又如 MOV K0 D0 这条指令，其中 MOV 为助记符，K0 为常数（第 1 操作数），D0 为软元件（第 2 操作数），其中的 D 为元件符号，0 为元件 D 的编号。

指令表程序较难阅读，其中的逻辑关系也很难一眼看出，所以在设计时一般使用梯形图语言。但如果使用手持式编程器输入程序，则必须将梯形图转换成指令表后再写入 PLC。在用户程序存储器中，指令按步序号顺序排列。

(3) 顺序功能图

顺序功能图（SFC）用来描述开关量控制系统的功能，是一种位于其他编程语言之上的图形语言，用于编制顺序控制程序。顺序功能图提供了一种组织程序的图形方法，根据它可以很容易地画出顺控梯形图，本书将在模块 3 中做详细介绍。

三、PLC 的工作原理

1. PLC 的等效电路

为了区别常规控制电路和 PLC 控制电路（通常叫梯形图），PLC 一般用专用图形符号来表示，如表 1－2 所示，其中可编程序控制器的继电器线圈可有多种画法。

表 1－2　常规电器和可编程序控制器的图形符号对照

	常规电器	可编程序控制器
常开触点	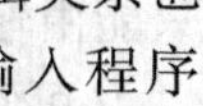	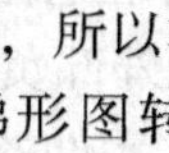
常闭触点	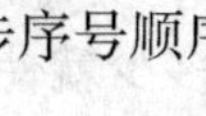	
继电器线圈	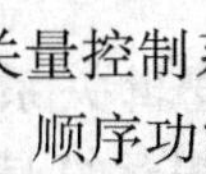	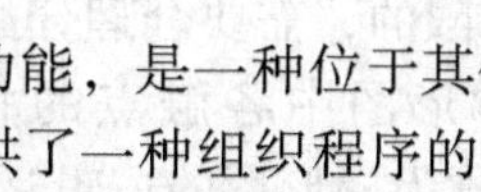

通过对图 1-4 进行分析和总结，可以看出梯形图具有如下特点。

（1）梯形图是按从上到下的顺序绘制，两侧的竖线类似于继电器电路图的电源线，通常称作母线（有的时候只画左母线）。两母线之间是内部继电器常开、常闭触点以及继电器线圈或功能指令组成的一条条平行的逻辑行（或称梯级），每个逻辑行必须以触点与左母线连接开始，以线圈或功能指令与右母线连接结束。

（2）继电器电路图中的左、右母线为电源线，中间各支路都加有电压，当支路接通时，有电流流过支路上的触点与线圈。而梯形图的左、右母线并未加电压，梯形图中的支路接通时，并没有真正的电流流动，只是为分析方便的一种假想的“电流”，且只能从左向右流动。

（3）梯形图中使用的各种器件（即软元件），如输入继电器、输出继电器、定时器、计数器等，是按照继电器电路图中相应的名称称呼的，并不是真实的电器器件（即硬件继电器）。梯形图中的每个触点和线圈均与 PLC 存储器中元件映像寄存器的一个存储单元相对应，若该存储单元为“1”，则表示常开触点闭合（常闭触点断开）和线圈通电；若为“0”，则表示常开触点断开（常闭触点闭合）和线圈断电。

（4）梯形图中输入继电器的状态唯一取决于对应输入电路中输入信号的通断状态，与程序的执行无关。因此，在梯形图中输入继电器不能被程序驱动，即不能出现输入继电器的线圈。

（5）梯形图中辅助继电器相当于继电器电路图中的中间继电器，是用来保存运算的中间结果的，不对外驱动外部负载，外部负载只能由输出继电器来驱动。

（6）梯形图中各软元件的触点既可常开，又可常闭，其常开、常闭触点的数量是无限的（也不会损坏），梯形图程序设计时需要多少就使用多少，但 PLC 输入、输出继电器的对外硬触点是有限的，需要合理分配使用。

（7）根据梯形图中各触点的状态和逻辑关系，求出图中各线圈对应的软元件的 ON/OFF状态，称为梯形图的逻辑运算。逻辑运算是按梯形图中从上到下、从左至右的顺序进行的，运算的结果可以马上被后面的逻辑运算所利用。逻辑运算是根据元件映像寄存器中的状态，而不是根据运算瞬时外部输入信号的状态来进行的。

下面以如图 1-5 所示的电动机单方向旋转控制电路为例，来看一看用 PLC 是如何进行控制的。

电动机单方向旋转控制电路中，根据逻辑关系将电气控制电路分成两个组成部分：输入部分元件和输出执行部分元件。

在图 1-5 所示的控制电路中，输入部分元件有热继电器 FR、停止按钮 SB1 和启动按钮 SB2；输出执行部分元件有接触器 KM1 和 KM2。

现在把输入部分元件热继电器 FR、停止按钮 SB1 和启动按钮 SB2 全部以常开触点的形式连接到 PLC 的输入端口，每个接点对应一个 PLC 的输入继电器，如图 1-6 中的 X0、X1、X2。把输出执行部分元件接触器线圈 KM 连接到 PLC 的输出端口，每个接触器线圈对应一个 PLC 的输出继电器。这些就是 PLC 的硬件部分。

再把图 1-5 中的控制电路对照表 1-2 用 PLC 的图形符号画出来，这就是 PLC 的软件部分，如图 1-6 中的梯形图所示。将梯形图输入到 PLC 中，这样，PLC 就可以对图 1-5

中的主电路进行控制了。

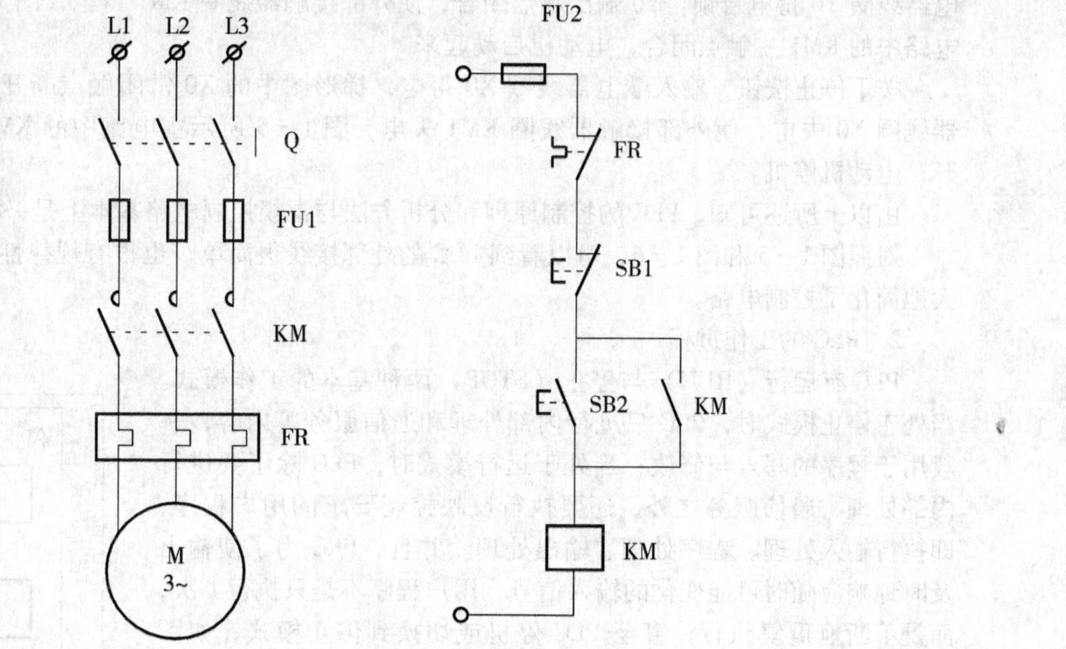

图 1－5　电动机单方向旋转控制电路

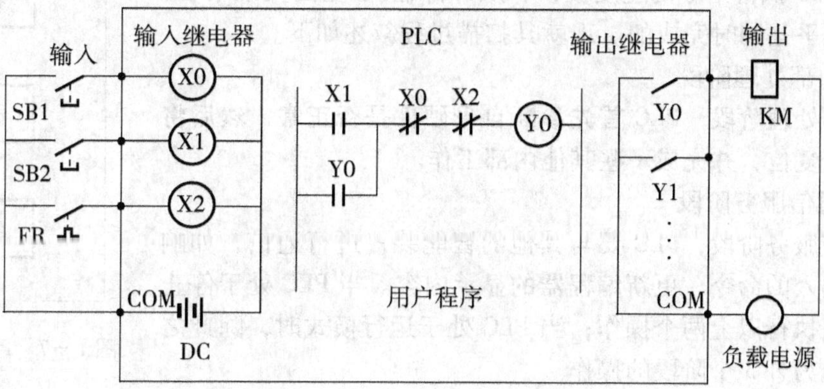

图 1－6　PLC 等效控制电路

图 1－6 是将图 1－5 所示的常规电气控制电路改用 PLC 控制的等效电路，它可以分成以下 3 个相对独立的电路。

（1）输入部分电路：由 PLC 内部的 24V 直流电源、输入继电器 X0、X1 等与外部输入按钮、接点组成，用于接收外部输入信号。

（2）逻辑部分电路：它是一种控制程序，以梯形图的形式表达，它的表达方式和控制电路基本一样，是联系输入和输出的桥梁。

（3）输出部分电路：由 PLC 内部的输出继电器接点 Y0、Y1 等与外部的负载（接触器线圈）和外部电源组成，用于外部输出控制。

下面说明图 1－6 所示的电动机单方向旋转控制电路的控制过程。

按下启动按钮 SB2，输入继电器线圈 X1 得电，梯形图中的 X1 常开触点闭合，输出继电器线圈 Y0 得电自锁，Y0 输出触点闭合，使外部接触器线圈 KM1 得电，图 1－5 所示主电路中的 KM1 主触点闭合，电动机启动起来。

按下停止按钮，输入继电器线圈 X0 得电，梯形图中的 X0 常闭触点断开，输出继电器线圈 Y0 失电，使外部接触器线圈 KM1 失电，图 1－5 所示主电路中的 KM1 主触点断开，电动机停机。

由以上所述可知，PLC 的控制原理和分析方法与常规控制电路基本上是一样的。

对照图 1－5 和图 1－6，可以看到 PLC 的外部接线很简单，也很有规律性，这样就大大地简化了控制电路。

2. PLC 的工作过程

PLC 有运行（RUN）与停止（STOP）两种基本的工作模式。当处于停止模式时，PLC 只进行内部处理和通信服务等内容，一般用于程序的写入与修改；当处于运行模式时，PLC 除了要进行内部处理、通信服务之外，还要执行反映控制要求的用户程序，即执行输入处理、程序处理、输出处理。并且，PLC 为了使输出及时地响应随时可能变化的输入信号，用户程序不是只执行 1 次，而是不断地重复执行，直至 PLC 停机或切换到停止模式，如图 1－7所示。PLC 的这种周而复始的循环工作方式称为扫描工作方式。由于 PLC 执行指令的速度极快，从外部输入/输出关系来看，处理过程似乎是同时完成的。现就其扫描过程叙述如下。

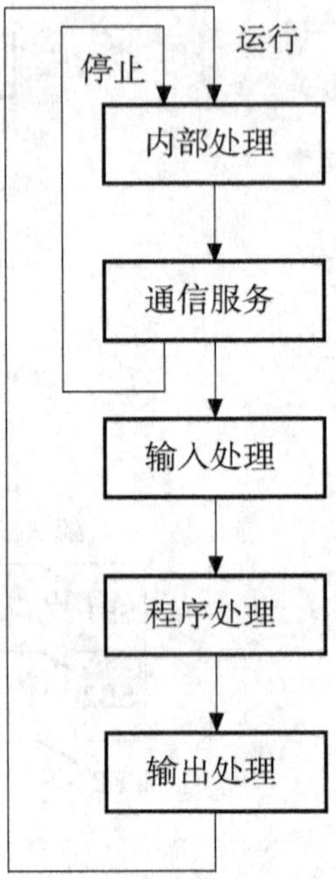

图 1－7　PLC 工作框图

（1）内部处理阶段

在内部处理阶段，PLC 首先诊断自身硬件是否正常，然后将监控定时器复位，并完成一些其他内部工作。

（2）通信服务阶段

在通信服务阶段，PLC 要与其他的智能装置进行通信，如响应编程器键入的命令、更新编程器的显示内容。当 PLC 处于停止模式时，只执行以上两个操作；当 PLC 处于运行模式时，除此之外还要完成另外 3 个阶段的操作。

（3）输入处理阶段

输入处理又叫集中输入采样。在 PLC 的存储器中，设置了一片区域用来存放输入信号和输出信号的状态，它们分别称为输入映像寄存器和输出映像寄存器，PLC 的其他软元件也有对应的映像存储区，它们统称为元件映像寄存器。外部输入信号接通时，对应的输入映像寄存器为“1”状态，梯形图中对应的输入继电器的常开触点接通，常闭触点断开；外部输入信号断开时，对应的输入映像寄存器为“0”状态，梯形图中对应的输入继电器的常开触点断开，常闭触点接通。因此，某一软元件对应的映像寄存器为“1”状态时，称该软元件为 ON；映像寄存器为“0”状态时，称该软元件为 OFF。

在集中输入采样阶段，PLC 首先集中扫描所有输入端子，将各输入状态存入内存中各对应的输入映像寄存器中（如图 1－5 中，假设只按下了按钮 SB2，其他按钮没有动作，就是将“1”写入对应表示输入继电器 X1 所示的映像寄存器位上，而其他输入继电器映像寄存器写入“0”），写入之后，在执行程序过程中及输出刷新前，即使输入再有变化，其值也保持不变，直到下一个扫描周期的输入采样阶段才重新写入新一次扫描时的输入端的状态值。

（4）程序处理阶段

程序处理又叫程序执行，根据 PLC 梯形图扫描原则，按先上后下、先左后右的顺序，逐行逐句扫描，执行程序。但遇到程序跳转指令，则根据跳转条件是否满足来决定程序的跳转地址。当用户程序涉及输入/输出状态时，PLC 从输入映像寄存器中读取上一阶段输入处理时对应输入信号的状态，从输出映像寄存器读取对应映像寄存器的当前状态，根据用户程序进行逻辑运算，运算结果再存入有关元件寄存器中。因此，对每个元件而言，元件映像寄存器（输入映像寄存器除外）中所寄存的内容，会随着程序执行过程而变化。

如图 1－6 所示的梯形图，在全部输入信号采样到了输入映像寄存器后（设 X0、X1、X2 的值为 010），进入程序处理阶段，然后进行逻辑运算，PLC 首先读 X0 的值 0，并取反为 1（因为是常闭触点），再读入 X1 的值 1，再读入 X2 的值 0 并取反为 1（常闭触点），将三者进行逻辑与运算，其运算结果为 1，也就是 Y0 线圈的值为 1，将 Y0 线圈的逻辑值 1 写入到输出映像寄存器 Y0 中……一直读到结束指令 END 时为止。

（5）输出处理阶段

输出处理又叫集中输出刷新，在此阶段，CPU 将输出映像寄存器的 0/1 状态传送到输出锁存器，再经输出单元隔离和功率放大后送到输出端子。梯形图中某一输出继电器的线圈“通电”时，对应的输出映像寄存器为 1 状态，在输出处理阶段之后，输出单元中对应的继电器线圈通电或晶体管、可控硅元件导通，外部负载通电工作。若梯形图中输出继电器的线圈“断电”，对应的输出映像寄存器为 0 状态，在输出处理阶段之后，输出单元中对应的继电器线圈断电或晶体管、可控硅元件关断，外部负载断电，停止工作。

PLC 执行梯形图（读程序）是一步一步进行的，所以它的逻辑结果也是由前到后逐步产生，是一种串行工作方式。而常规电器的控制电路中所有的控制电器都是同时工作的，在通电和得电顺序上不存在先后的问题，为并行工作方式。

3. 扫描周期

PLC 在 RUN 工作模式时，执行 1 次如图 1－7 所示的扫描操作所需的时间称为扫描周期，扫描周期与用户程序的长短、指令的种类和 CPU 执行指令的速度有很大的关系，一个扫描周期的时间在几毫秒到几百毫秒之间。

任务二　认识 FX2N 系列 PLC

任务目标

（1）了解 PLC 的硬件组成及各部分的功能；

（2）掌握 PLC 输入和输出端子的分布；

（3）了解I/O点的编号、分类、主要技术指标及使用注意事项；
（4）了解PLC基本单元，扩展单元，特殊功能模块的型号、功能及技术指标。

任务器材

（1）可编程控制器1台（FX2N－48MR）；
（2）AC220V交流接触器1个；
（3）热继电器1个；
（4）按钮开关3个（其中常开2个）；
（5）行程开关2个；
（6）转换开关1个；
（7）实训控制台1个；
（8）电工常用工具1套；
（9）连接导线若干。

任务实施

FX2N系列PLC基本单元的外部特征基本相似，如图1－8所示，一般都有外部端子部分、指示部分及接口部分，其各部分的组成及功能如下。

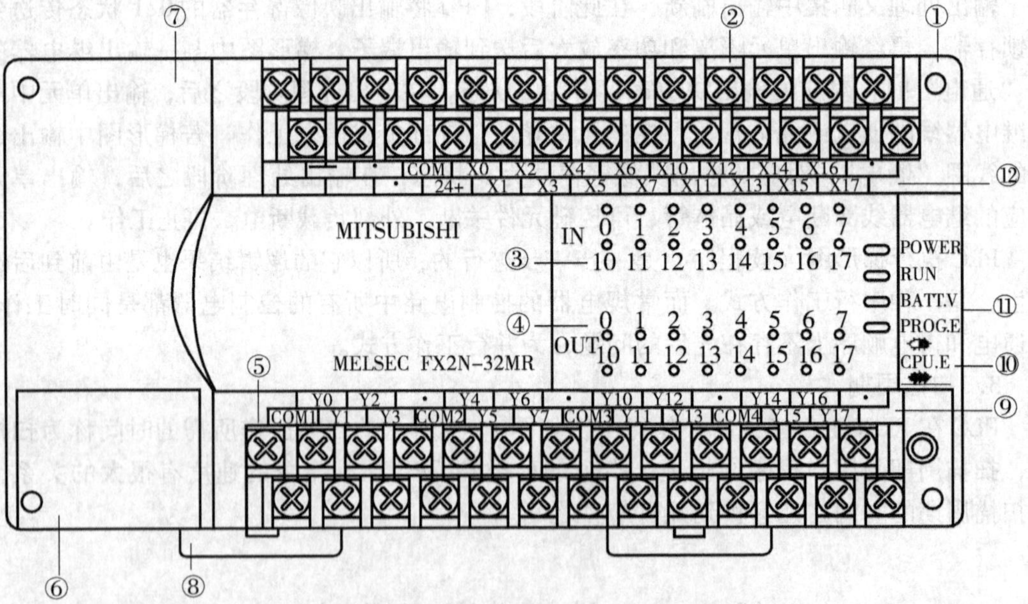

图1－8 FX2N系列PLC外形图

①安装孔4个；②电源、辅助电源、输入信号用的可装卸式端子；③输入指示灯；④输出动作指示灯；⑤输出用的可装卸式端子；⑥外围设备接线插座、盖板；内置RUN/STOP开关PLC编程设备、数据存储单元接线插座；⑦面板盖；⑧DiN导轨装卸用卡子；⑨I/O端子标记；⑩动作指示灯——POWER：电源指示灯，RUN：运行指示灯，BATT. V：电池电压下降指示灯，PROG. E：指示灯闪烁时表示程序出错，CPU. E：指示灯亮时表示CPU出错。

一、外部接线端子部分

外部接线端子包括 PLC 电源端子（L、N）、输入用（供外部传感器用）的直流电源（24V+、COM）、输入端子（X）、输出端子（Y）等，它们位于 PLC 两侧可拆卸的端子板上，每个端子均有对应的编号，主要完成电源、输入信号和输出信号的连接，是 PLC 与外部设备（输入设备、输出设备）连接的桥梁。

输入端子与输入电路相连，输入电路通过输入端子可随时检测 PLC 的输入信息，即通过输入元件（如按钮、转换开关、行程开关、继电器的触点、传感器等）连接到对应的输入端子上，通过输入电路将信息送到 PLC 内部进行处理，一旦某个输入元件的状态发生变化，则对应输入点（软元件）的状态也随之变化，其连接示意图如图 1-9 所示。

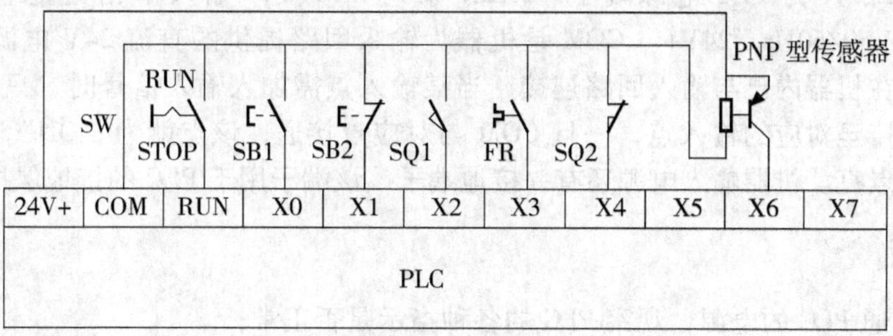

图 1-9　外部接线端子部分

输出回路就是 PLC 的负载驱动回路，通过输出点，将负载和负载电源连接成一个回路，这样，负载就由 PLC 的输出点来进行控制，其连接示意图如图 1-10 所示。负载电源的规格，应根据负载的需要和输出点的技术规格来选择。

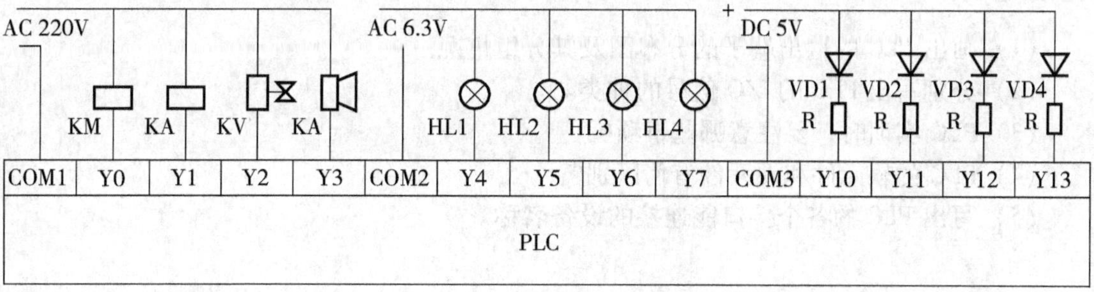

图 1-10　输出信号连接示意图

二、指示部分

指示部分包括各 I/O 点的状态指示、PLC 电源（POWER）指示、PLC 运行状态（RUN）指示、用户程序存储器后备电池（BATT）状态指示及程序出错（PROG. E）、CPU 出错（CPU. E）指示等，用于反映 I/O 点及 PLC 机器的状态。

三、接口部分

打开接口盖或面板可观察到，PLC 有多个接口，主要包括编程器、扩展单元、扩展模块、特殊模块及存储卡盒等外部设备的接口，其作用是完成基本单元同上述外部设备的连接。在编程器接口旁边，还设置了一个 PLC 运行模式转换开关，它有 RUN 和 STOP 两个运行模式，RUN 模式能使 PLC 处于运行状态（RUN 指示灯亮），STOP 模式能使 PLC 处于停止状态（RUN 指示灯灭），此时，用户可以对 PLC 进行程序的录入、编辑和修改。

四、PLC 的电源

FX2N 系列 PLC 上有两组电源端子，分别完成 PLC 电源的输入和输入回路所用直流电源的供出。L、N 为 PLC 电源端子，FX2N 系列 PLC 要求输入单相交流电源，规格为 AC85 ~264V 50/60Hz。24V+、COM 是机器为输入回路提供的直流 24V 电源，为减少接线，其正极在机器内已与输入回路连接，当某输入点需加入输入信号时，只需将 COM 通过输入设备接至对应的输入点，一旦 COM 与对应点接通，该点就为“ON”，此时对应输入指示灯就点亮。机器输入电源还有一接地端子，该端子用于 PLC 的接地保护。

任务训练

（1）接通 PLC 的电源，观察 PLC 的各种指示是否正常；

（2）分别接通各个输入信号，观察 PLC 的输入指示灯是否发亮；

（3）仔细观察 PLC 的输出端子的分组情况，明白同一组中的输出端子不能接入不同的电源；

（4）仔细观察 PLC 的各个接口，明白各接口所接的设备。

训练总结

（1）画出 PLC 的输出端子的分布图及其分组情况。

（2）分别写出 PLC 的 I/O 信号的种类。

（3）PLC 实训时，要注意哪些事项？

（4）PLC 的软元件和硬元件有何区别？

（5）写出 PLC 的各个接口能连接的设备名称。

任务三　FX2N 系列 PLC 编程软件的使用

任务目标

（1）掌握 SWOPC-FXGP/WIN-C 编程软件的使用；

（2）掌握 GX－DEVELOPER 编程软件的使用。

相关知识

三菱公司 FX2N 系列 PLC 的编程输入主要有手持编程器和计算机编程软件。手持编程器体积小，携带方便，用于现场编程和程序调试，比较方便，但只能以指令的形式输入，所以程序输入或对程序的分析理解不太方便。目前比较常用的方法是采用计算机编程软件。

三菱公司针对 FX2N 系列 PLC 编程软件的名称为 SWOPC-FXGP/WIN-C 和 GX-DEVELOPER，它的运行环境为 Windows 95 以上的版本，可对 FX2N 系列 PLC 进行程序输入以及监控 PLC 中各软元件的实时状态。

一、SWOPC-FXGP/WIN-C 编程软件的使用

1. 软件基本介绍

SWOPC-FXGP/WIN-C 编程软件的主要屏幕显示信息如图 1－11 所示。

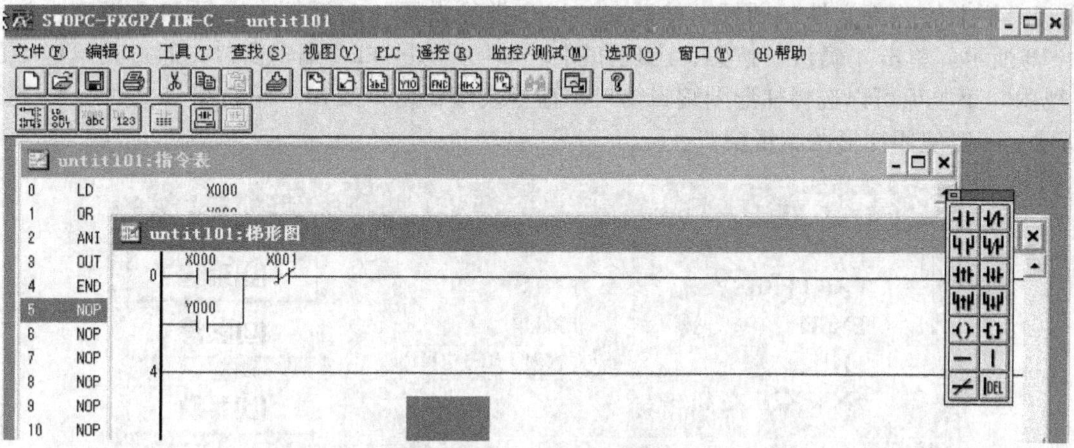

图 1－11　SWOPC-FXGP/WIN-C 编程软件主界面

SWOPC-FXGP/WIN-C 编程软件可以用 3 种编辑窗口：梯形图编辑窗口、指令表编辑窗口和 SFC 编辑窗口。由于梯形图比较直观，所以一般使用梯形图编辑窗口进行编程。该编程软件使用比较简单。编程软件对计算机系统配置要求比较低，一般计算机都能安装，安装过程也比较方便。

2. 编程软件的基本操作

(1) 编程软件的启动与退出

启动 SWOPC-FXGP/WIN-C 编程软件：可以用鼠标双击桌面上的图标，出现如图 1－12 所示的界面。

退出编程软件系统：用鼠标选择“文件”—“退出”命令即可。

图 1－12 初始打开的 SWOPC-FXGP/WIN-C 编程软件窗口

（2）文件的管理

①创建新文件：选择“文件”—“新文件”菜单项，或者按 Ctrl + N 键操作，或者单击工具栏上的“新文件”图标，然后在“PLC 类型设置”对话框中选择 PLC 类型，如图 1 -13 所示。单击“确认”按钮，出现如图 1－14 所示的 PLC 编辑窗口，通过菜单栏中的“视图”菜单项可以选择梯形图编辑窗口、指令表编辑窗口或 SFC 编辑窗口，如图 1－16e 所示。一般使用梯形图编辑窗口。

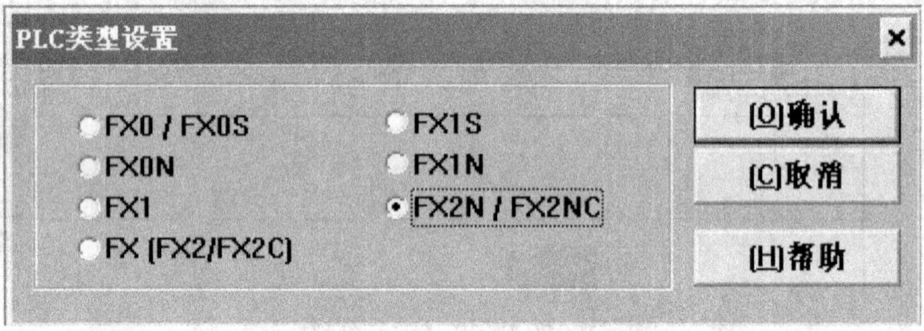

图 1－13 “PLC 类型设置”对话框

图 1－14 梯形图编辑窗口

②打开原有文件：从一个文件列表中打开一个程序以及诸如注释数据之类的数据，操作方法是选择“文件”—“打开”命令，或者按 Ctrl + O 键，再在打开的对话框中选择一个所需的指令程序，单击“确认”按钮即可，如图 1 - 15 所示。

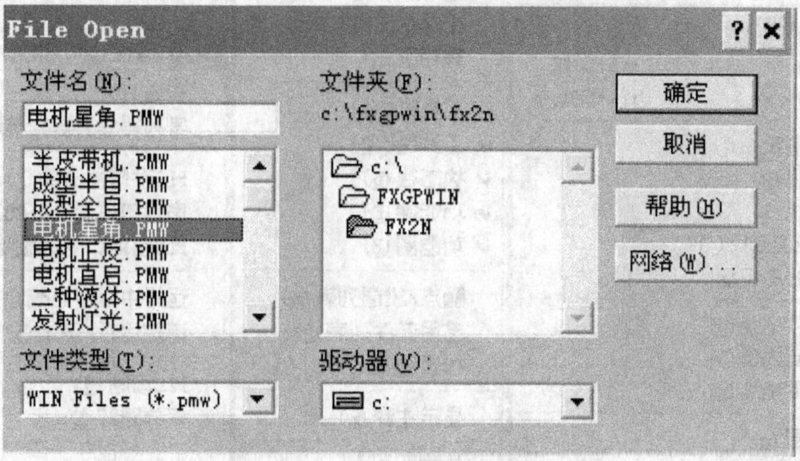

图 1 - 15　File Open 对话框

③文件的保存和关闭：保存当前程序、注释数据以及其他在同一文件名下的数据。如果是第一次保存，屏幕将显示如图 1 - 15 所示的 File Open 对话框，可在“文件名”文本框中对当前程序赋名并保存下来。

将已处于打开状态的程序关闭，再打开一个已有的程序及相应的注释和数据，方法是执行“文件”—“关闭打开”命令，再从图 1 - 15 中打开一个已有的程序。

3. 程序编辑操作

(1) 菜单栏

如图 1 - 11 所示，菜单栏共有 11 项：文件、编辑、工具、查找、视图、PLC、遥控、监控/测试、选项、窗口、帮助，其下拉菜单如图 1 - 16 所示。

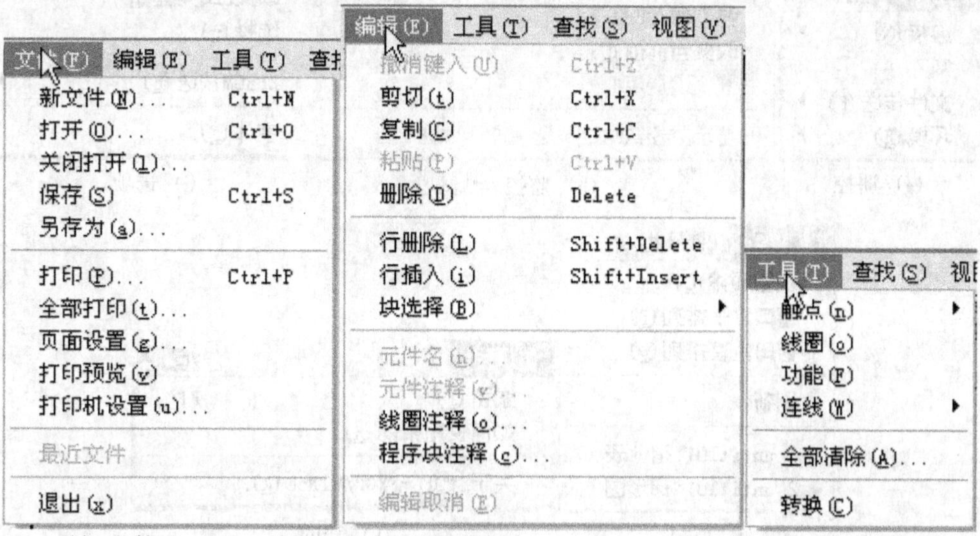

(a) 文件　　(b) 编辑　　(c) 工具

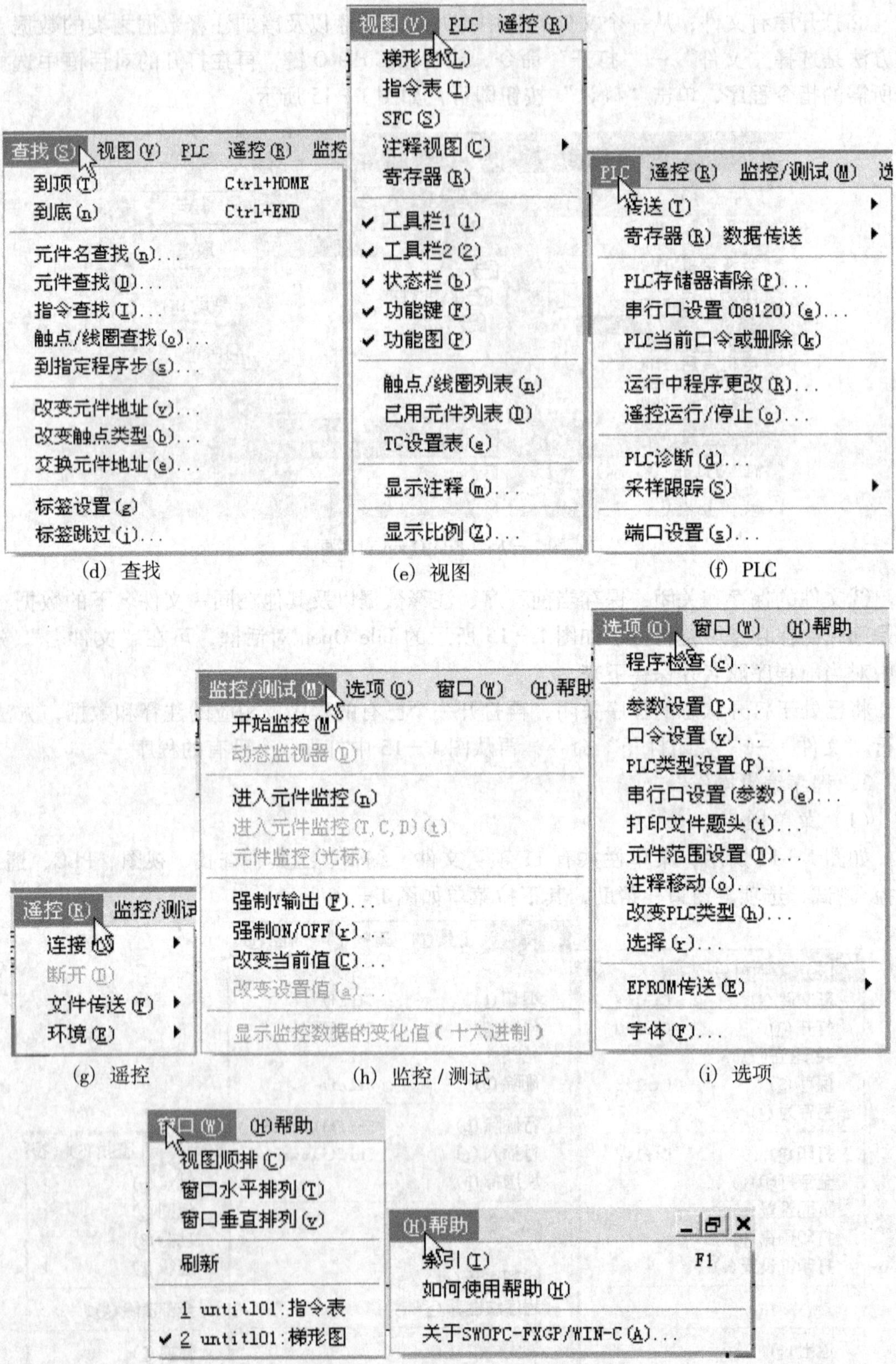

(d) 查找 (e) 视图 (f) PLC

(g) 遥控 (h) 监控 / 测试 (i) 选项

(j) 窗口 (k) 帮助

图 1－16 菜单栏

(2) 梯形图编程输入法

用梯形图编程是较常用的一种方法。梯形图编程窗口的输入有两种方法：图形符号输入法和指令输入法。

①图形符号输入法。用图形符号输入梯形图的方法包括以下几种。

a. 采用菜单栏中的“工具”下拉菜单，如图 1－16c 所示，该法使用较少。

b. 采用功能图，图中梯形图符号及意义如图 1－17 所示。

c. 采用功能键。按下 Shift 键，显示如图 1－18 所示的功能键。

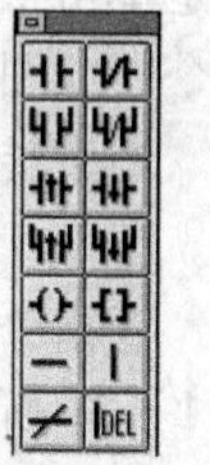

图 1－17　功能图

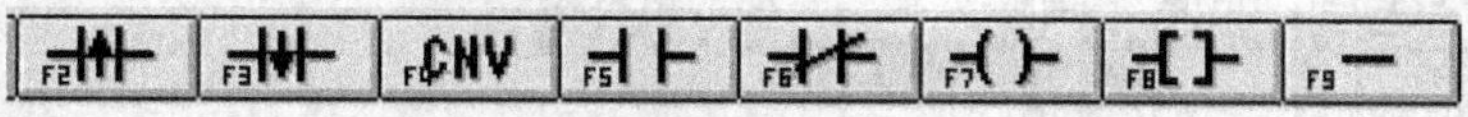

图 1－18　功能键

用上述方法选择图形符号，就会出现如图 1－19 所示的对话框，输入元件，单击“确定”按钮或按 Enter 键，即可输入图形符号。

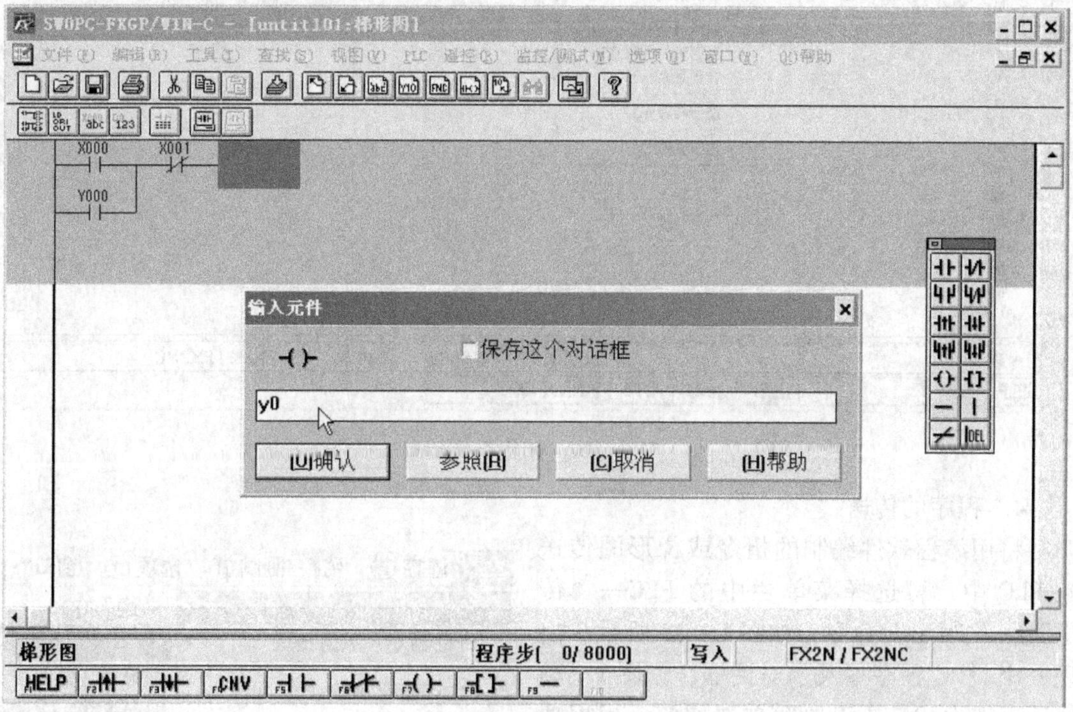

图 1－19　图形符号输入梯形图

②指令输入法。用指令也可以直接输入梯形图，例如输入线圈 M0，只要直接输入指令 OUT M0 即可，如图 1－20 所示。

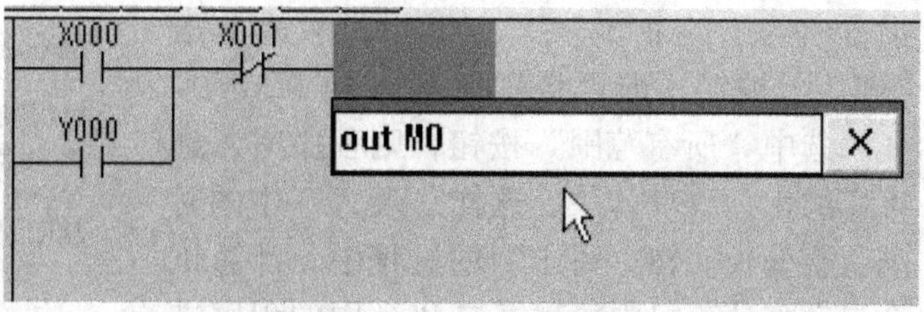

图 1－20　用指令输入梯形图

用梯形图编程，其梯形图必须经过转换。转换有 3 种方法：

一是单击工具栏 1 中的“转换”图标；二是按 F4 功能键；三是选择“工具”—“转换”命令，如图 1－16c 所示。经过转换的梯形图，会由深暗色变成白色。

经过转换的梯形图，可以自动生成指令表，如果是步进梯形图还可以自动生成 SFC 图。

③指令表编程。用指令表进行编程比较简单，选择“视图”—“指令表”即可，如图 1－21 所示；或单击工具栏 2 中的“指令表视图”图标，直接将指令用键盘输入即可。

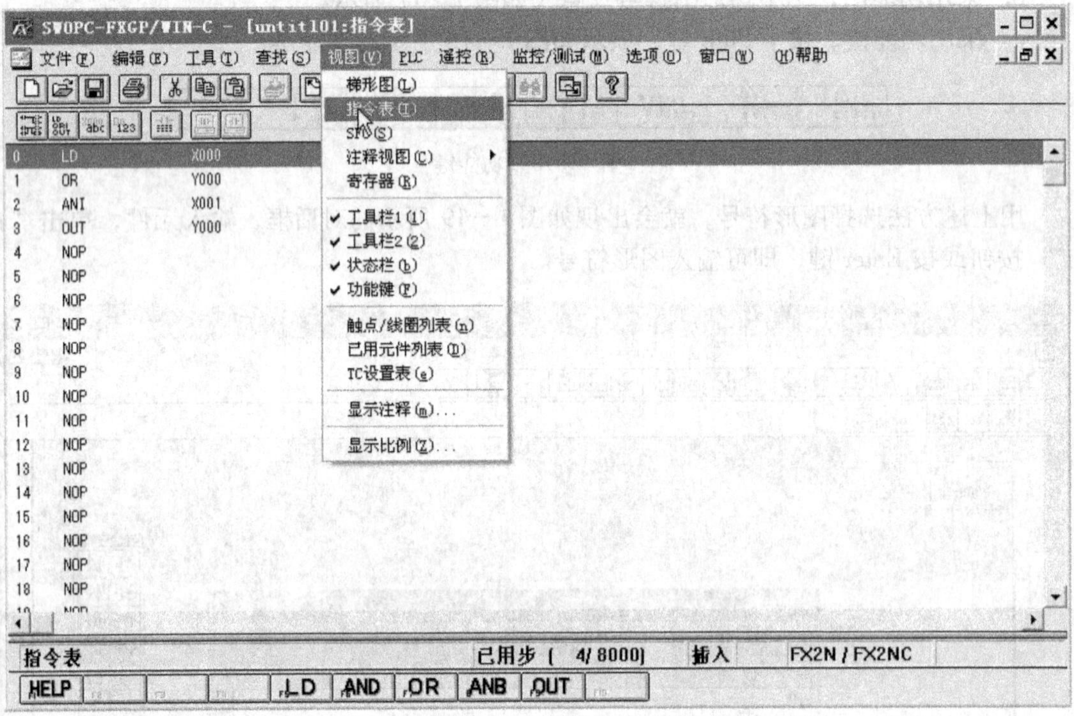

图 1－21　用指令表编程

4．程序的传送

将用编程软件编制的指令或梯形图传送到 PLC 中，可选择菜单栏中的 PLC—“传送”—“写出”命令，如图 1－22 所示。出现一个“PC 程序写入”对话框，如图 1－23 所示，选中“范围设置”单选按钮，根据功能栏中的程序步，将对应的程序步写入到对话框中的“终止步”文本框中，然后单击“确认”按钮，即可将程序写入到 PLC 中。如果选中“所有范围”按钮，则程序写入到 PLC 的 0 ~ 7999 步中，这样写入 PLC 中的时间就会变长。在“写出”的过程中，计算机会自动将计算机中的程序与 PLC 中的程序进

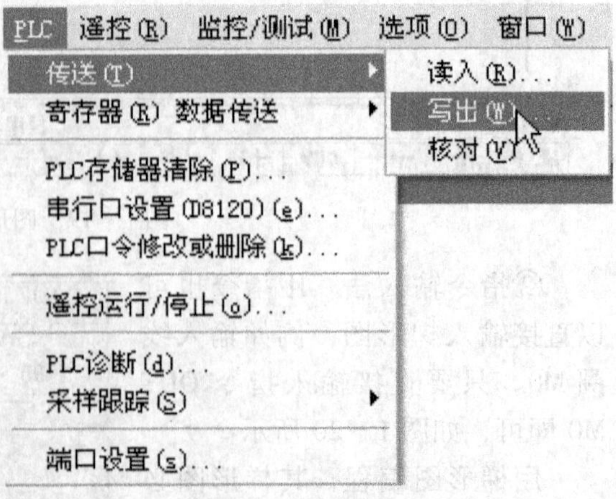

图 1－22　程序传送

行核对。

写出时，PLC 应在“停止”工作状态。

选择“PLC”—“传送”—“读入”菜单命令，就可以将 PLC 中的程序读入计算机中。执行读入后，计算机中的程序将丢失，原有的程序将被读入的程序所替代，PLC 模式改变成被设定的模式。

选择“PLC”—“传送”—“核对”菜单命令，就可以将 PLC 中的程序和计算机中的程序进行对比，并将其中不同的部分显示出来。

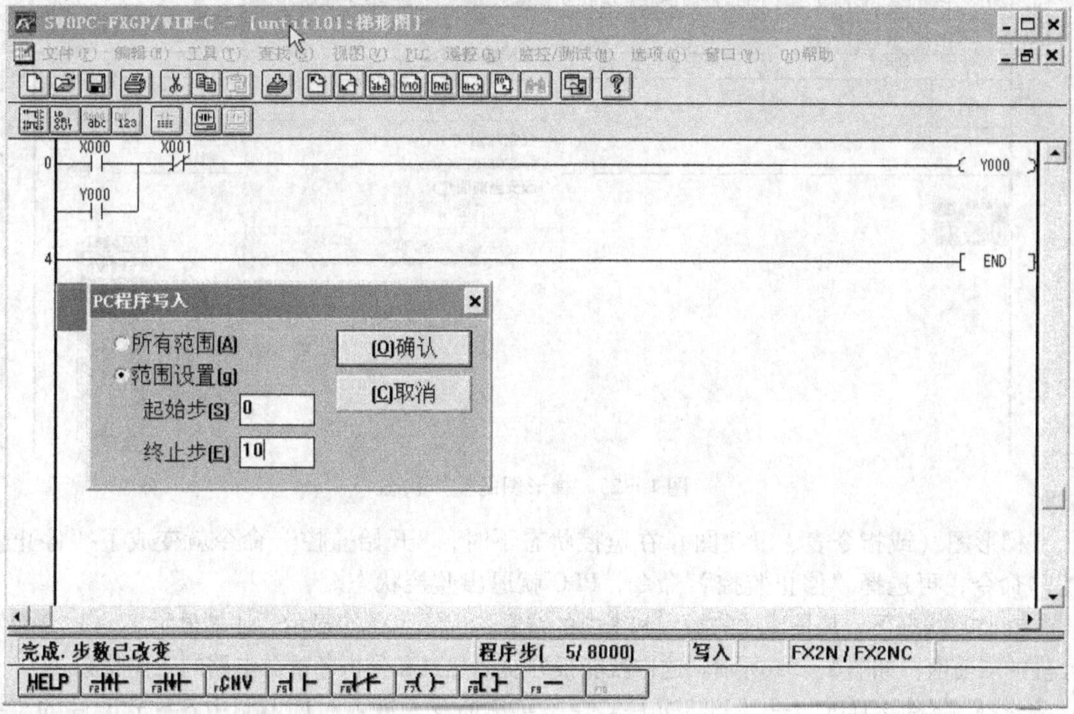

图 1－23　将程序写出到 PLC 中

5．程序的运行与停止

将程序传送到 PLC 后，就可以运行 PLC 程序了。运行 PLC 程序的方法有以下两种。

① 拨动“RUN/STOP”开关，将开关打到“RUN”，这时 PLC 就开始运行了。

②选择菜单栏中的“PLC”—“遥控运行/停止”命令，如图 1－22 所示。出现一个“遥控运行/中止”对话框，如图 1－24 所示，选择“运行”，点击“确认”，这时不论 PLC 的“RUN/STOP”开关处于什么位置，PLC 都开始执行程序，进入 RUN 状态。

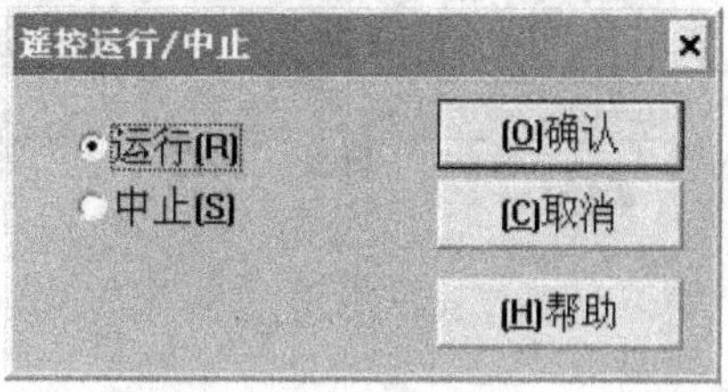

图 1－24　程序运行与终止

同样，停止 PLC 程序运行的方法也有两种。

①拨动“RUN/STOP”开关，将开关打到“STOP”，这时 PLC 就停止运行程序了。

②选择菜单栏中的“PLC”—“遥控运行/停止”命令，如图1－22所示。出现一个“遥控运行/中止”对话框，如图1－24所示，选择“中止”，点击“确认”，这时不论PLC的“RUN/STOP”开关处于什么位置，PLC都停止执行程序，进入STOP状态。

6．程序的监控

选择“监控/测试”—“开始监控”命令，梯形图进入监控状态，如图1－25所示。

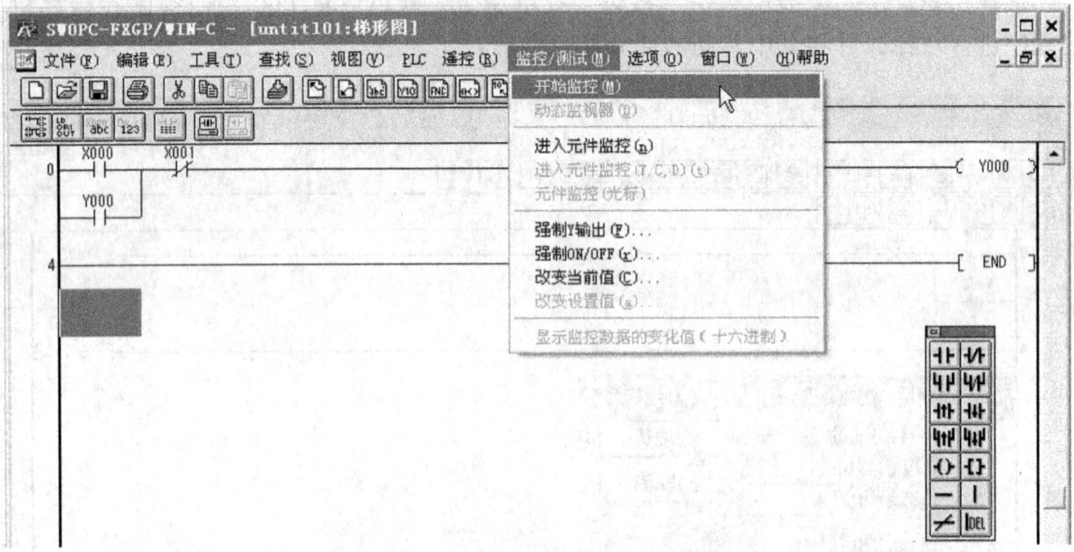

图1－25　梯形图的监控状态

梯形图（或指令表、SFC图）在监控状态下时，“开始监控”命令就变成了“停止监控”命令，再选择“停止监控”命令，PLC就退出监控状态。

在监控状态下，凡是接通的触点和得电的线圈均以绿色条块显示，还能显示T、C、D等字元件的当前值，如图1－25所示。这样就能很方便地观察和分析各部分电路的工作状态。

选择“监控/测试”—“进入元件监控”菜单命令，进入对梯形图中各种软元件的监控状态，如图1－26所示。将要监控的软元件写入，窗口就显示出各种软元件的工作状态。

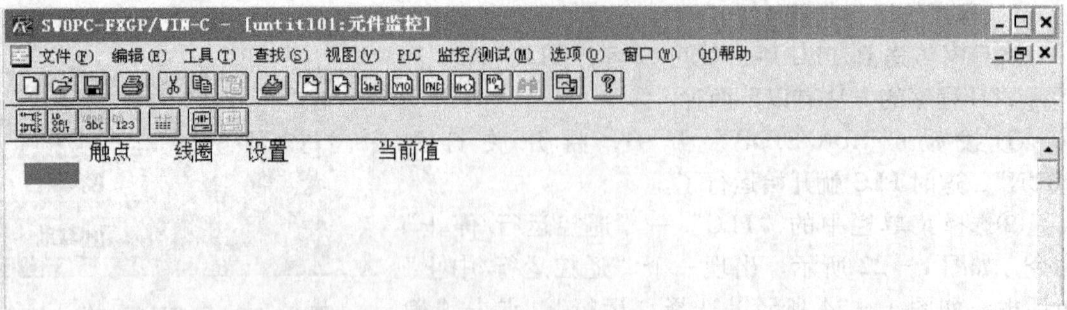

图1－26　PLC软元件的监控

二、GX-DEVELOPER 编程软件的使用

GX-Developer编程软件适用于目前三菱Q系列、QnA系列、A系列以及FX2N系列的

所有 PLC，可在 Windows 95/Windows 98/Windows 2000 及 Windows XP 操作系统中运行。GX-Developer 编程软件可以编写梯形图程序和状态转移图程序，它支持在线和离线编程功能，不仅具有软元件注释、声明、注解及程序监视、测试、检查等功能，而且还可直接设定 CC-link 及其他三菱网络的参数，能方便地实现监控、故障诊断、程序的传送及程序的复制、删除和打印等。此外，它还具有运行写入功能，这样可以避免频繁操作 STOP/RUN 开关，方便程序的调试。

1. 进入和退出编程环境

在计算机上安装好 GX-Developer 编程软件后，执行“开始”→“程序”→“MELSOFT 应用程序”→“GX-Developer”命令，即进入编程环境，其界面如图 1－27 所示。若要退出编程环境，则执行“工程”→“退出工程”菜单命令，或直接按关闭按钮即可退出编程环境。

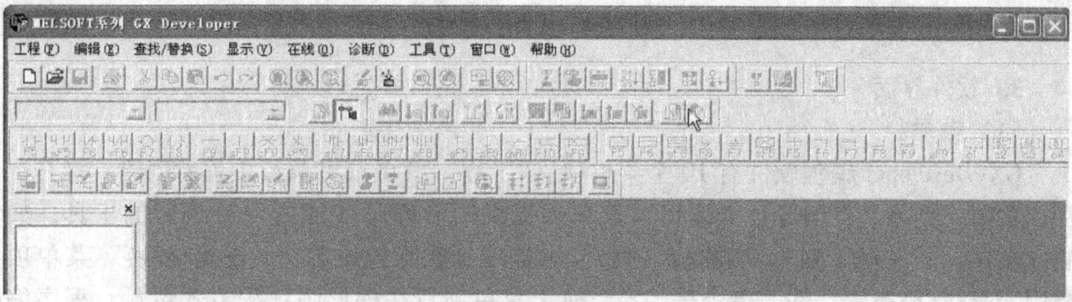

图 1－27 运行 GX-Developer 后的界面

2. 新建一个工程

进入编辑环境后，可以看到该窗口编辑区域是不可用的，工具栏中除了“新建”和“打开”按钮可见以外，其余按钮均不可见。单击图 1－27 中的“新建”按钮，或执行“工程”→“创建新工程”命令，可创建一个新工程，出现如图 1－28 所示窗口。

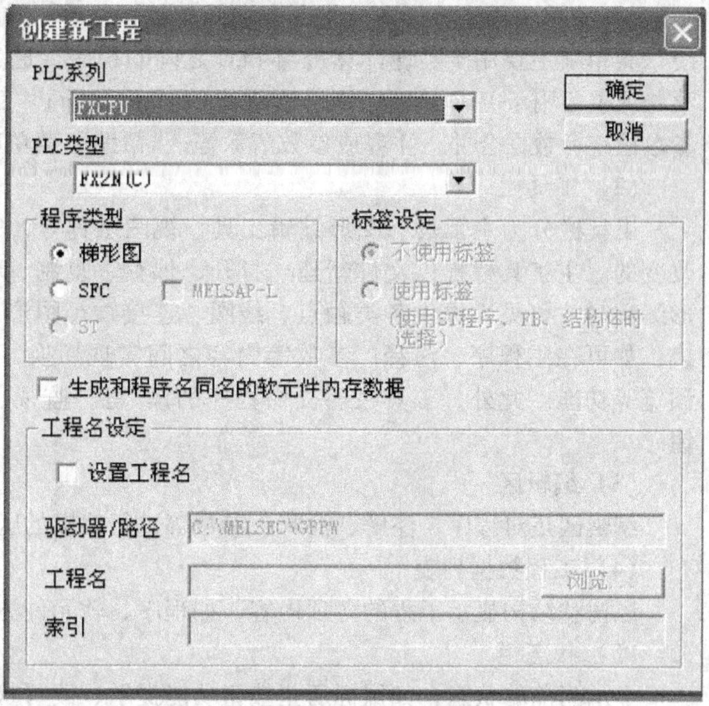

图 1－28 “创建新工程”窗口

按图 1－28 所示选择 PLC 所属系列和类型，设置程序类型和工程名。程序类型即梯形图或 SFC（顺控程序），工程名设置即设置工程的保存路径和工程名称等。注意，PLC 系列和 PLC

类型两项必须设置，且须与所连接的 PLC 一致，否则程序将无法写入 PLC。设置好上述各项后，出现如图 1－29 所示窗口，即可进行程序的编制。

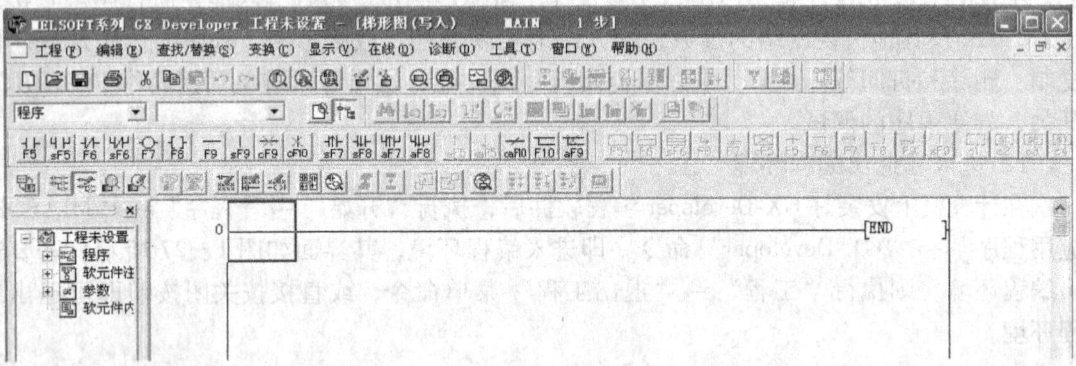

图 1－29　程序的编辑窗口

3. 软件界面

（1）菜单栏

GX Developer 编程软件有 10 个菜单项。“工程”菜单项可执行工程的创建、打开、保存、关闭、删除、打印等；“编辑”菜单项提供图形程序（或指令）编辑的工具，如复制、粘贴、插入行（列）、删除行（列）、画连线、删除连线等；“查找/替换”菜单项主要用于查找/替换软元件、指令等；“变换”菜单项只在梯形图编程方式可见，程序编好后，需要将图形程序转化为系统可以识别的程序，因此需要进行变换才可存盘、传送等；“显示”菜单项用于梯形图与指令表之间切换，注释、申明和注解的显示或关闭等；“在线”菜单项主要用于实现计算机与 PLC 之间的程序传送、监视、调试及检测等；“诊断”菜单项主要用于 PLC 诊断、网络诊断及 CC-link 诊断；“工具”菜单项主要用于程序检查、参数检查、数据合并、注释或参数清除等；“帮助”菜单项主要用于查阅各种出错代码等。

（2）工具栏

工具栏分为主工具、图形编辑工具、视图工具等，它们在工具栏的位置是可以拖动改变的。主工具栏提供文件新建、打开、保存、复制、粘贴等功能；图形工具栏只在图形编程时才可见，提供各类触点、线圈、连接线等图形；视图工具栏可实现屏幕显示切换，如可在主程序、注释、参数等内容之间实现切换，也可实现屏幕放大/缩小和打印预览等功能。此外，工具栏还提供程序的读/写、监视、查找和程序检查等快捷执行按钮。

（3）编辑区

编辑区是对程序、注解、注释、参数等进行编辑的区域。

（4）工程数据列表

以树状结构显示工程的各项内容，如程序、软元件注释、参数等。

（5）状态栏

显示当前的状态，如鼠标所指按钮功能提示、读写状态、PLC 的型号等内容。

4. 梯形图方式编制程序

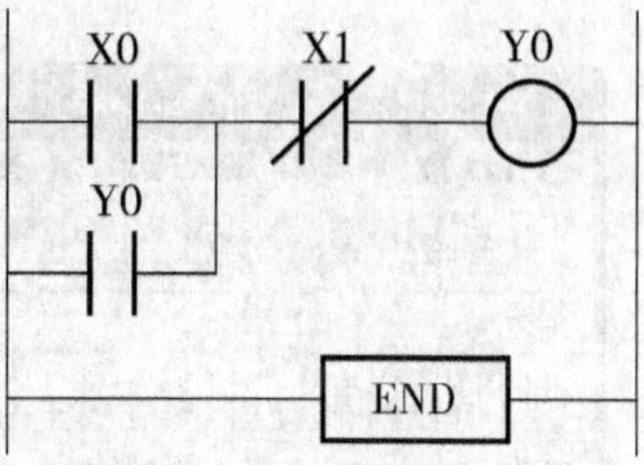

图 1－30 梯形图

下面通过一个具体实例，介绍用 GX Developer 编程软件在计算机上编制如图 1－30 所示的梯形图程序的操作步骤。

在用计算机编制梯形图程序之前，首先单击图 1－27 所示程序编制界面中的“新建”按钮，然后按“F2”键，使其为写模式（查看状态栏），单击程序菜单栏中的“梯形图/列表显示切换”按钮 ，选择梯形图显示，即程序在编辑区中以梯形图的形式显示。下一步是选择当前编辑的区域，当前编辑区为蓝色方框。

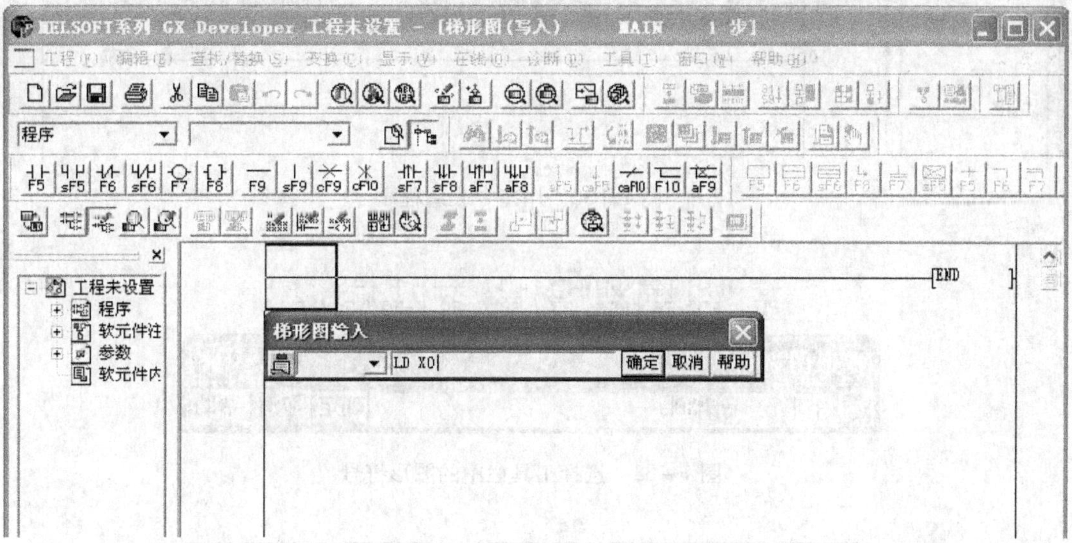

图 1－31 程序编制界面

梯形图的绘制有两种方法，一种方法是用键盘操作，即通过键盘输入完整的指令。即在图 1－31 中当前编辑区输入 LD→空格→X0→“Enter”键（或单击“确定”按钮），则 X0 的常开触点就在编辑区域中显示出来。然后输入 ANI→空格→X1→“Enter”键，再输入 OUT→空格→Y0→“Enter”键，最后输入 OR→空格→Y0→“Enter”键，即绘制出如图 1－32 所示图形。梯形图程序编制完后，在写入 PLC 之前，必须进行变换。单击图1－32 中“变换”菜单下的“变换”命令，或直接按“F4”键完成变换，此时编辑区不再是灰色状态，可以存盘或传送。

注意：在输入的时候要注意阿拉伯数字 0 和英文字母 O 的区别以及空格的问题。

绘制梯形图的另一种方法是用鼠标和键盘操作，即用鼠标选择工具栏中的图形符号，再键入其软元件、软元件号，最后按 Enter 键即可，如图 1－33 和图 1－34 所示。

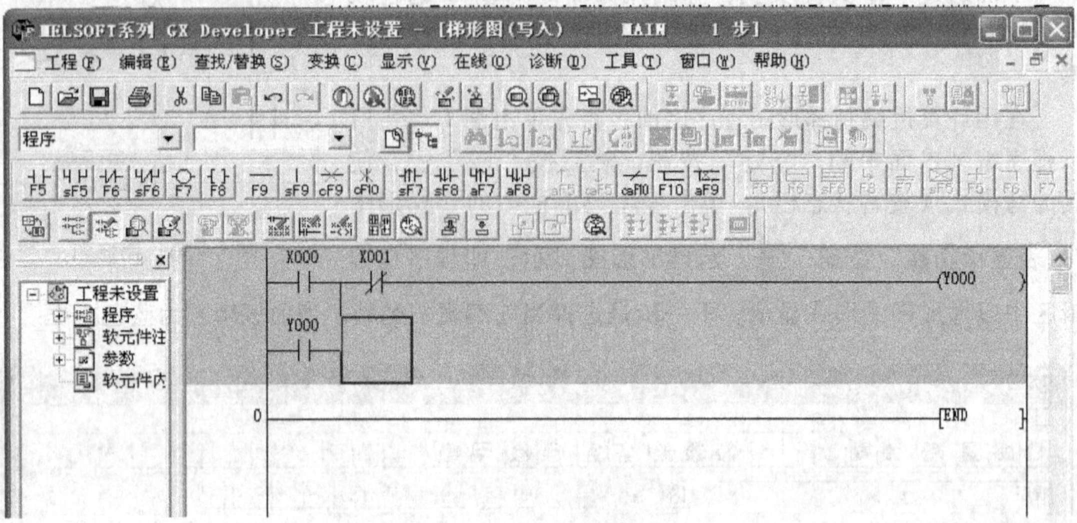

图 1－32　用指令表编程

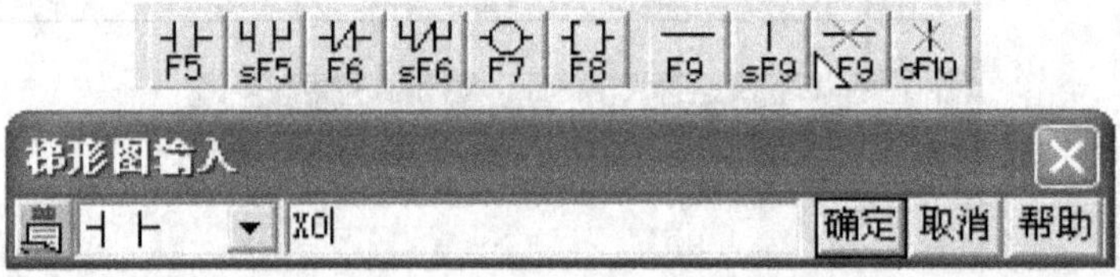

图 1－33　选择工具栏中的图形符号

图 1－34　鼠标和键盘操作输入定时器、计数器

图 1－35　键盘输入定时器、计数器

图 1－32 所示的有定时器、计数器线圈及功能指令的梯形图，如用键盘操作，则在图 1－35 中置输入 LD→空格→X0→“Enter”键，再输入 OUT→空格→T0→空格→K100→“Enter”键，再输入 OUT→空格→C0→空格→K6→“Enter”键，最后输入 MOV→空格→K20→空格→D10→“Enter”键；如用鼠标和键盘操作，则选择所对应的图形符号，再键入软元件、软元件号（以及定时器和计数器的设定值）后按 Enter 键，依次完成所有指令的输入。

5. 指令表方式编制程序

指令表方式编制程序即直接输入指令并以指令的形式显示的编程方式。对于图 1－32 所示的梯形图，其指令表程序在屏幕上的显示如图 1－36 所示。输入指令的操作与上述介绍的用键盘输入指令的方法完全相同，只是显示不同，且指令表程序不需变换，并可在梯形图显示与指令表显示之间切换（“Alt + F1”键）。

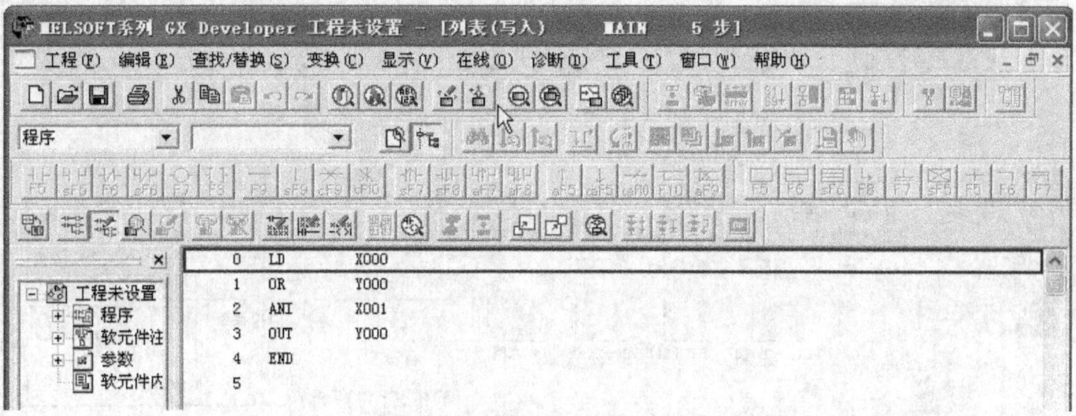

图 1－36　指令表方式编制程序的界面

6. 保存、打开工程图

当程序编制完后，必须先进行变换（即执行“变换”菜单中的“变换”命令），然后单击“保存”按钮或执行“工程”菜单中的“保存”或“另存为”命令，系统会提示（如果新建时未设置）保存的路径和工程的名称，设置好路径和键入工程名称后单击“保存”按钮即可。当需要打开保存在计算机中的程序时，单击“打开”按钮，在弹出的窗口中选择保存的驱动器/路径和工程名称，然后单击“打开”按钮即可。

7. 程序的写入、读出

将计算机中用 GX Developer 编程软件编好的用户程序写入到 PLC 的 CPU，或将 PLC CPU 中的用户程序读出到计算机，一般需要以下几步。

（1）PLC 与计算机的连接

正确连接计算机（已安装好了 GX Developer 编程软件）和 PLC 的编程电缆（专用电缆），特别是 PLC 接口的方向不要弄错，否则容易造成损坏。

（2）进行通信设置

程序编制完后，执行“在线”菜单中的“传输设置”命令后，出现如图 1－37 所示的窗口，设置好 PC I/F 和 PLC I/F 的各项设置，其他项保持默认，单击“确定”按钮。

（3）程序写入与读出

若要将计算机中编制好的程序写入 PLC，执行“在线”菜单中的“写入 PLC”命令，则出现如图 1－38 所示窗口。根据出现的对话框进行操作，选中主程序后单击“执行”按钮即可。若要将 PLC 中的程序读出到计算机中，其操作与程序写入操作相似。

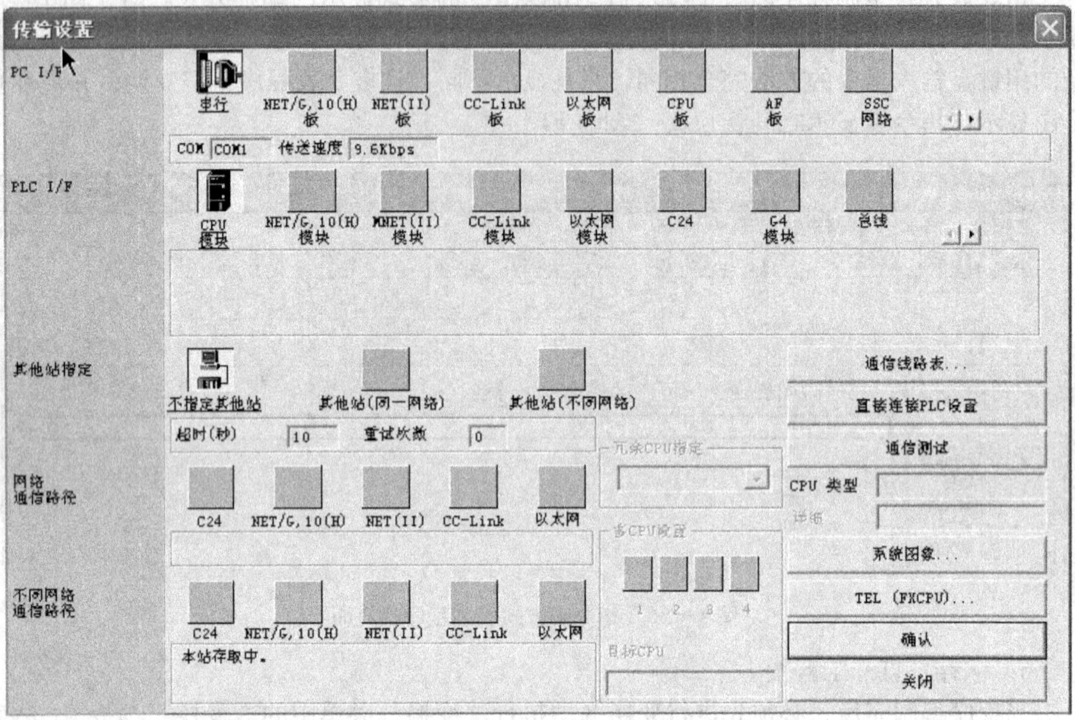

图 1－37 通信设置界面

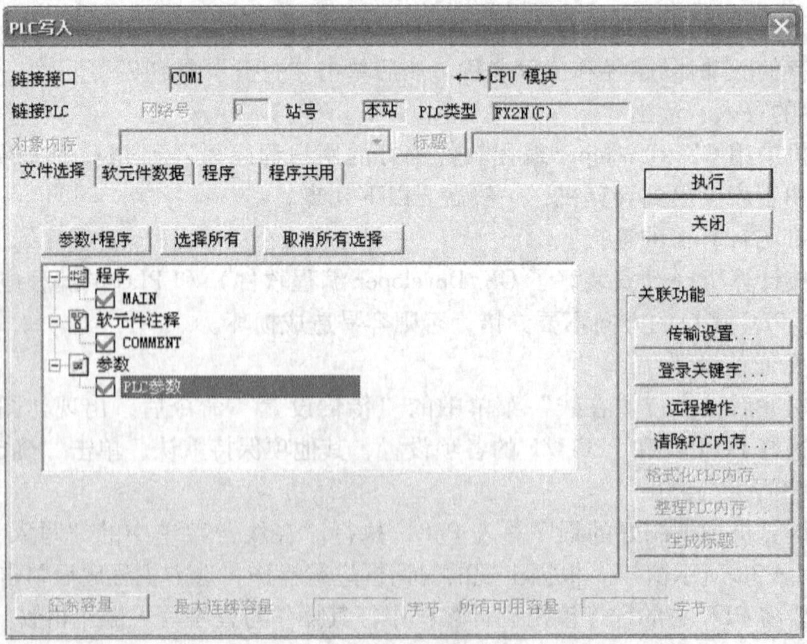

图 1－38 程序写入界面

习　题

1. 简述 PLC 系统的基本组成。
2. FX 系列 PLC 有哪几种输出形式？
3. 什么是扫描工作方式？PLC 的扫描周期指的是什么？
4. 简述可编程控制器的扫描工作过程。

项目二 电动机的 PLC 控制

任务一 三相异步电动机的单方向连续运行控制

任务目标

（1）掌握三菱 FX2N 系列 PLC 的 X、Y、M 元件；
（2）掌握三菱 FX2N 系列 PLC 的 LD/LDI/AND/ANI/OR/ORI/OUT 指令。

任务要求

如图 2－1 所示为三相异步电动机单方向连续运行控制电路，即用按钮和接触器等来控制电动机单方向运转的最简单的正转控制电路，现用 PLC 进行控制。

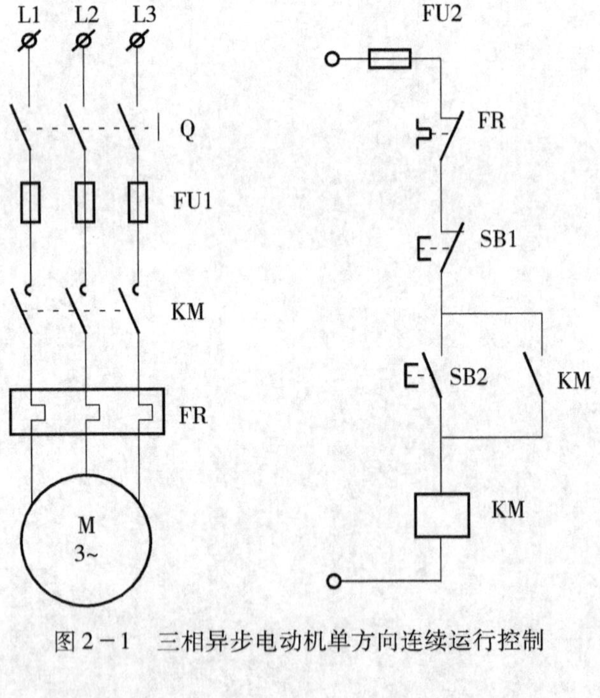

图 2－1 三相异步电动机单方向连续运行控制

相关知识

一、输入继电器 X、输出继电器 Y 与辅助继电器 M

FX2N 系列可编程控制器编程元件的名称由字母和数字组成。

1. 输入继电器（X0～X7，X10～X17，X20～X27，……）

输入继电器与输入端相连，它是专门用来接收 PLC 外部开关信号的元件。PLC 通过输入接口将外部输入信号状态（接通时为“1”，断开时为“0”）读入并存储到输入映像寄存器中。图 2－2 所示为输入继电器 X1 的等效电路。

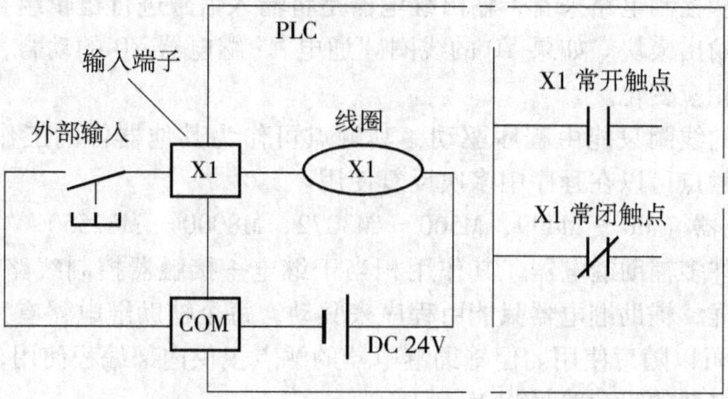

图 2－2　输入继电器 X1 的等效电路

FX2N 系列 PLC 的输入继电器用 X 表示，地址号采用八进制数，只有 0～7，在其编号中没有“8”、“9”。FX2N 系列 PLC 的输入继电器编号范围为：X0～X267（共 184 点）。注意，基本单元输入继电器的编号是固定的，扩展单元和扩展模块是按与基本单元最靠近的开始，顺序进行编号。例如：基本单元 FX2N-64M 的输入继电器编号为 X000～X037（32 点），如果接有扩展单元或扩展模块，则扩展的输入继电器从 X040 开始编号。

输入继电器是 PLC 接收外部输入的开关量信号的窗口。PLC 通过光电耦合器，将外部信号的状态读入并存储到输入映像寄存器内。外部输入电路接通时对应的映像寄存器为 ON（1 状态），反之为 OFF（0 状态）。输入端可接外部的动合、动断触点。一个输入继电器有无数对在 PLC 内随意使用的常开触点与常闭触点。

注意：输入继电器 X 只能由外部信号驱动，不能用程序驱动。

2. 输出继电器（Y0～Y7，Y10～Y17，Y20～Y27，……）

输出继电器是用来将 PLC 内部信号输出传送给外部负载（用户输出设备）的。输出继电器线圈是由 PLC 内部程序的指令驱动，其线圈状态传送给输出单元，再由输出单元对应的硬触点来驱动外部负载。如图 2－3 所示为输出继电器 Y0 的等效电路。

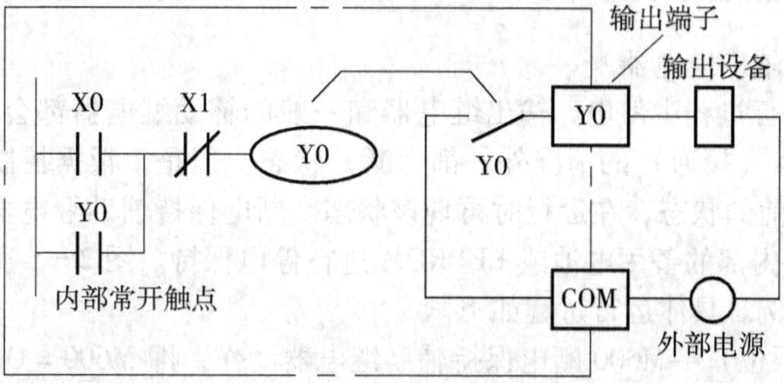

图 2－3　输出继电器 Y0 的等效电路

FX2N 系列 PLC 的输出继电器用 Y 表示，地址号采用八进制数。FX2N 系列 PLC 的输出继电器编号范围为：Y0 ~ Y267（共 184 点），输入、输出虽然各有 184 点，但总点数不可超过 256 点。

PLC 输出接口的一个接线点对应一个输出继电器，输出继电器是 PLC 中唯一具有外部触点的继电器。从控制电路来看，输出继电器是将输入信号进行逻辑组合运算后的信号传送给外部负载的输出模块。如果 Y0 的线圈“通电”，继电器 Y0 的动合、动断触点对应动作，使外部负载相应变化。

输出继电器的线圈只能由程序驱动，其触点可作为其他器件的工作条件出现在程序中，动合、动断触点可以在程序中多次反复使用。

3. 辅助继电器（M0 ~ M499，M500 ~ M3072，M8000 ~ M8255）

PLC 内部有许多辅助继电器，其作用相当于继电—接触器控制线路中的中间继电器。和输出继电器一样，辅助继电器只能由程序来驱动，每个辅助继电器有无数对动合、动断触点，在 PLC 中可以随意使用。但辅助继电器的触点仅供内部编程使用，不能直接驱动外部负载。辅助继电器的表示符号为 M。

在 FX2N 系列的 PLC 中，辅助继电器又分为通用辅助继电器、断电保持辅助继电器、特殊辅助继电器三类。

（1）通用辅助继电器（M0 ~ M499）

通用辅助继电器按十进制编号，编号范围为：M0 ~ M499，共 500 点。通用辅助继电器在编程中的使用方法和普通输出继电器一样，线圈通电动作，断电复位。只是它不能用来直接驱动输出电路。通用辅助继电器梯形图如图 2－4 所示。

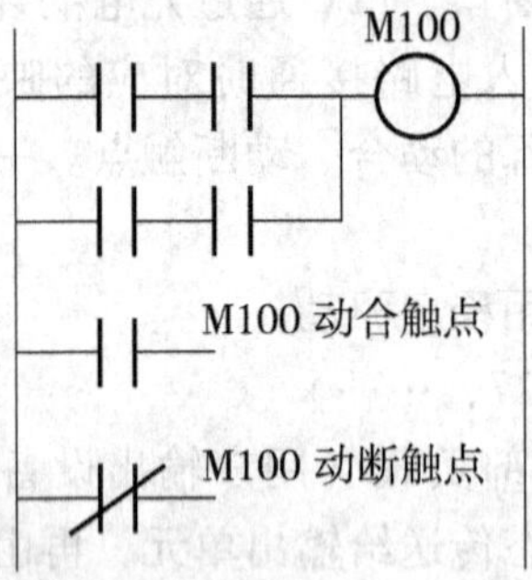

图 2－4 通用辅助继电器梯形图

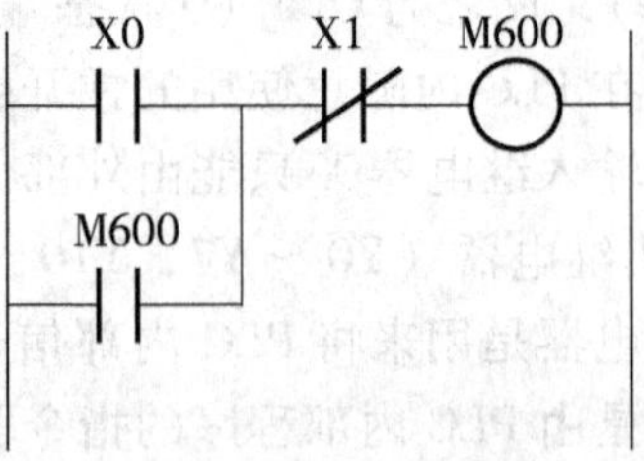

图 2－5 断电保持辅助继电器梯形图

（2）断电保持辅助继电器

如果 PLC 在运行过程中停电，输出继电器和一般的辅助继电器都会断开，再运行时，除了输入条件为 ON（接通）的情况外，都为断开状态。但是，根据控制对象的不同，也可能希望记忆停电前的状态，在运行时再现该状态。断电保持辅助继电器就是用于上述目的的。它利用 PLC 内部的备用电池或 EEPROM 进行停电保持。图 2－5 所示为断电保持辅助继电器的用途举例。具体运行过程如下。

X0 = ON（左限位）→M600 断电保持辅助继电器动作，即 M600 = ON，驱动相应输出继电器（图中没有画出）→平台右移；假设某一时刻系统断电→PLC 停止运行，平台停止；下次再来电时，由于 M600 是断电保持继电器，复电后 M600 保持断电前的动作状态 ON，驱动相应输出继电器→平台继续右移→X1 = ON（右限位）→M600 = OFF→M601 = ON→平台左移。对应的梯形图程序如图 2－6b 所示。

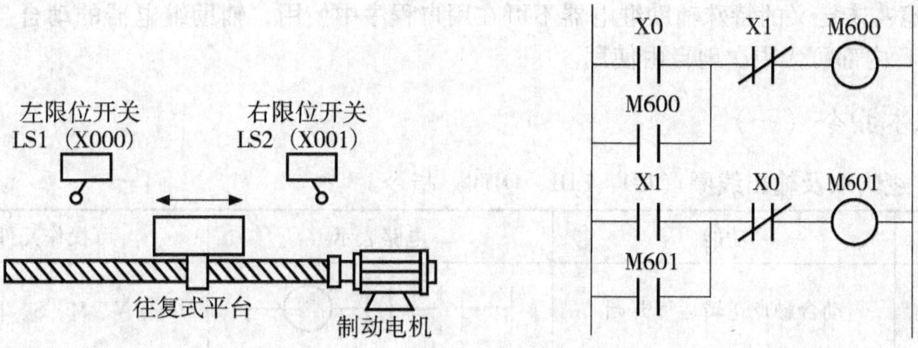

（a）平台运动图　　（b）梯形图

图 2－6　断电保持辅助继电器的用途举例

断电保持辅助继电器又分断电保持继电器和断电保持专用继电器。

断电保持继电器的编号为 M500 ~ M1023，共 524 点，可用参数设置方法改为非断电保持用。断电保持专用继电器编号为 M1024 ~ M3071，共 2048 点，它的断电保持特性不可改变。

（3）特殊辅助继电器

PLC 内有大量的特殊辅助继电器，它们都有各自的特殊功能。FX2N 系列中有 256 个特殊辅助继电器，可分成触点型和线圈型两大类。

①触点型。其线圈由 PLC 自动驱动，用户只可使用其触点。例如

M8000：运行监视器（在 PLC 运行中接通），M8001 与 M8000 相反逻辑。

M8002：初始脉冲（仅在运行开始时瞬间接通），M8003 与 M8002 相反逻辑。

M8011、M8012、M8013 和 M8014 分别是产生 10ms、100ms、1s 和 1min 时钟脉冲的特殊辅助继电器。

M8000、M8002、M8012 的波形图如图 2－7 所示。

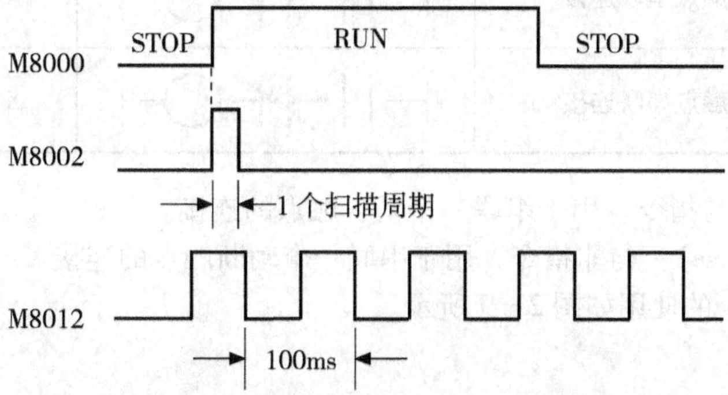

图 2－7　M8000、M8002、M8012 的波形图

②线圈型。由用户程序驱动线圈后 PLC 执行特定的动作。例如

M8033：若使其线圈得电，则 PLC 停止时保持输出映像存储器和数据寄存器内容。

M8034：若使其线圈得电，则将 PLC 的输出全部禁止。

M8039：若使其线圈得电，则 PLC 按 D8039 中指定的扫描时间工作。

注意：未定义的特殊辅助继电器不可在用户程序中使用，辅助继电器的动合与动断触点在 PLC 内部可无限次地自由使用。

二、基本指令（一）

1. 逻辑取及输出线圈（LD、LDI、OUT）指令

指令	功能	电路表示	可操作元件
LD	动合触点逻辑运算开始	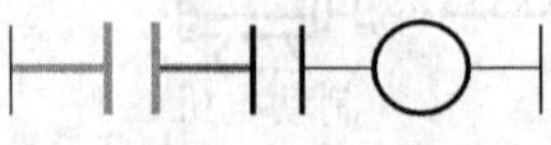	X、Y、M、S、T、C*
LDI	动断触点逻辑运算开始	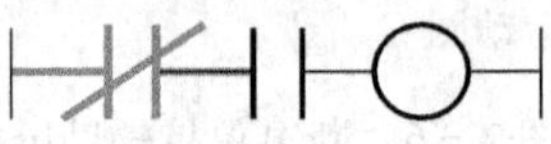	X、Y、M、S、T、C
OUT	线圈驱动	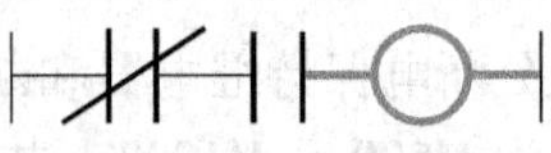	Y、M、S、T、C

* 备注：可操作元件中的 M、S、T、C 将在后述内容中予以介绍。

LD（Load）：取指令，用于动合触点逻辑运算的开始，将触点接到左母线上。

LDI（Load Inverse）：取反指令，用于动断触点运算的开始，将触点接到左母线上。

LD、LDI 也可以与后面介绍的 ANB、ORB 指令配合用于分支起点的开头。

OUT（OUT）：线圈驱动指令，是驱动线圈的输出指令。

LD、LDI、OUT 指令的使用如图2－8所示。

注意：OUT 指令不能用于输入继电器。OUT 指令可连续使用无数次，相当于线圈的并联（如图 2－8 中的 OUT Y1 和 OUT Y2）。

2. 触点串联（AND、ANI）指令

指令	功能	电路表示	可操作元件
AND	常开触点串联连接	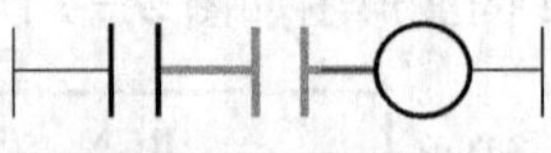	X、Y、M、S、T、C
ANI	常闭触点串联连接	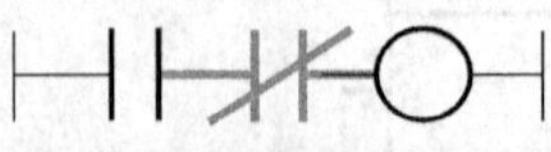	X、Y、M、S、T、C

AND（And）：与指令，用于串联一个动合触点的连接。

ANI（And Inverse）：与非指令，用于串联一个动断触点的连接。

AND、ANI 指令的使用如图 2－9 所示。

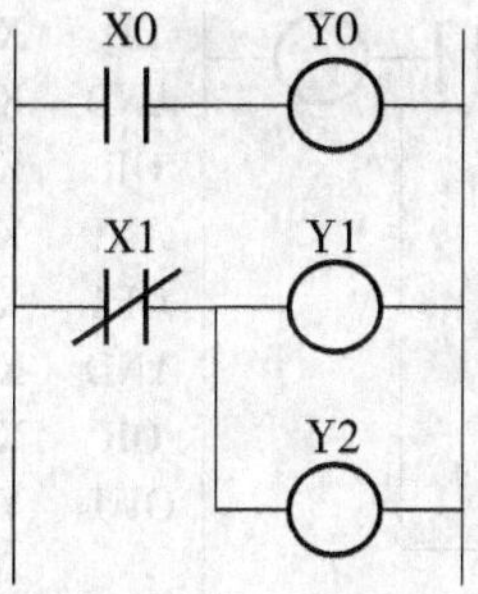


```
LD   X0
OUT  Y0
LDI  X1
OUT  Y1
OUT  Y2
```

图 2－8　LD、LDI、OUT 指令的使用

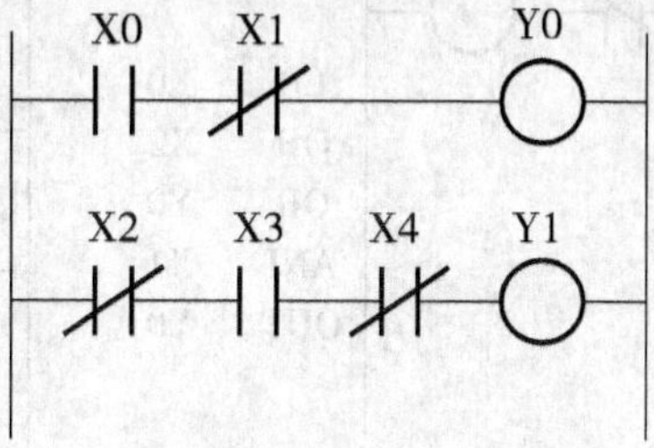


```
LD   X0
ANI  X1
OUT  Y0
LDI  X2
AND  X3
ANI  X4
OUT  Y1
```

图 2－9　AND、ANI 指令的使用

AND、ANI 可以与 OUT 指令组成纵接输出（或称连续输出）。这种输出如果顺序不错，可以多次重复。梯形图及其对应的指令语句如图 2－10 所示，若驱动顺序换成图 2－11 的形式，则必须使用到后述的 MPS 指令，由于编程复杂，不推荐使用。

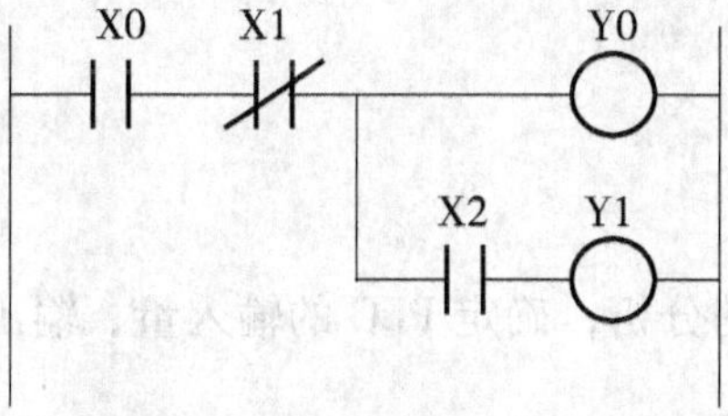


```
LD   X0
ANI  X1
OUT  Y0
AND  X2
OUT  Y1
```

图 2－10　使用 AND、ANI 指令的梯形图举例

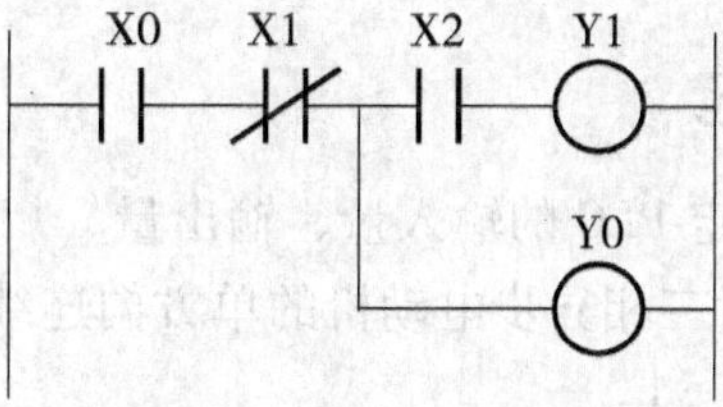


```
LD   X0
ANI  X1
MPS
AND  X2
OUT  Y1
MPP
OUT  Y0
```

图 2－11　不推荐的电路梯形图

注意：用 AND、ANI 指令，可进行触点串联的个数没有限制，即该指令可多次反复使用。

3. 触点并联（OR、ORI）指令

指令	功能	电路表示	可操作元件
OR	动合触点并联连接	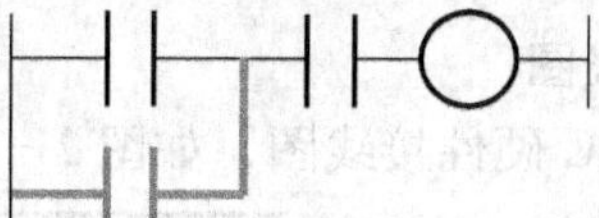	X、Y、M、S、T、C
ORI	常闭触点并联连接	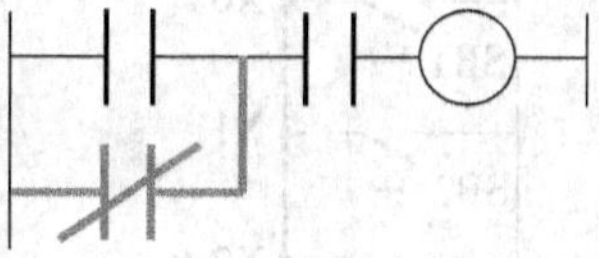	X、Y、M、S、T、C

OR（Or）：或指令，用于并联一个动合触点的连接。

ORI（Or Inverse）：或非指令，用于并联一个动断触点的连接。

OR 及 ORI 指令的使用如图 2－12、图 2－13 所示。梯形图在编写中应按一行无关联的输出自上到下、自左到右的顺序编写。

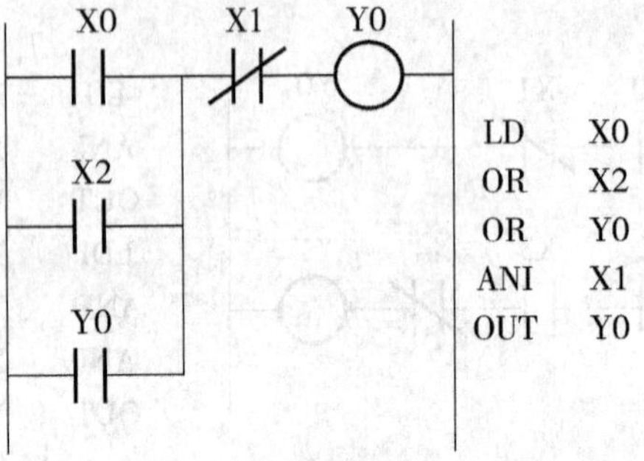

图 2－12　OR 指令的使用

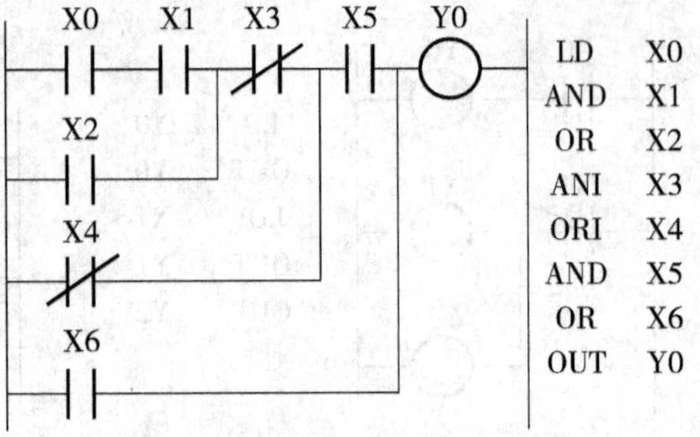

图 2－13　OR 及 ORI 指令的使用

注意：（1）OR、ORI 指令为单个触点的并联使用。若将多个触点组成的串联回路和其他回路并联时需要用到后面介绍的 ORB 指令。

（2）OR、ORI 指令是从该指令的当前步开始，对前面的 LD 或 LDI 指令进行并联。并联的次数无限制。

任务实施

1. 确定 PLC 的输入量、输出量

根据对三相异步电动机的单方向连续运行控制任务的分析，确定 PLC 的输入量、输出量，见表 2－1。

表 2－1　输入量、输出量分配

输入量（I）			输出量（O）		
元件代号	功能	输入点	元件代号	功能	输出点
SB2	停止按钮	X0	KM	接触器线圈	Y0
SB1	启动按钮	X1			
FR	热继电器	X2			

2. 绘制 PLC 硬件接线图

根据 I/O 表，绘制 PLC 硬件接线图，如图 2－14 所示。

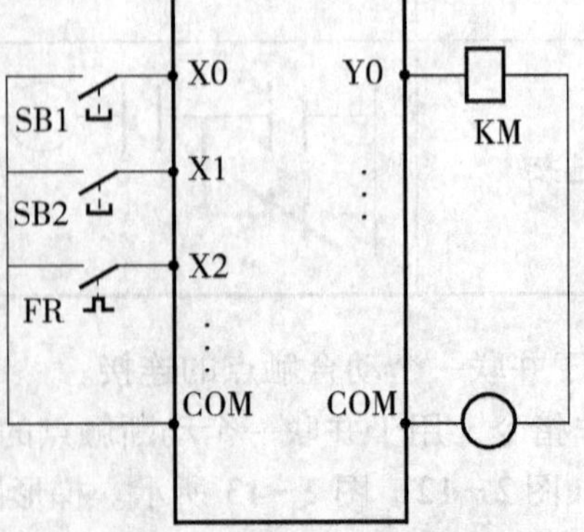

图 2－14　PLC 硬件接线图

3. 设计梯形图程序及语句表

设计出梯形图，如图 2－15 所示。

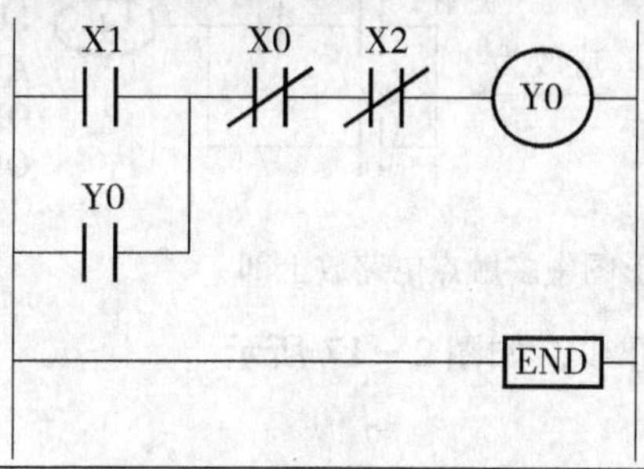

LD	X1	启动条件
OR	Y0	保持条件
ANI	X0	停止条件
ANI	X2	停止条件
OUT	Y0	事件
END		程序结束

语句表

图 2－15　PLC 控制电动机单方向连续运转梯形图及指令表

本例梯形图称为启—保—停电路。这个名称主要来源于图中的自保持触点 Y0。Y0 并联在 X1 常开触点上，常开触点的作用是当按钮 SB2 松开、输入继电器 X0 断开时，线圈 Y0 仍然能保持接通状态。工程中把这个触点叫做自保持触点。启—保—停电路是梯形图中最典型的单元，它包含了梯形图程序的全部要素。它们是：

（1）事件。每一个梯形图支路都针对一个事件，事件用输出线圈（或功能框）表示，本例中为 Y0。

（2）事件发生的条件。梯形图支路中除了线圈外还有触点的组合，使线圈置 1 的条件即是事件发生的条件，本例中为启动按钮 X1 置 1。

（3）事件得以延续的条件。触点组合中使线圈置 1 得以持久的条件，本例中为与 X1 并联的 Y0 的自保持触点。

（4）使事件终止的条件。触点组合中使线圈置 1 中断的条件，本例中为 X0 的常闭触点断开。

启—保—停电路的逻辑表达式为：

$$\text{事件}=(\text{事件启动条件}+\text{事件保持条件})*\overline{\text{事件停止条件}}$$

知识链接：PLC 编程要领

（1）梯形图中的触点、线圈不是物理触点和线圈，而是存储器中的某一位。相应位为 1/0 时，表示对应的触点接通/断开。

（2）用户程序的运算是根据 PLC 的 I/O 状态表存储器中的内容，而不是外部 I/O 开关的状态。

（3）梯形图中用户逻辑运算结果，可以立即被后面用户程序所引用。

（4）输出线圈只对应输出状态表存储器中的相应位，并不是用该编程元件直接驱动现场执行机构。该位的状态是通过输出刷新，输出到输出模块上，控制对应的输出元件（继电器、可控硅、晶体管），是输出元件驱动现场执行机构。

（5）PLC 内部辅助继电器线圈不能做输出控制用，它们只是 PLC 内部存储器中的一位，起中间暂存作用。

（6）串联触点多的电路应尽量放在上部，如图 2－16 所示。

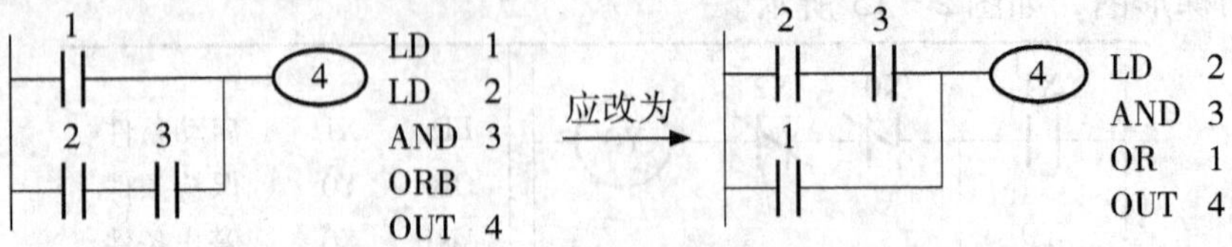

图 2－16　梯形图中多触点电路放上部

（7）并联触点多的电路应尽量靠近母线，如图 2－17 所示。

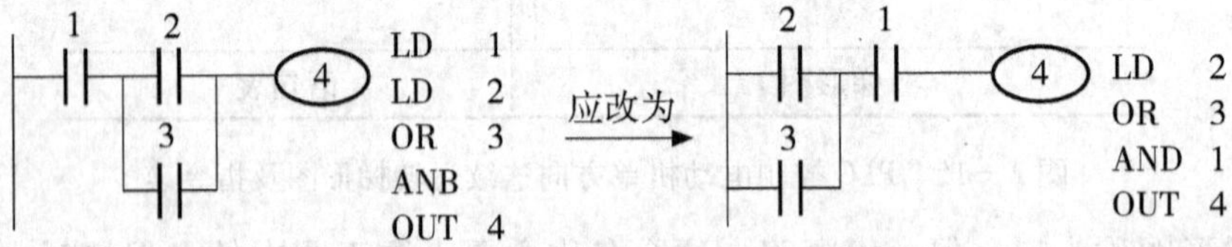

图 2－17　梯形图中并联触点靠近母线

（8）触点和线圈只能做水平元件用，不能做垂直元件用（见图 2－18a、图 2－18b）。

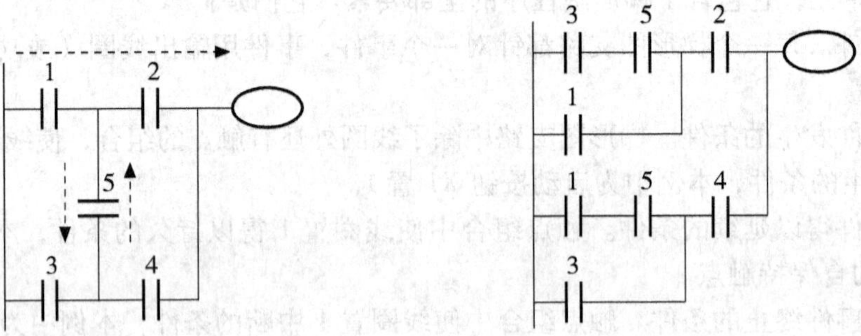

（a）不能编程　　（b）重新安排后

图 2－18　重新安排不能编程的梯形图

另外，在设计梯形图时输入继电器的触点状态按输入设备全部为常开进行设计更为合适，不易出错。建议用户尽可能用输入设备的常开触点与 PLC 输入端连接，如果某些信号只能用常闭输入，可先按输入设备为常开来设计，然后将梯形图中对应的输入继电器触点取反（常开改成常闭、常闭改成常开）。

任务二　三相异步电动机的延时启动单方向连续运行控制

任务目标

掌握三菱 FX2N 系列 PLC 的 T、C 元件。

任务要求

图 2－19 所示为三相异步电动机延时启动单方向连续运行控制电路，如果由于工作场地的震动，可能造成启动按钮误动作。为了防止这种事故发生，要求电动机必须是一直按下启动按钮 5s 后才允许启动，试设计控制程序。

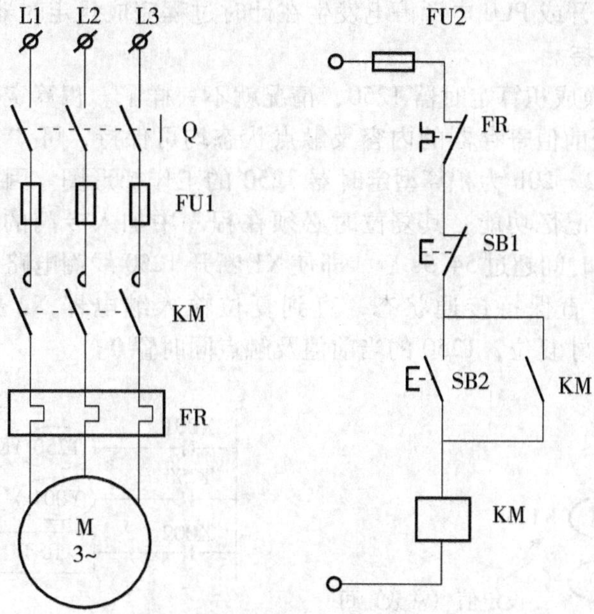

图 2－19　三相异步电动机延时启动单方向连续运行控制

相关知识

一、可编程控制器的 T 元件与定时器的应用程序

定时器可以对 PLC 内 1ms、10ms、100ms 的时钟脉冲进行加法计算，当达到其设定值时，输出触点动作（即动合触点闭合，动断触点断开）。FX2N 系列 PLC 中定时器编号见表 2－2。

对定时器内数值的设定，可以采用用户程序存储器内的常数 K（十进制常数）直接设置，也可用数据寄存器 D 的内容进行间接设置。

表 2－2

100ms 定时器	T0 ～ T199	200 点	计时范围：	1 ～ 3276.7s
10ms 定时器	T200 ～ T245	46 点	计时范围：	0.01 ～ 327.67s
1ms 积算定时器	T246 ～ T249	4 点（中断动作）	计时范围：	0.001 ～ 32.767s
100ms 积算定时器	T250 ～ T255	6 点	计时范围：	0.1 ～ 3276.7s

图 2－20 为定时器在梯形图中使用的情况。图 2－20a 为普通的非积算定时器，图 2－20b为积算定时器。

图 2 - 20a 中 X0 为计时条件，当 X0 接通时，定时器 T0 计时开始。K123 为设定值。"K" 表示十进制数，"123" 为该定时器计时单位值的倍数。T0 为 100ms 定时器，当设定值为 "K123" 时，其计时时间为 12.3s。图中 Y0 为定时器的动作对象，当计时时间达到 12.3s 时，定时器常开触点接通，Y0 置 1。由于 T0 是非积算定时器，若在其开始计时且未达到设定值时，计时条件 X0 断开或 PLC 电源停电，则计时过程中止，且当前值寄存器复位（置 0）。若 X0 断开或 PLC 电源停电发生在计时过程完成且定时器的触点已经动作后，触点的动作也不能保持。

若把定时器 T0 换成积算定时器 T250，情况就不一样了。积算定时器在计时条件失去或 PLC 失电时，其当前值寄存器的内容及触点状态均可保持，可 "累计" 计时时间。所以成为 "积算"。图 2 - 20b 为积算型定时器 T250 的工作梯形图。因积算型定时器的当前值寄存器及触点都有记忆功能，其复位时必须在程序中加入专门的复位指令。图 2 - 20 中，当触点动作累计时间超过 54.5s 后，即使 X1 断开 T250 线圈电路，T250 触点也不会自动复位，其触点将一直保持接通状态，直到复位输入继电器 X2 接通时，执行 "RST T250" 指令，定时器才复位，T250 的当前值及触点同时置 0。

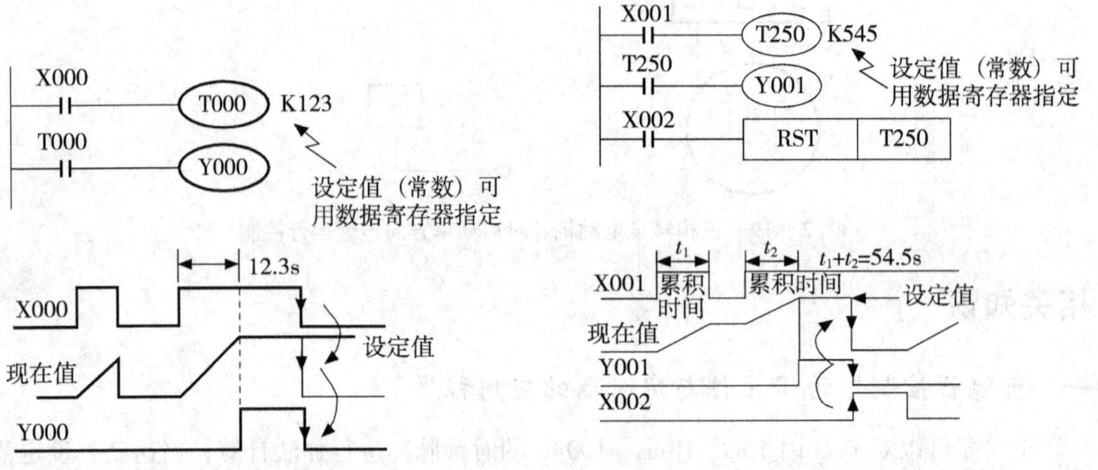

（a）非积算定时器 （b）积算定时器

图 2 - 20 定时器的使用

定时器可以使用立即数 K（设定值：1 ~ 32767）作为设定值，如图中的 "K123" 及 "K545"，也可用后述的数据寄存器的内容作为设定值。如定时器的设定值为 "D10" 而 "D10" 中的内容为 100，则定时器的设定值为 100。在使用数据寄存器设定定时器的设定值时，一般使用具有掉电保持功能的数据寄存器。即便如此，若备用电池电压降低时，定时器仍可能发生误动作。

下面举例说明定时器的应用。

【例 2 - 1】 分析如图 2 - 21a 所示梯形图程序的逻辑关系，写出对应的指令表。

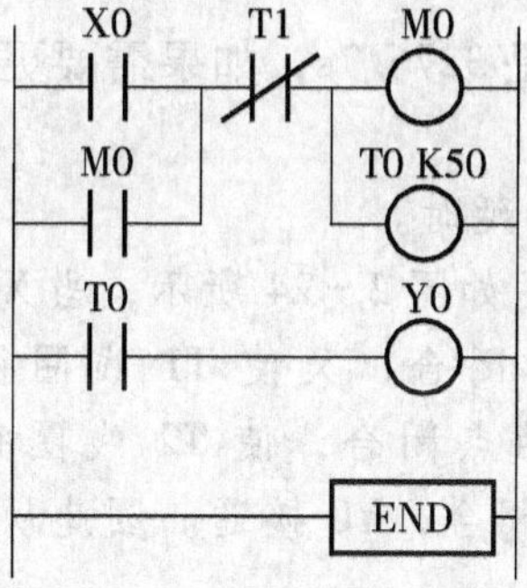

（a）梯形图

LD	X0
OR	M0
ANI	T1
OUT	M0
OUT	T0　K50
LD	T0
OUT	Y0
END	

（b）指令表

图 2－21　延时接通控制程序

解：指令如图 2－21b 所示，该梯形图是一个延时接通的控制程序。

【例 2－2】　分析如图 2－22a 所示梯形图程序的逻辑关系，写出对应的指令表。

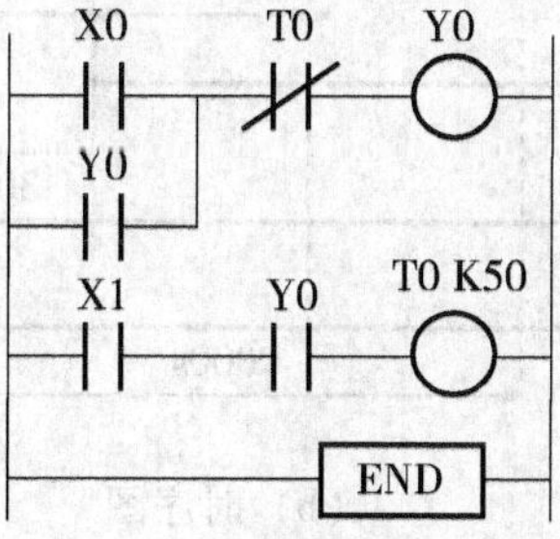

（a）梯形图

LD	X0
OR	Y0
ANI	T0
OUT	Y0
LD	X1
AND	Y0
OUT	T0　K50
END	

（b）指令表

图 2－22　延时断开控制程序

解：指令如图 2－22b 所示，该梯形图是一个延时断开的控制程序。

【例 2－3】　用定时器组成闪烁电路。

闪烁电路梯形图如图 2－23a 所示。设开始时 T0 和 T1 均为 OFF，当 X0 为 ON 后，T0 线圈通电 2s 后，T0 的动合触点接通，使 Y0 = ON，同时 T1 的线圈通电，开始定时。T1 线圈通电 3s 后，它的动断触点断开，使 T0 = OFF，动合触点断开，使 Y0 = OFF，同时使 T1 线圈释放，其动断触点接通，T0 又开始定时，以后 Y0 的线圈将这样周期性地通电和断电，直到 X0 = OFF。Y0 通电和断电的时间分别等于 T1 和 T0 的设定值。各元件的动合触点接通、断开的情况如图 2－23b 所示。

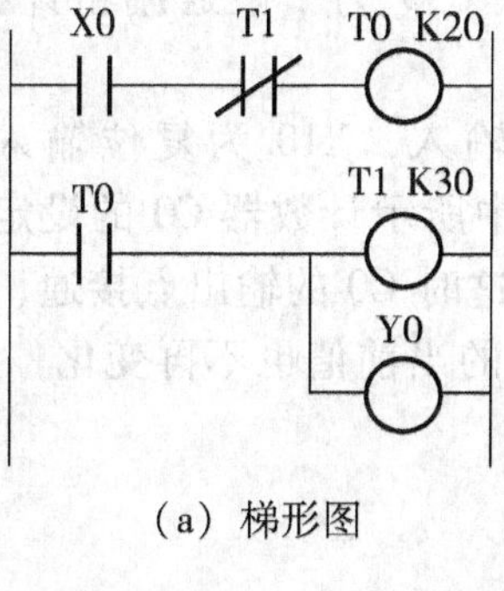

（a）梯形图

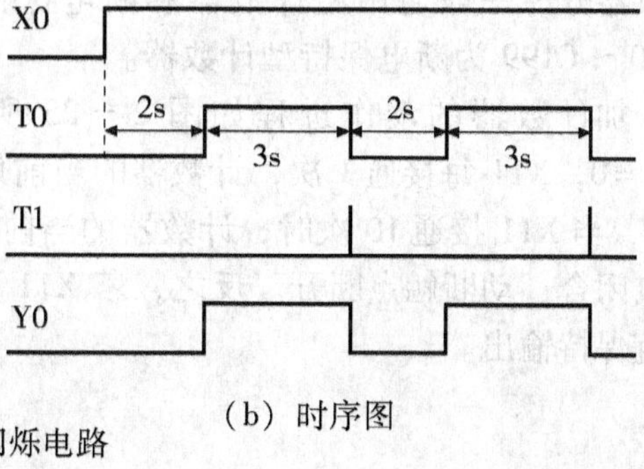

（b）时序图

图 2－23　闪烁电路

在 FX2N 系列的定时器中，最长的定时时间是 3276.7s，如果需要更长的定时时间可采用例 2－4 的方法实现。

【例 2－4】 用多个定时器组合实现 9000s 的延时。

用多个定时器组合实现延时的梯形图及时序图如图 2－24 所示，当 X0＝1，T0 线圈得电并开始延时（3000s），延时到 T0 动合触点闭合，又使 T1 线圈得电，开始计时(3000s)，当定时器 T1 延时时间到，其动合触点闭合，使 T2 线圈得电，开始计时(3000s)，当定时器 T2 延时时间到，其动合触点闭合，Y0 接通。因此从 X0＝ON 开始到 Y0 接通共延时 9000s。

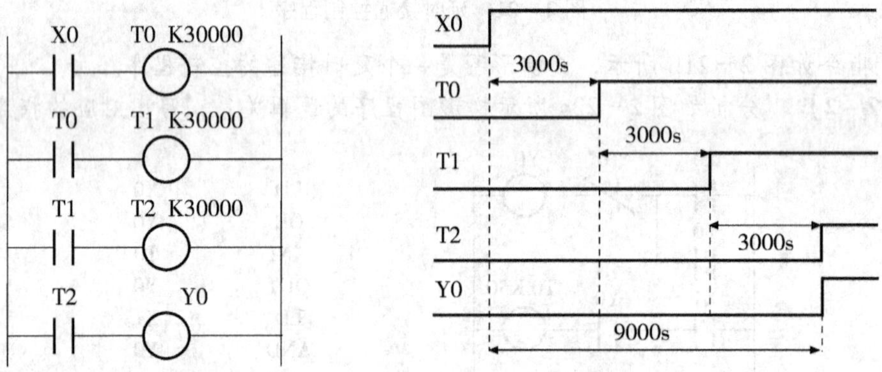

（a）梯形图 （b）时序图

图 2－24 多个定时器组合实现延时

二、可编程控制器的 C 元件

FX2N 系列 PLC 中共有 256 个计数器，其编号为 C0～C255。这些计数器分为三大类：C0～C199 为 200 个 16 位计数器；C200～C234 为 35 个 32 位计数器；C235～C255 为 21 个高速计数器。

1. 16 位计数器

FX2N 系列 PLC 中的 16 位计数器为 16 位加计数器，其设定值范围在 1～32767（十进制常数）之间。

设定值设为 K0 和 K1 具有相同的意义，它们都在第一次计数开始输出点动作。16 位计数器分为一般通用型计数器和断电保持型计数器。C0～C99 为一般通用型计数器，C100～C199 为断电保持型计数器。

加计数器的动作过程如图 2－25 所示。X11 为计数输入，X10 为复位输入，当 X10＝0，X11 每接通 1 次，计数器的当前值加 1。图 2－25 中所示计数器 C0 的设定值为 K10，当 X11 接通 10 次时，计数器的当前值由 10 变为 11，这时 C0 的输出点接通，动合触点闭合、动断触点断开。反之，若 X11 再次断开，计数器的当前值也不再变化，且 C0 一直保持输出。

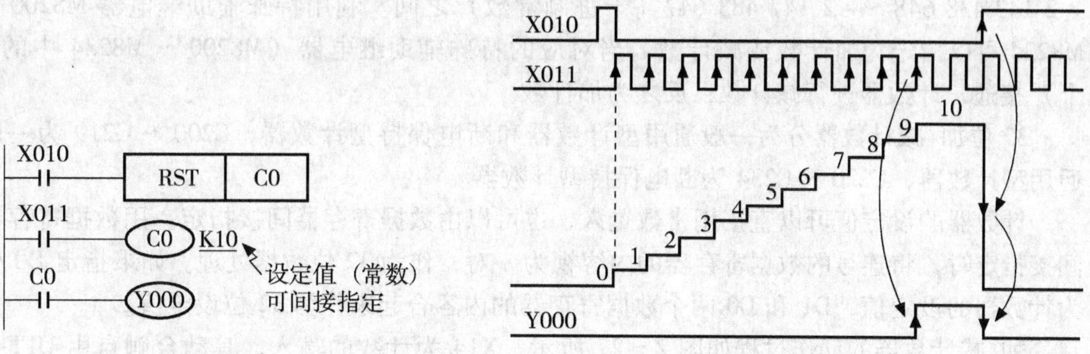

（a）梯形图　　（b）详细动作

图 2－25　加计数器的动作过程

当计数器复位输入电路接通（复位输入 X10 接通），则执行 C0 的复位指令，计数器当前值变为 0，输出触点断开。

如果切断 PLC 电源，一般通用型计数器（C0 ~ C99）的计数值被清除，而断电保持型计数器（C100 ~ C199）则可存储停电前的计数值。当再来计数脉冲时，这些计数器按上一次的数值累计计数；当复位输入电路接通，计数器当前值被置为 0。

计数器除用常数 K 直接设定之外，还可由数据寄存器间接指定。例如，指定 D10 为计数器的设定值，若 D10 的存储内容为 123，则置入的设定值为 K123。

【例 2－5】　用定时器和计数器组合，实现长延时功能电路。

用定时器与计数器组合实现长延时的梯形图和时序图如图 2－26 所示。当 X0 = OFF 时，T0 = OFF 和 C0 = OFF；当 X0 = ON 时，T0 开始计时，3000s 后 T0 定时时间到，其动断触点断开，使自己复位，复位后 T0 的当前值变为 0，它的动合触点接通，使自己的线圈重新通电，又开始计时。T0 将这样周而复始地工作，当 T0 动合触点通、断 1 次，计数器计数 1 次。当计到 K30000 次时，C0 动合触点接通 Y0，总时间为 3000s × 30000 = 25000h。

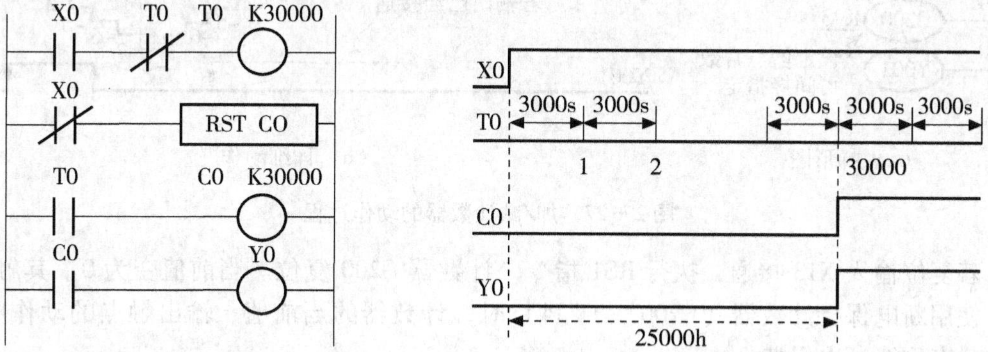

（a）梯形图　　（b）时序图

图 2－26　定时器与计数器组合实现长延时

2．32 位加/减计数器

FX2N 系列 PLC 中的 32 位计数器为 32 位加/减计数器，其设定值的设定范围在

-2 147 438 648 ~ +2 147 483 647（十进制常数）之间。利用特殊辅助继电器 M8200 ~ M8234 可以指定为加计数或减计数。当对应的特殊辅助继电器（M8200 ~ M8234 中的 1 个）接通，计数器进行减计数；反之为加计数。

32 位加/减计数器分为一般通用型计数器和断电保持型计数器，C200 ~ C219 为一般通用型计数器，C220 ~ C234 为断电保持型计数器。

计数器的设定值可以直接用常数置入，也可以由数据寄存器间接指定。用数据寄存器间接指定时，将连号的数据寄存器的内容视为一对，作为 32 位数据处理。如果指定 D0 作为计数器的设定值，D1 和 D0 两个数据寄存器的内容合起来作为 32 位设定值。

加/减计数器的动作过程如图 2-27 所示。X14 为计数的输入，其动合触点由 OFF→ON 时，C200 可实现加计数或减计数。

当 X12 断开时，C200 为加计数器，X14 的触点由 OFF→ON 变化 1 次 C200 内的当前值加 1；当 X12 接通时，C200 为减计数器。X14 的触点由 OFF→ON 变化 1 次 C200 内的当前值减 1。

图 2-27a 所示程序中 C200 的设定值为 -5，当计数器的当前值由 -6→-5 增加时，触点接通，而由 -5→-6 减小时，其触点复位。如果从 2 147 483 647 起进行加计数（图中的 X12 触点断开），当前值就成为 -2 147 483 648。同样若从 -2 147 483 648 起进行减计数，当前值就成了 2 147 483 647，这种动作称为环形计数或循环计数。当复位输入 X13 接通（ON），计数器的当前值为 0，输出触点也复位。

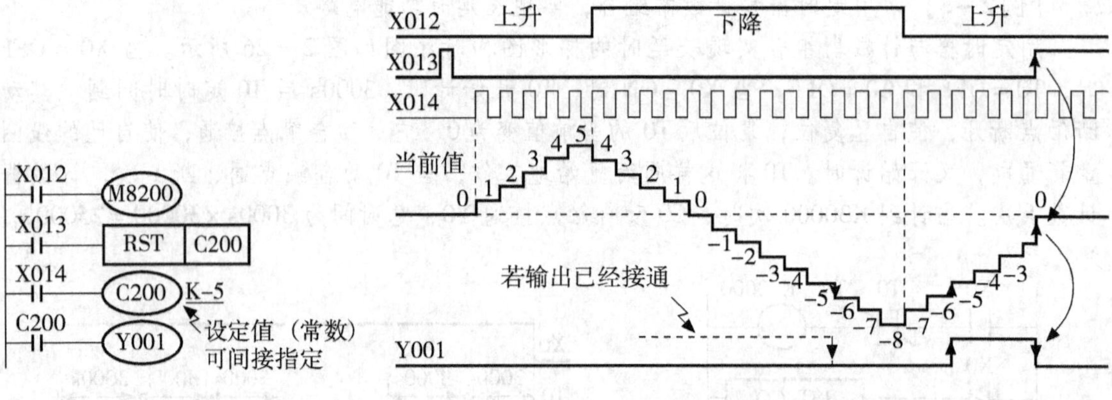

（a）梯形图　　（b）详细动作

图 2-27　加/减计数器的动作过程

若复位输入 X13 接通，执行 RST 指令，计数器 C200 复位。当前值变为 0，其触点复位。使用断电保持计数器（C200 ~ C234）时，计数器的当前值、输出触点的动作状态、复位状态均能断电保持。

32 位计数器可当作 32 位数据寄存器使用，但不能用作 16 位应用指令中的软元件。

3. 高速计数器

FX2N 系列 PLC 中内置高速计数器，高速计数器的编号为 C235 ~ C255，共 21 个。这些高速计数器均为 32 位计数器，按编号不同分别占用 X0 ~ X7 八个输入端子，各高速计数器对应的输入端子的应用情况：U——加计数输入；D——减计数输入；A——A 相输入；B——B 相输入；R——复位输入；S——启动输入。

不作为高速计数器输入使用的输入端子，可以在顺控程序内作为普通输入使用；不作为高速计数器使用的高速计数器编号，也可以作为 32 位数据寄存器使用。

在用高速计数器时，与输入编号相对应的滤波器常数自动变更，以对应高速的信号获取。

高速计数器捕获高速脉冲的范围如下。

C251（2 相）	最高 30kHz	C235、C236、C246（1 相）	最高 60kHz
C252 ~ C255（2 相）	最高 5kHz	C237 ~ C245、C247 ~ C250（1 相）	最高 10kHz

高速计数器输入端子 X6、X7 不用于高速计数，只能用作启动输入信号。不同类型的计数器可同时使用，但它们的输入不能共用。

输入端子 X0 ~ X7 不能同时用于多个计数器。例如，使用 C235，X0 被占用，就不可以再使用 C241、C244、C246、C247、C249、C251、C252、C254 等，因为这些输入信号也需要从 X0 输入。

注意：不要用计数输入端作为计数线圈的驱动触点。

高速计数器可分为如下 3 类。

（1）单相单输入计数器

单相单输入计数器也称为 1 相 1 输入计数器。在 FX2N 系列 PLC 中，这类计数器的编号为 C235 ~ C245，共 11 个。它们的计数方式和触点动作方式与普通的 32 位计数器相同。当作为加计数器时，计数器达到设定值触点动作，并保持接通状态。作为减计数器时，计数器达到设定计数值则复位。

单相输入计数器是加计数还是减计数，取决于对应的标志继电器 M8235 ~ M8245，当标志继电器输入接通时为减计数，断开时为加计数。

（2）单相双输入计数器

单相双输入计数器又称为 1 相 2 输入计数器，FX2N 系列的 PLC 中的编号为 C246 ~ C250，共 5 个。

这类计数器具有加计数输入端和减计数输入端，有的还具有复位输入端（C247、C248）或同时具有复位和启动输入端（C249、C250）。

（3）双相双输入计数器

双相双输入计数器又称为 2 相输入计数器或 A－B 相输入计数器，在 FX2N 系列的 PLC 中的编号为 C251 ~ C255，共 5 个。

双相双输入计数器是 32 位加/减计数的二进制计数器，其计数的动作过程与前述的 32 位加/减计数器相同。

A 相、B 相的信号决定计数器是加计数还是减计数。当 A 相输入为 ON 状态时：B 相输入为 OFF→ON 则为加计数；B 相输入为 ON→OFF 则为减计数。

任务实施

1．输入量、输出量分配

根据对任务的分析，三相异步电动机延时启动单方向连续运行控制，可以发现，其输入和输出量与不延时启动的单方向连续运行控制一样。对输入量、输出量进行分配，见表2－3。

表2－3　输入量、输出量分配

输入量（I）			输出量（O）		
元件代号	功能	输入点	元件代号	功能	输出点
SB2	停止按钮	X0			
SB1	启动按钮	X1	KM	接触器线圈	Y0
FR	热继电器	X2			

2．绘制 PLC 硬件接线图

根据 I/O 表，绘制 PLC 硬件接线图如图2－28所示。

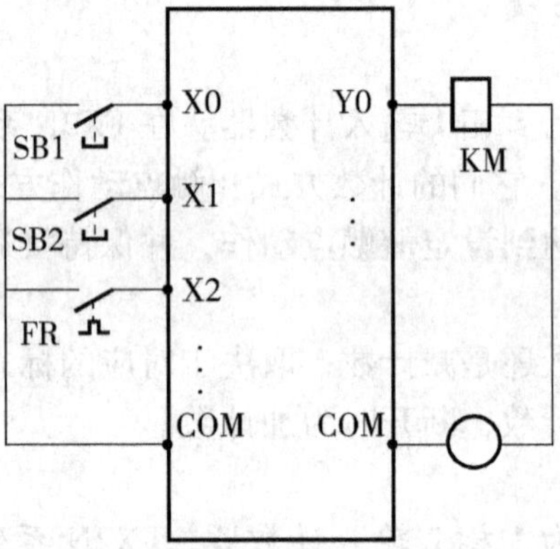

图2－28　PLC 硬件接线图

3．设计梯形图程序及语句表

事件	启动条件	保持条件	停止条件
KT0	SB2	不保持	松开按钮停止
T0	X1		
KM	KT	KM（自锁）	按下 SB1 或者热继电器动作
Y0	T0	Y0（自锁）	X0 或者 X2 动作

根据“事件＝（事件启动条件＋事件保持条件）＊事件停止条件”设计出梯形图，如图2－29所示。

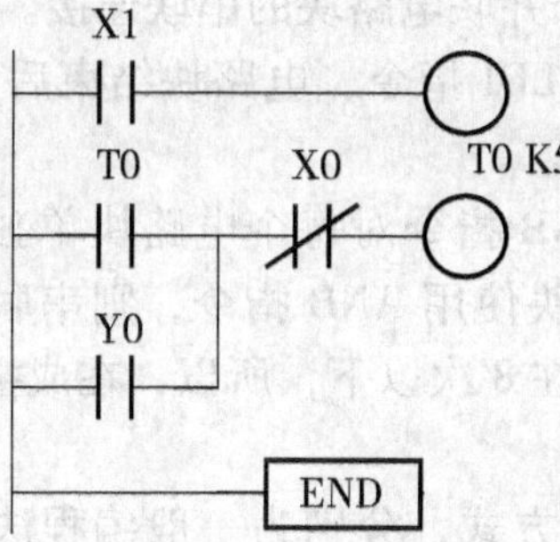

（a）梯形图

LD	X1	启动条件
OUT	T0 K50	事件 1
LD	T0	启动条件
OR	Y0	保持条件
ANI	X0	停止条件
OUT	Y0	事件 2
END		程序结束

（b）语句表

图 2－29　PLC 控制电动机延时启动单方向连续运转梯形图及指令表

任务三　两台电动机顺序启动，逆序停车控制

任务目标

（1）掌握三菱 FX2N 系列 PLC 的 ANB/ORB/MPS/MRD/MPP/PLS/PLF 指令；

（2）掌握三菱 FX2N 系列 PLC 的 LDP/LDF/ORP/ORF/ANDP/ANDF 指令；

（3）掌握三菱 FX2N 系列 PLC 的 MC/MCR/SET/RST 指令。

任务要求

两台三相异步电动机，启动方面要求 M1 先启动，M2 后启动；停止方面要求 M2 停止之后，才允许 M1 停止。图 2－30 为其电气控制电路图，试用 PLC 对其进行改造。

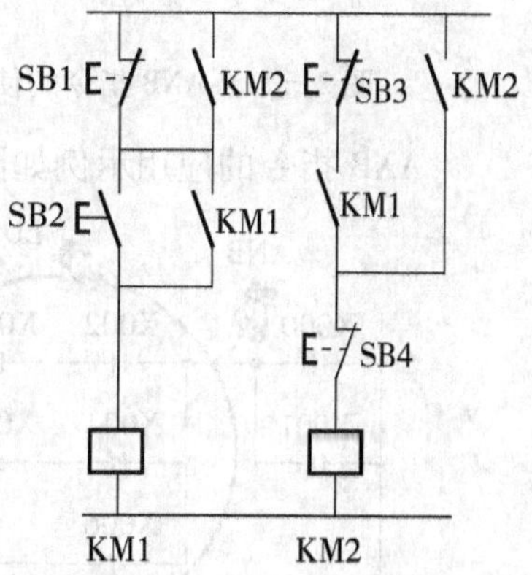

图 2－30　电动机顺序启动、逆序停止控制电路图

相关知识

一、电路串联块（ANB）指令

两个或两个以上接点并联连接的电路称为并联电路块。当并联电路块与前面的电路串联时，使用 ANB 指令连接。

指令	功能	电路表示	可操作元件
ANB	串联电路块的并联	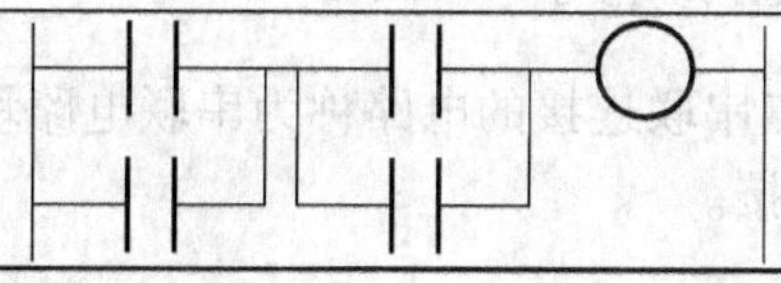	无

ANB（And Block）：电路块串联指令，用于两个并联电路块的串联连接。

将并联电路块串联连接时，电路块开始用 LD、LDI 指令，电路块结束后用 ANB 指令连接起来。

ANB 指令不带元件编号，是一条独立指令，ANB 指令对每个电路块单独使用，也可以成批使用。多个电路块串联时，如果对每个电路块使用 ANB 指令，则串联电路块数没有限制。但是，由于 LD、LDI 指令的重复次数限制在 8 次以下，所以，在成批使用时，连续使用 ANB 指令的次数不得超过 8 次。

ANB 指令的使用如图 2－31 所示。有两种编程方式，分别为一般编程法和集中编程法。

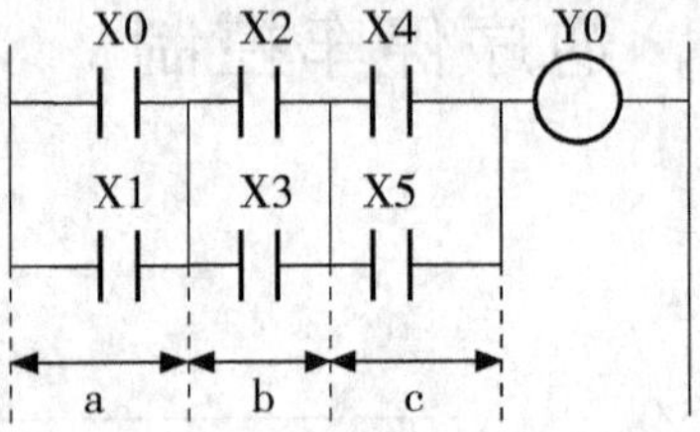

一般编程法		集中编程法	
LD	X0	LD	X0
OR	X1	OR	X1
LD	X2	LD	X2
OR	X3	OR	X3
ANB		LD	X4
LD	X4	OR	X5
OR	X5	ANB	
ANB		ANB	
OUT	Y0	OUT	Y0
（推荐使用）		（不推荐使用）	

图 2－31　ANB 指令的使用

ANB 指令的应用示例如图 2－32 所示。

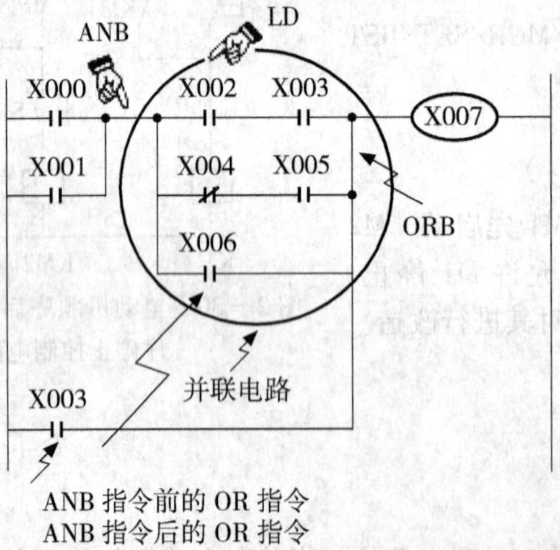

0	LD	X000	
1	OR	X001	
2	LD	X002	←分支起点
3	AND	X003	
4	LDI	X004	←分支起点
5	AND	X005	
6	ORB		←并联电路块结束
7	OR	X006	←并联电路块结束
8	ANB		←与前面的电路串联
9	OR	X003	
10	OUT	Y007	

图 2－32　ANB 指令的应用示例

二、电路并联块（ORB）指令

两个或两个以上接点串联连接的电路称为串联电路块。当串联电路块与前面的电路并联时，使用 ORB 指令连接。

指令	功能	电路表示	可操作元件
ORB	串联电路块的并联	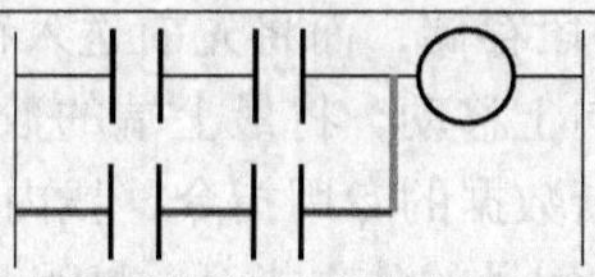	无

ORB（Or Block）：电路块或指令，用于串联电路块的并联连接。

由两个或两个以上触点串联的回路称为串联电路块，将串联电路块并联连接时用 ORB 指令。电路块开始用 LD、LDI 指令，块结束后用 ORB 指令连接起来。ORB 指令不带元件编号，是一条独立指令。ORB 指令对每个电路块单独使用，也可以成批使用。由多个电路块并联时，如果对每个电路块使用 ORB 指令，则并联电路块数没有限制。但是，由于 LD、LDI 指令的重复次数限制在 8 次以下，所以在成批使用时，连续使用 ORB 指令的次数和 ANB 一样不得超过 8 次。ORB 指令的使用如图 2－33 所示。

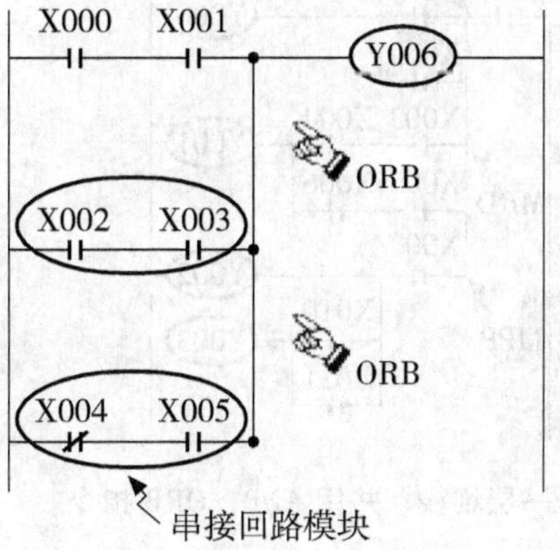

一般编程法		集中编程法	
LD	X0	LD	X0
AND	X1	AND	X1
LD	X2	LD	X2
AND	X3	AND	X3
ORB		LDI	X4
LDI	X4	AND	X5
AND	X5	ORB	
ORB		ORB	
OUT	Y6	OUT	Y6
（推荐使用）		（不推荐使用）	

图 2－33　ORB 指令的使用

三、多重输出（MPS/MRD/MPP）指令

指令	功能	电路表示	可操作元件
MPS	进栈	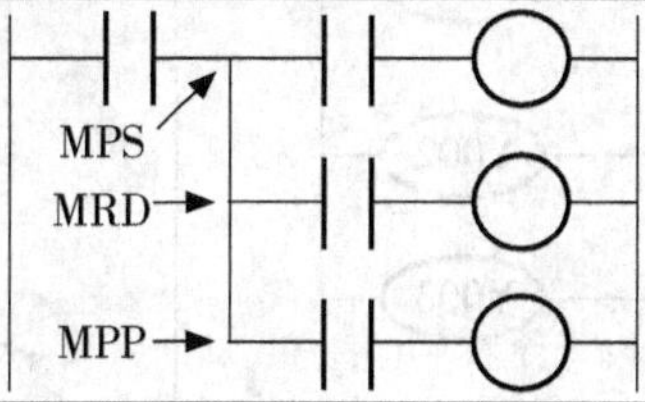	无
MRD	读栈		
MPP	出栈		

MPS：进栈指令，用于运算结果存储。

MRD：读栈指令，用于存储内容的读出。

MPP：出栈指令，用于存储内容的读出和堆栈复位。

这组指令用于多重输出电路，可将连接点前面的逻辑状态存储起来，然后再根据指令的要求连接后面的电路。在 PLC 中有 11 个被称为栈的记忆运算中间结果的存储器。使用一次 MPS 指令，就将此时刻的运算结果送入栈的第一段存储。再使用 MPS 指令，就将该时刻的运算结果送入栈的第一段存储，而将先前送入存储的数据依次移到栈的下一段。使用 MPP 指令，各数据按顺序向上移动，将最上端的数据读出，同时该数据就从栈中消失。MRD 是读出最上端所存的最新数据的专用指令，栈内的数据不发生移动。

这些指令都是不带软元件编号的独立指令，MPS 和 MPP 指令必须成对使用。图 2－34 是堆栈指令应用示例。

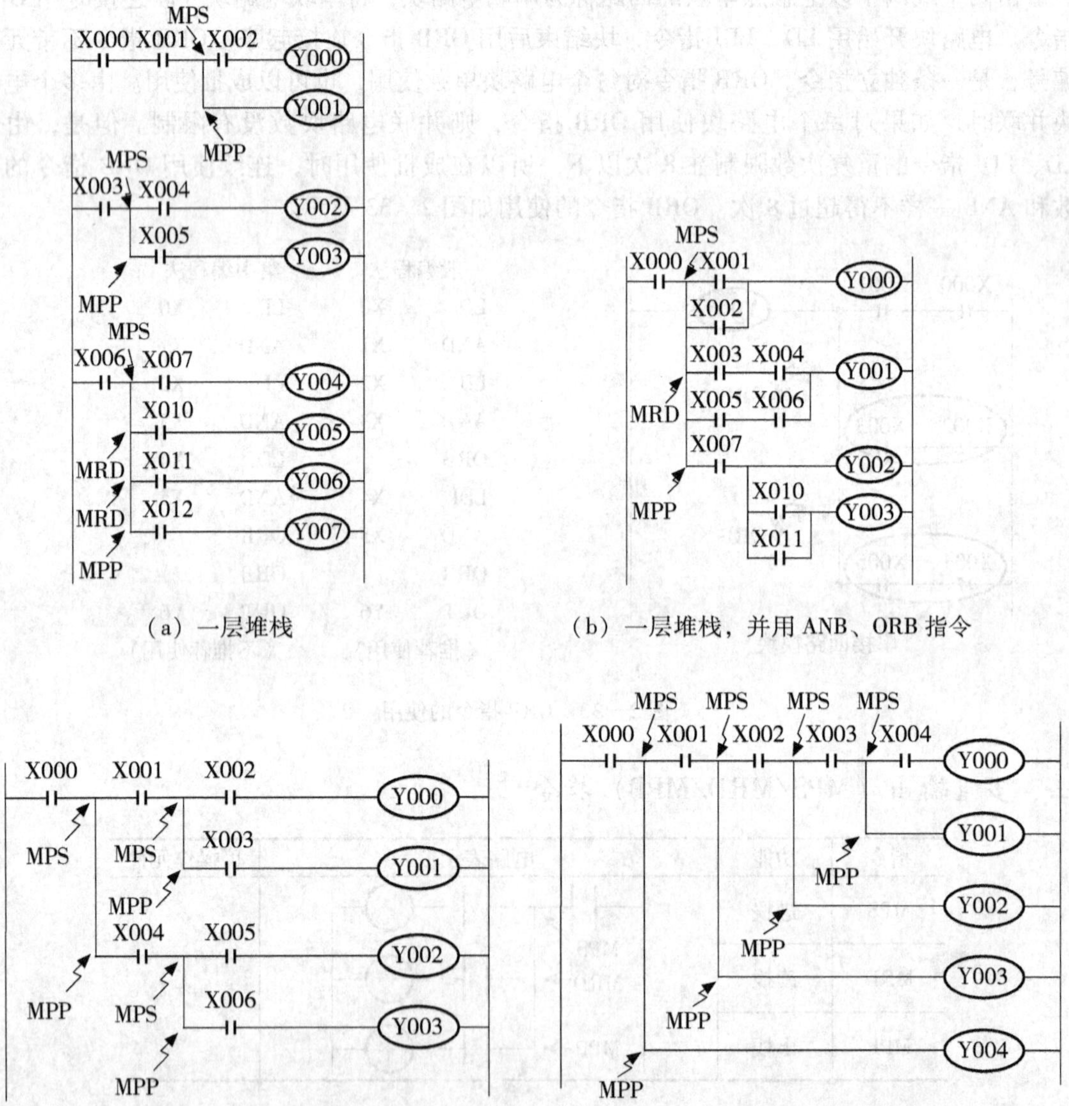

（a）一层堆栈　（b）一层堆栈，并用 ANB、ORB 指令

（c）二层堆栈　（d）四层堆栈

图 2－34　堆栈指令应用示例

四、脉冲输出（PLS、PLF）指令

指令	功能	电路表示	可操作元件
PLS	上升沿微分输出	PLS Y、M	Y、M
PLF	下降沿微分输出	PLF Y、M	Y、M

PLS：上升沿微分输出（上升沿脉冲）指令，使用 PLS 指令后，元件 Y、M 仅在驱动输入由 OFF→ON 时的一个扫描周期内动作（置 1）。

PLF：下降沿微分输出（下降沿脉冲）指令，使用 PLF 指令后，元件 Y、M 仅在驱动输入由 ON→OFF 时的一个扫描周期内动作。

注意：PLS、PLF 指令只能用于 Y、M 元件，特殊继电器不能用作 PLS 或 PLF 的操作元件。

PLS、PLF 指令应用示例如图 2－35 所示。

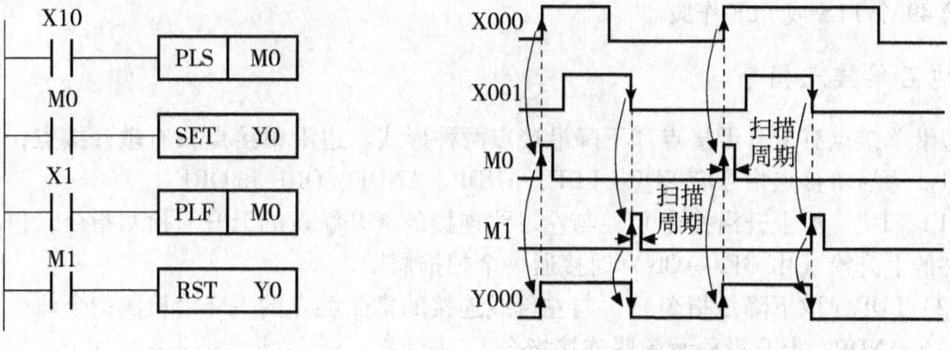

（a）梯形图　　（b）时序图

图 2－35 PLS、PLF 指令应用示例

【例 2－6】 利用 PLS 组成对输入信号的分频（二分频）电路，其梯形图及时序图如图 2－36 所示。

当 X0 接通上升沿时，M0 产生一个扫描周期宽度的脉冲。梯形图第二行的 Y0 是断开的，所以 M1 未接通。在梯形图的第三行 M0 的动合触点接通，使 Y0 接通。Y0 的动合触点自锁。

当 X0 再次接通上升沿时，M0 同样产生一个扫描周期宽度的脉冲，在梯形图第二行 Y0 动合触点已接通，因此，使得梯形图第三行的 Y0 断开，产生波形的下降沿。

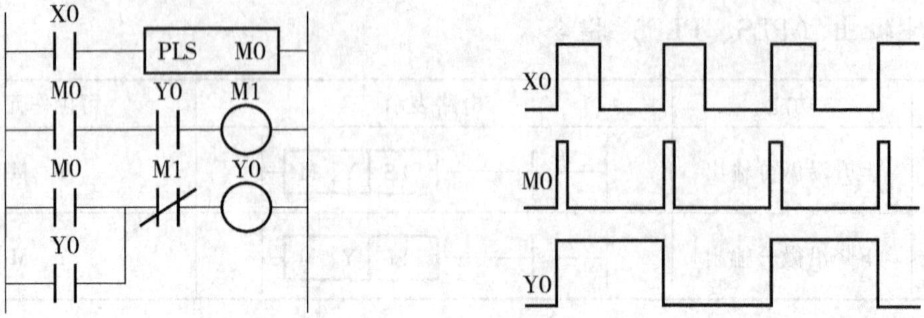

（a）梯形图　　（b）时序图

图 2－36　二分频电路

使用 PLS 和 PLF 指令应注意的几点：

（1）PLS 和 PLF 指令都是实现在程序循环扫描过程中只需执行一次的指令，不同之处是看由上升沿触发还是下降沿触发。

（2）PLS 和 PLF 指令可以单独使用，也可同时使用。单独使用时没有什么限制，当同时使用在一个程序中时，最多可使用 48 次，否则编程器会显示“PLS　OVER”错误信息，并把第 49 个 PLS 或 PLF 作废。

五、边沿单接点指令

边沿单接点有上升沿接点和下降沿接点两种形式。边沿单接点只有敞开接点，没有常闭接点。边沿单接点指令有 LDP、LDF、ANDP、ANDF、ORP 和 ORF。

（1）LDP（取上升沿指令）　与左母线连接的常开触点的上升沿检测指令，仅在指定位元件的上升沿（由 OFF→ON）时接通一个扫描周期。

（2）LDF（取下降沿指令）　与左母线连接的常闭触点的下降沿检测指令。

（3）ANDP　上升沿检测串联连接指令。

（4）ANDF　下降沿检测串联连接指令。

（5）ORP　上升沿检测并联连接指令。

（6）ORF　下降沿检测并联连接指令。

LDP、LDF 指令仅在对应元件有效时维持一个扫描周期的接通。图 2－37 中，当 M1 有一个下降沿时，则 Y3 只有一个扫描周期为 ON。LDP、LDF 指令的目标元件为 X、Y、M、T、C、S。

ANDP、ANDF 都是指单个触点串联连接的指令（图 2－38），串联次数没有限制，可反复使用。

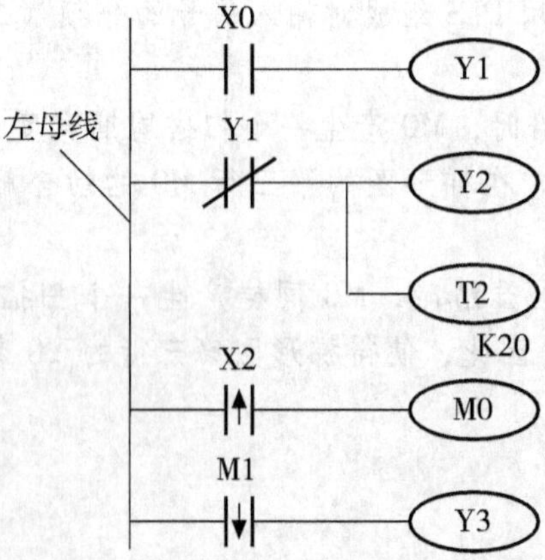

0	LD	X0
1	OUT	Y1
2	LDI	Y1
3	OUT	Y2
4	OUT	T2
		K20
7	LDP	X2
8	OUT	M0
9	LDF	M1
10	OUT	Y3

图 2－37　取指令与输出指令的使用

ANDP、ANDF 的目标元件为 X、Y、M、T、C 和 S。

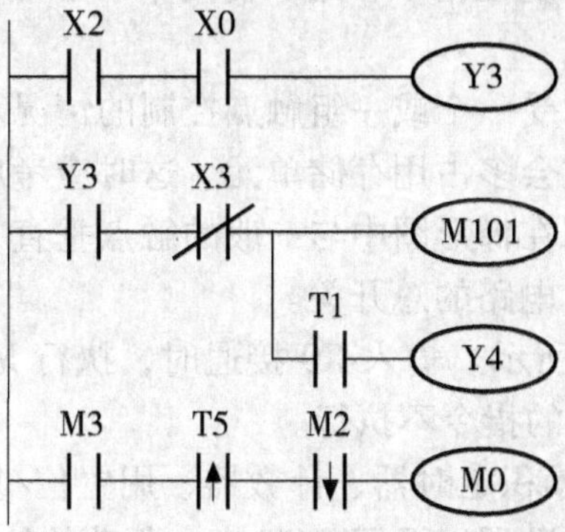

0	LD	X2
1	AND	X0
2	OUT	Y3
3	LD	Y3
4	ANI	X3
5	OUT	M101
6	AND	T1
7	OUT	Y4
8	LD	M3
9	ANDP	T5
10	ANDF	M2
11	OUT	M0

图 2－38　触点串联指令的使用

ORP、ORF 指令都是指单个触点的并联，并联触点的左端接到 LD、LDI、LDP 或 LPF 处（例图 2－39 的左母线），右端与前一条指令对应触点的右端相连。触点并联指令连续使用的次数不限；ORP、ORF 指令的目标元件为 X、Y、M、T、C 和 S。

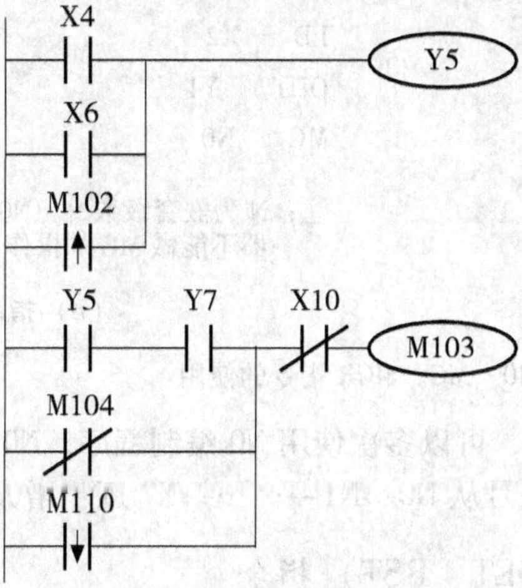

0	LD	X4
1	OR	X6
2	ORP	M102
3	OUT	Y5
4	LD	Y5
5	AND	X7
6	ORI	M104
7	ORF	M110
8	ANI	X10
9	OUT	M103

图 2－39　触点并联指令的使用

六、主控触点（MC、MCR）指令

指令	功能	电路表示	可操作元件
MC	公共串联触点的连接		Y、M
MCR	公共串联触点的清除	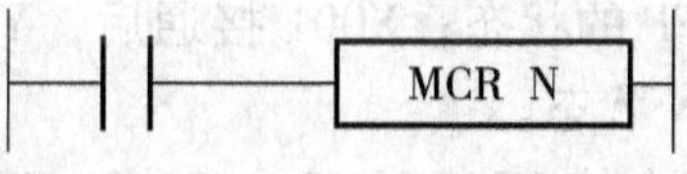	

MC（Master Control）：主控指令，用于公共串联触点连接，占3个程序步。

MCR（Master Control Reset）：主控复位指令，用于公共串联触点的清除，是MC指令的复位指令，占2个程序步。

在编程时，经常遇到多个线圈同时受一个或一组触点控制的情况。当然可以在每个线圈的控制电路中串入同样的触点，但这会多占用存储单元。这时应考虑使用主控指令，使用主控指令的触点称为主控触点，它们在梯形图中与一般的触点垂直，是与左母线直接相连的动合触点，其作用相当于控制一组电路的总开关。

MC、MCR指令的使用如图2-40所示。输入X0接通时，执行MC与MCR之间的指令；输入X0断开时，MC与MCR之间的指令不执行。

X0断开时，保持原来状态的有：累积定时器、计数器、用置位/复位指令驱动的软元件；变为断开的有：非累计定时器、计数器以及用OUT指令驱动的软元件。

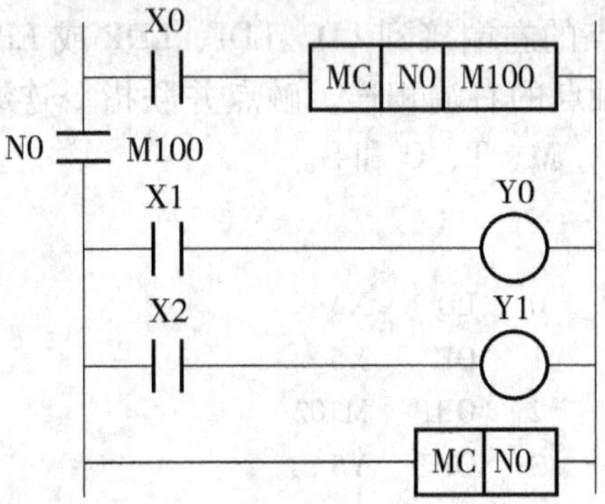

（a）梯形图

```
LD   X0
MC   N0   M100
LD   X1
OUT  Y0
LD   X2
OUT  Y1
MC   N0
```

注：N为嵌套级数，（N0～N7）特殊辅助继电器不能做MC的操作元件

（b）指令表

图2-40 MC、MCR指令的使用

在图2-40中没有采用嵌套结构，可以多次使用N0编制程序，N0的使用次数不受限制。在有嵌套结构时，嵌套级N的编号从N0→N1→……→N7逐步增大。

七、可编程控制器置位/复位（SET、RST）指令

指令	功能	电路表示	可操作元件
SET	置位		Y，M，S
RST	复位	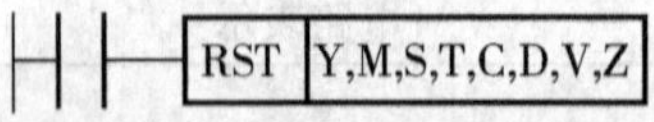	Y，M，S，T，C，D，V，Z

SET为置位指令，使操作保持；RST为复位指令，使操作保持复位。SET、RST指令的使用如图2-41所示。图中X000接通后，Y000被驱动为ON，即使X000再成为OFF，也不能使Y000变为OFF的状态；X001接通后，Y000复位为OFF，即使X001再为OFF，也不能使Y000变为ON状态。

对同一元件，如例中的Y000、M0、S0等，SET、RST指令可以多次使用，且不限制

使用顺序，但最后执行者有效。

RST 指令还可以用于使数据寄存器 D，变址寄存器 V、Z 的内容清零，使积算定时器 T246 ~ T255 的当前值以及触点复位。使计数器 C 的输出触点复位及当前值清零。RST 指令对计数器、定时器的应用如图 2－41 所示。

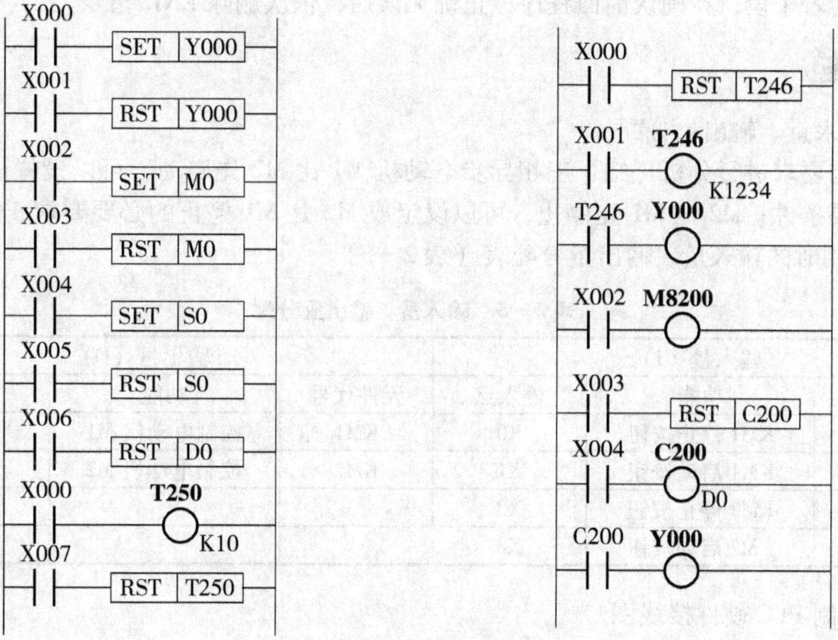

图 2－41　SET、RST 指令的应用

八、逻辑反、空操作与结束指令（INV/NOP/END）

（1）INV（反指令）　执行该指令后将原来的运算结果取反。反指令的使用如图 2－42所示，如果 X0 断开，则 Y0 为 ON，否则 Y0 为 OFF。使用时应注意 INV 不能像指令表的 LD、LDI、LDP、LDF 那样与母线连接，也不能像指令表中的 OR、ORI、ORP、ORF 指令那样单独使用。

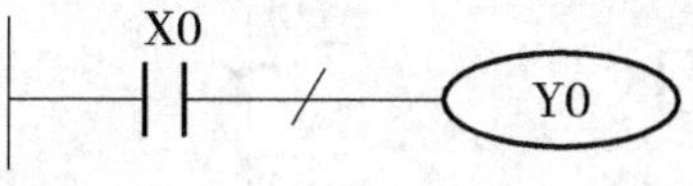

0	LD	X0
1	INV	
2	OUT	Y0

图 2－42　反指令的使用

（2）NOP（空操作指令）　这是一条无动作、无目标元件，占一个程序步的指令。

在程序中加入 NOP 指令，该程序步做空操作，将程序全部清除时，全部指令成为 NOP。在普通的指令与指令之间加入 NOP 指令，PLC 将无视其存在而继续工作；若在程序中加入 NOP 指令，则在修改或追加程序时可以减少步号的变化。

将已写入的指令换成 NOP 指令，电路将有可能发生变化，编程时务必注意。

（3）END（程序结束指令）　是一条无目标元件，占一个程序步的指令。

PLC 按照输入处理、程序执行、输出处理的方式循环进行工作。若在程序的最后写入 END 指令，则 END 后的其余程序步不再执行而直接进行输出处理。在程序中没有 END 指令时，FX 系列 PLC 一直处理到最终的程序步，然后从第 0 步开始重复处理。

在调试阶段，在各程序插入 END 指令可依次检查各程序段的动作。采用 END 指令将程序划分为若干段，在确认前面程序段正确无误后，依次删除 END 指令。

任务实施

1. 输入量、输出量分配

对控制要求进行分析可知：三相异步电动机 M1 比 M2 先启动，可以设置成 M1 是 M2 启动的必要条件；M2 比 M1 先停止，可以设定成 M2 是 M1 停止的必要要求；据此可以得出 PLC 控制时的输入量、输出量分配表（表 2－5）。

表 2－5　输入量、输出量分配

输入量（I）			输出量（O）		
元件代号	功能	输入点	元件代号	功能	输出点
SB1	KM1 停止按钮	X0	KM1	控制电动机 M1	Y0
SB2	KM1 启动按钮	X1	KM2	控制电动机 M2	Y1
SB3	KM2 停止按钮	X2			
SB4	KM2 启动按钮	X3			

2. 绘制 PLC 硬件接线图

根据 I/O 表，绘制 PLC 硬件接线图如图 2－43 所示。

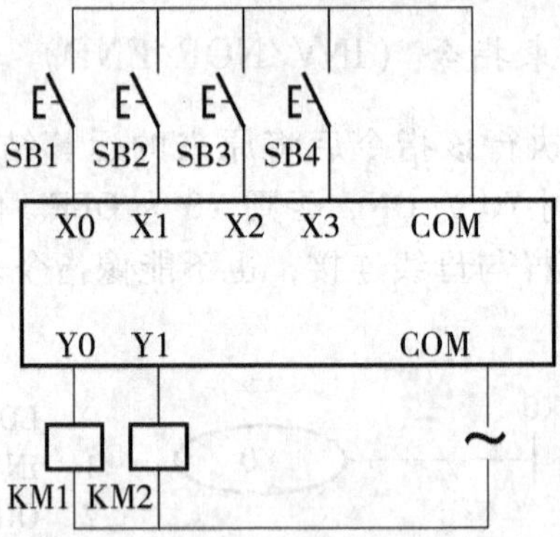

图 2－43　PLC 硬件接线图

3. 设计梯形图程序及语句表

事件	启动条件	保持条件	停止条件
Y0	启动按钮 SB2（X1）	自保持	停止按钮 SB1（X0），Y1 不动作
Y1	启动按钮 SB3（X2）、Y0 动作	自保持	停止按钮 SB4（X3）

根据“事件=(事件启动条件+事件保持条件)∗$\overline{\text{事件停止条件}}$”设计出梯形图，如图 2－44 所示。

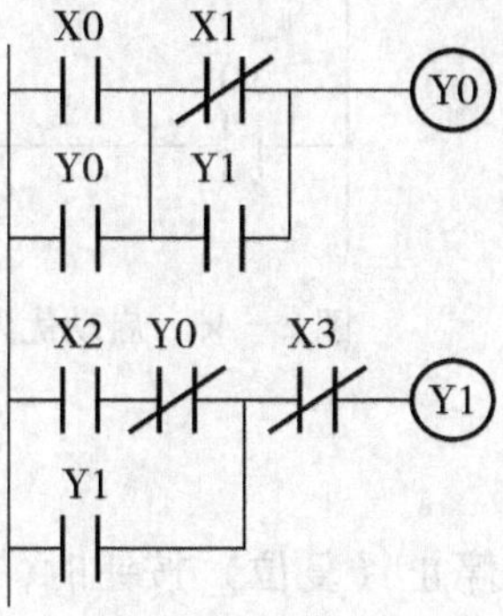

（a）梯形图

LD	X0
OR	Y0
LDI	X1
OR	Y1
ANB	
OUT	Y0
LD	X2
ANI	Y0
OR	Y1
ANI	X3
OUT	Y1

（b）指令表

图 2－44　PLC 控制电动机延时启动单方向连续运转梯形图及指令表

知识链接：双线圈输出问题

在梯形图中，线圈前边的触点代表线圈输出的条件，线圈代表输出。在同一程序中，某个线圈的输出条件可以非常复杂，但应是唯一且集中表达的。由 PLC 的操作系统引出的梯形图编绘法则规定，某一线圈在梯形图中只能出现一次。如果在同一程序中同一元件的线圈使用两次或多次，称为双线圈输出。可编程控制器程序顺序扫描执行的原则规定，这种情况出现时，前面的输出无效，只有最后一次输出才是有效的。本事件的特例是同一程序的两个绝不会同时执行的程序段中可以有相同的输出线圈。

任务四　常用基本环节的编程

相关知识

一、使用两个按钮实现电动机启/停控制

使用两个按钮控制电动机启/停具有结构简单、易于编程的特点。根据启动优先或停止优先的不同，有两种不同的实现方法。

（1）停止优先

采用自锁功能块可以实现停止优先的电动机启/停控制，程序如图 2－45 所示。

（2）启动优先

一些紧急联锁用的设备，如消防水泵、紧急通风风机的启/停控制一般采用启动优先的控制方式，梯形图程序见图 2－46。

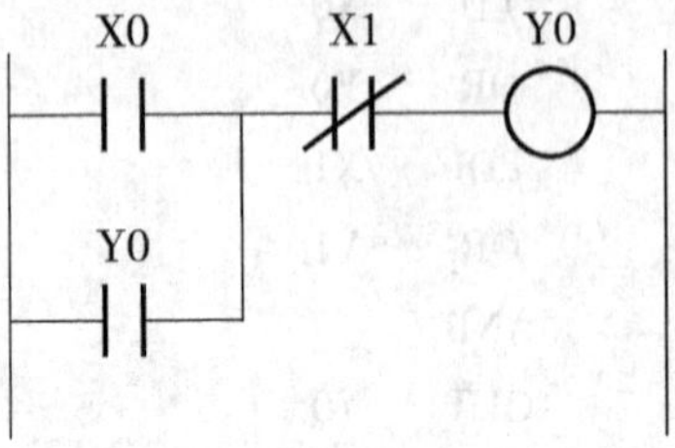

图 2－45　停止优先的启/停控制

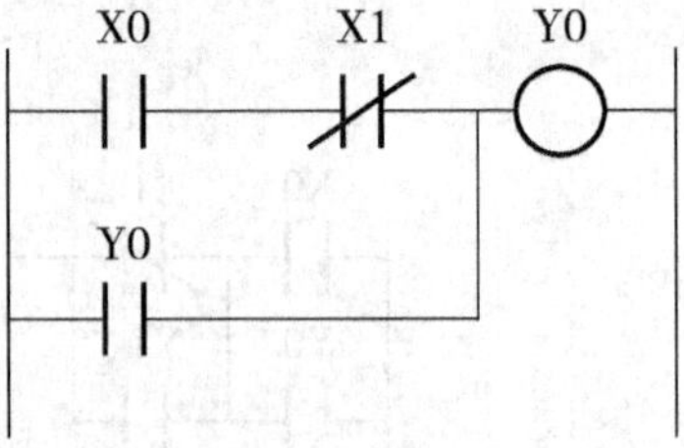

图 2－46　启动优先的启/停控制

（3）应用注意事项

应用上述编程语言编程时应注意下列事项：

①停止优先表示当同时按下启动（置位）和停止（复位）按钮时，输出 RUN 端为 0，即电动机停止；启动优先表示当同时按下启动（置位）和停止（复位）按钮时，输出 RUN 端为 1，即电动机启动。

②大多数电动机和运转设备采用停止优先的启/停控制方式来控制其启/停。

二、使用一个按钮实现电动机启/停控制

使用一个按钮实现电动机启/停控制也称为单按钮启/停控制。这种方式常用于可编程控制器的输入点数较少、需要控制启/停的设备较多的场合。

单按钮启/停控制的控制要求是，当第一次按下启/停按钮时，电动机启动并保持；当第二次按下启/停按钮时，电动机停止并保持。实践中有多种程序可实现所需控制要求，下面介绍常用程序：上升沿触发的单按钮启/停控制（见图 2－47）。

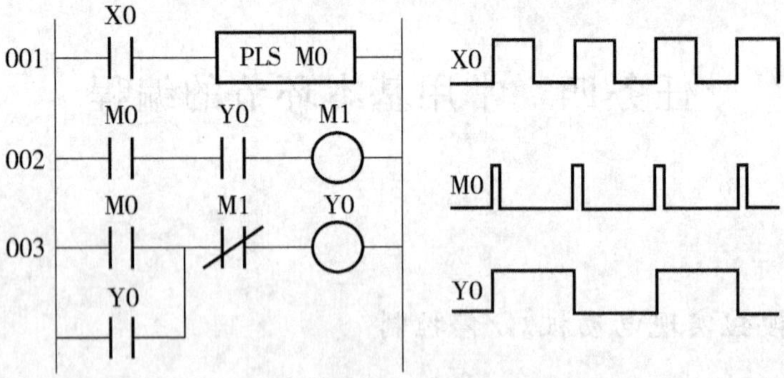

图 2－47　上升沿触发的单按钮启/停控制

用按下启动按钮时产生的脉冲信号实现启/停控制，称为上升沿触发的单按钮启/停控制。当第一次按下启动按钮时，经上升沿边沿检测指令 PLS 检测，输出 M0 有一个脉冲信号，在 003 梯级，使 Y0 激励和运转，并自保。当第二次按下启动按钮时，同样有一个脉冲信号 M0 输出，因 RUN 自保，因此，在 002 梯级，使中间变量 M1 激励，从而在 003 梯级使输出 RUN 失励，即电动机停止运转。

采用计数器 C1 对按钮按动的次数进行计数，也可实现单按钮启/停控制。图 2－48 是

采用计数器实现单按钮启/停控制的程序。当第一次按下启动按钮时，由于 C0 还没有动作，Y0 激励动作，电动机运转。当第二次按下启动按钮时，计数器 C0 计数到，它的动断触点 C0 断开，Y0 线圈失电，电动机停止运转，同时 C0 复位，为下次启动做准备。

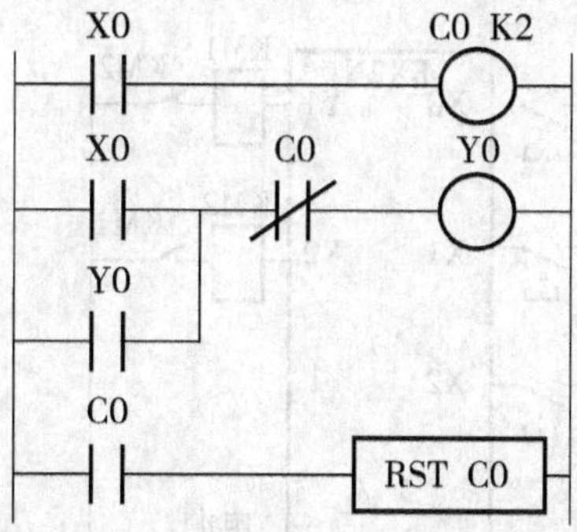

图 2-48　计数器控制的单按钮启/停控制

三、电动机的正、反转切换控制

电动机的正、反转切换控制可通过更换电动机的一组相线实现。电气控制线路中常用两个接触器 KM1 和 KM2 实现，如图 2-49 所示。图中，SB2 和 SB3 分别是正转和反转的启动按钮，SB1 是停止按钮。从图中可以看出：第一种无互锁控制电路中，容易出现 KM1、KM2 都闭合，造成短路的事故。另外两个电路中：一种方法是电动机正、反转切换不经过停止的过程；另一种方法是电动机先停止，然后，根据切换要求切换到所需的运转方式。这两个电路都设置了电气互锁，可以实现电动机正、反转控制的功能。

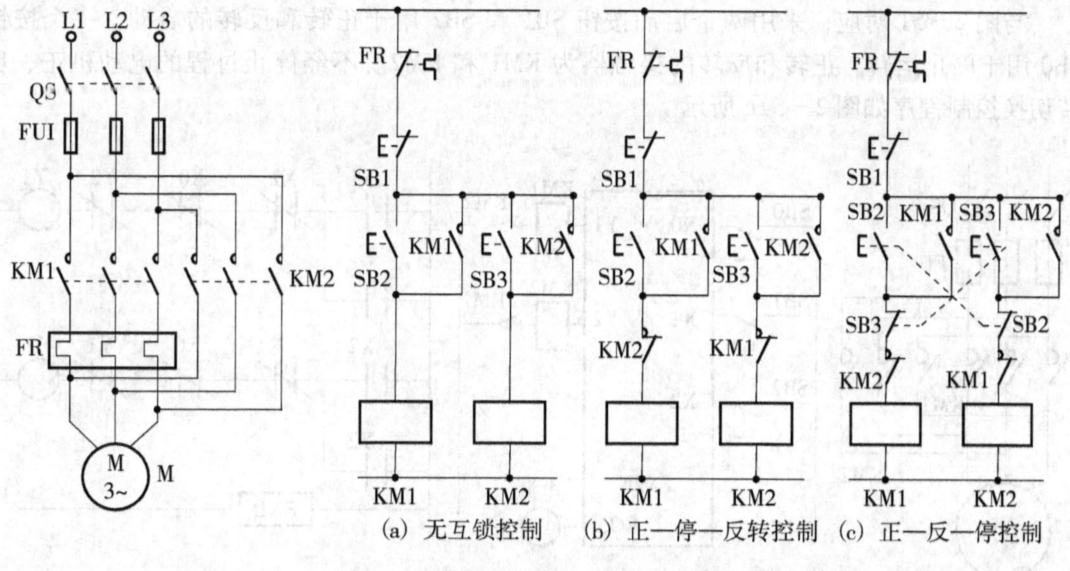

图 2-49　电动机正、反转控制电路

(1) 经停止过程的电动机正、反转切换控制

与图 2－49 对应，可采用两个启动按钮 SB1 和 SB2，用于正转和反转的启动，一个按钮 SB0 用于停止运转。正转和反转的接触器用 KM1 和 KM2 表示，程序如图 2－50 所示。

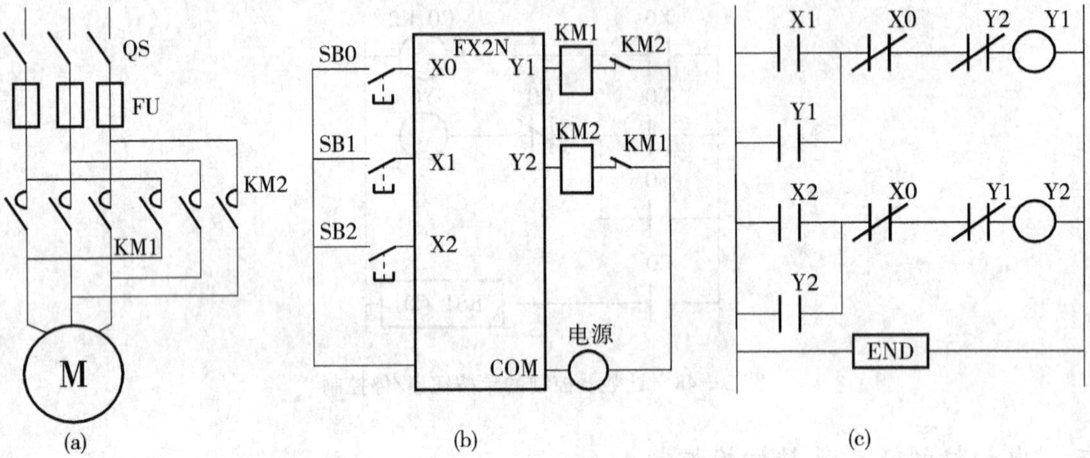

图 2－50 经停止过程的电动机正、反转切换控制程序

电动机在停运状态时，KM1 和 KM2 都未激励。

当按下正转启动按钮 SB1 时，输出 Y1 激励，表示电动机正转。同时，它将反转控制线路切断，防止反转启动。只有按下停止按钮 SB0，电动机才能停转。

当按下反转启动按钮 SB2 时，输出 Y2 激励，表示电动机反转。同时，它将正转控制线路切断，防止正转启动。只有按下停止按钮 SB0，电动机才能停转。

(2) 不经停止过程的电动机正、反转切换控制

与图 2－51 对应，采用两个启动按钮 SB1 和 SB2 用于正转和反转的启动，一个按钮 SB0 用于停止运转。正转和反转的接触器为 KM1 和 KM2。不经停止过程的电动机正、反转切换控制程序如图 2－51c 所示。

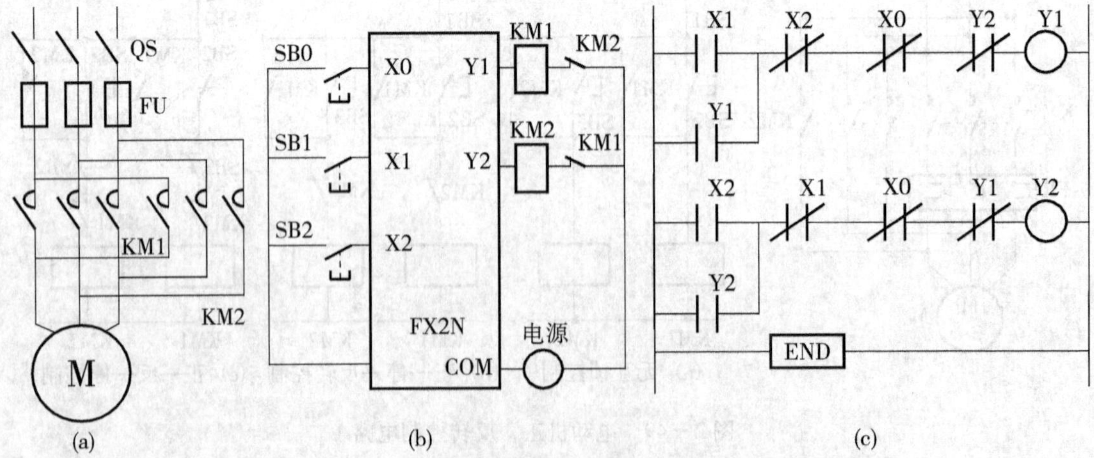

图 2－51 不经停止过程的电动机正、反转切换控制程序

与经停止过程的电动机正、反转切换控制程序类似，只在各梯级上增加如图 2－51 所示的一个常闭触点，它用于停止电动机的运转。

当按下 SB1 正转启动按钮时，输出 Y1 激励，KM1 线圈得电，电动机正转。同时，它断开反转控制线路，使反转接触器触点断开。

当按下 SB2 反转启动按钮时，它断开正转控制线路，使正转接触器触点断开。同时，输出 Y2 激励，KM2 线圈得电，电动机反转。

按下停止按钮 SB0，电动机停转。

有时，也将电动机热继电器的常闭触点串联连接到各梯级中，实现当负载过大、热继电器激励时，能够及时使接触器输入信号断开。但在实际应用时，常在外部接线时串联接入热继电器触点，用于减少可编程控制器的输入点数。

四、电动机的星形—三角形转换控制

电动机的星形—三角形转换控制用于三相异步电动机的减压启动。即启动电动机时，采用星形连接，电动机运转后自动切换到三角形连接。

设电动机的三个绕组分别是 AX、BY 和 CZ，则星形连接是将 X、Y 和 Z 连接在一起，A、B 和 C 连接到三相输入端；三角形连接是将 A 与 Z、B 与 X、C 与 Y 连接在一起，并将 A、B 和 C 连接到三相输入端。

当输出接触器 KMY 激励，KMY 的各触点闭合，组成星形连接；当输出接触器 KM△激励，KM△的各触点闭合，组成三角形连接。当输出继电器 KM 激励，启动电动机。假设星形连接启动 5s 后自动转换到三角形连接，电动机的星形—三角形转换控制电路见图 2－52，PLC 控制接线图和 PLC 控制程序见图 2－53。

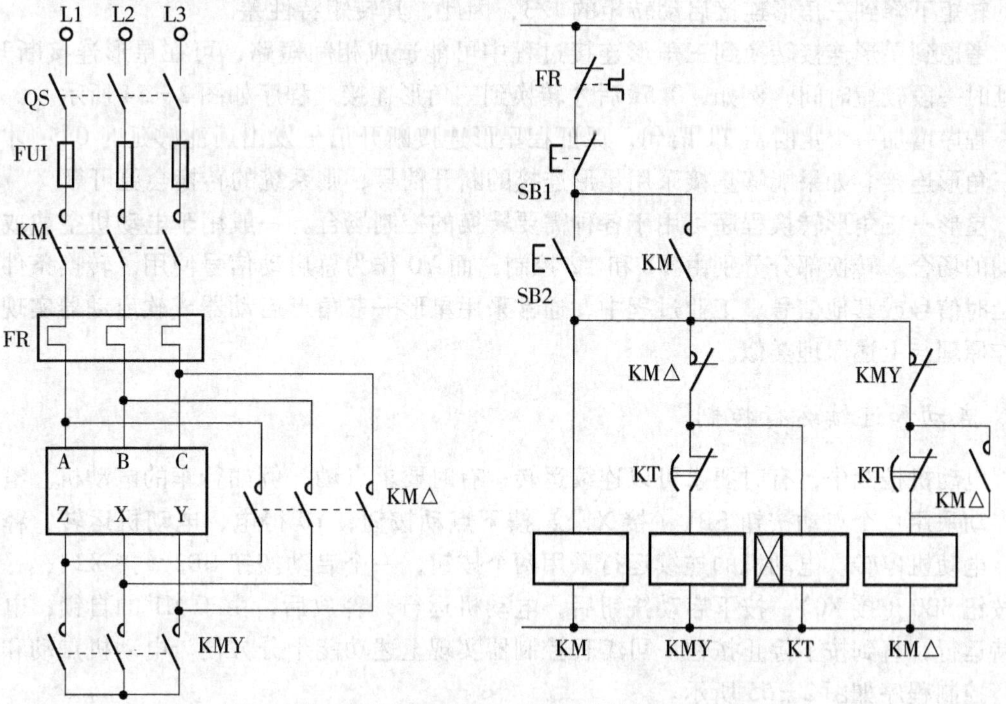

图 2－52　电动机的星形—三角形转换电气控制电路

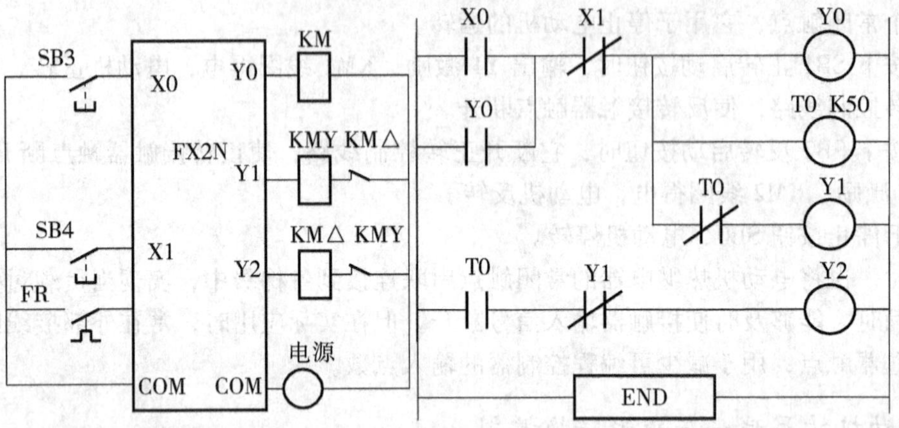

图 2-53 电动机的星形—三角形转换 PLC 控制接线图和 PLC 控制程序

程序转换过程如下：按下启动按钮后，X0 动作，Y0 线圈得电动作并自保，同时使得 T0 线圈和 Y1 线圈得电动作，与之连接的接触器 KM、KMY 激励，相应触点闭合，接通电源，电动机接成星形连接结构，并使电动机在低启动电流下运转，当延时时间 5s 到，定时器 T1 的动断触点断开，使 Y1 线圈失电，定时器 T1 的动合触点闭合，Y2 线圈得电动作，它使相应的接触器 KMY 失励，接触器 KM△激励，电动机组成三角形连接结构，并用三角形连接运转。按下停止按钮后，Y0 线圈失电，触点断开，KM 断电，电动机停转。

星形—三角形启动的优点是星形启动电流只有原来三角形启动电流的 1/3。启动电流约为电动机额定电流的 2 倍。因此，启动特性好、结构简单、价格低。星形启动的缺点是启动转矩下降到三角形连接启动转矩的 1/3，因此，其转矩特性差。

考虑到星形连接转换到三角形连接过程中可能造成相间短路，可在星形连接断开后，再延时一段较短时间，例如，0.5s 后才转换到三角形连接。程序如图 2-54 所示。

程序增加一个定时器 T1 语句，保证在星形连接断开信号发出后能够延时 0.5s 才转换到三角形连接。如果能够直接采用星形连接的断开信号，则系统的转换会更可靠。

星形—三角形转换程序可用于各种需要转换的控制场合。一般用于电动机空载或轻载启动的场合。转换部分分别由 Y1 和 Y2 控制，而 Y0 作为总启动信号使用，转换条件可以是延时信号或其他信号。工业过程中，通常采用星形—三角形启动器或软启动器实现，其工作原理与上述原理类似。

五、点动和连续运行控制

电动机控制中，有时要求可以连续运转；有时要求点动，例如行车的电动机。电动机的点动采用一个点动按钮 SB1（接 X1），按下点动按钮，Y0 得电，电动机运转，释放按钮，电动机停转。电动机的连续运行采用两个按钮，一个启动按钮 SB2（接 X2），一个停止按钮 SB0（接 X0），按下启动按钮后，电动机运行，释放后，由于 M1 的自锁，电动机保持运行，直到按下停止按钮。可编程控制器实现上述功能十分方便。电动机点动和连续运行控制程序如图 2-55 所示。

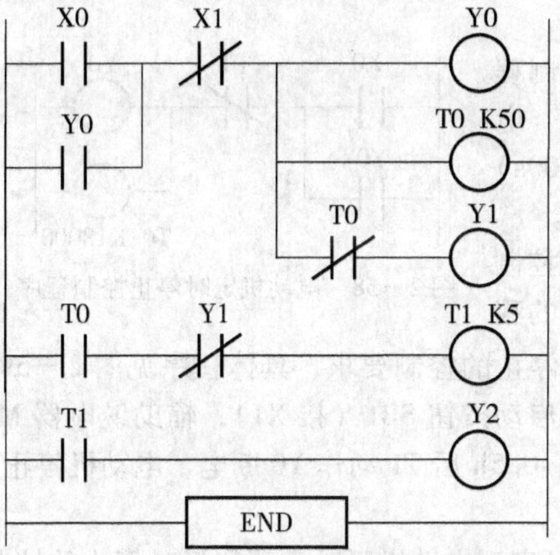

图 2－54　电动机的星形－三角形转换延时转换到三角形的 PLC 控制程序

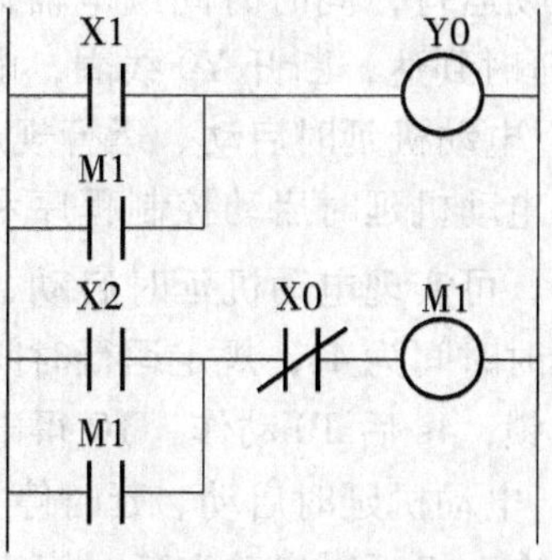

图 2－55　电动机点动和连续运行控制程序

任务五　定时器和计数器应用

相关知识

一、电动机的定时运行

电动机的定时运行包括延时启动、延时停止、运行规定时间停止等。它们都需要采用定时器功能块。

1. 电动机延时启动控制

程序中假设延时时间为 4s，按下启动按钮 SB1（接 X1）后 4s Y0 接通，电动机启动，按下停止按钮 X0，Y0 断开，电动机停止。程序见图 2－56。

2. 电动机延时停止控制

程序中假设延时时间为 4s，按下启动按钮 SB1（接 X1）后 Y0 接通，电动机启动，按下停止按钮 X0，延时 4s 后 Y0 断开，电动机停止。程序见图 2－57。

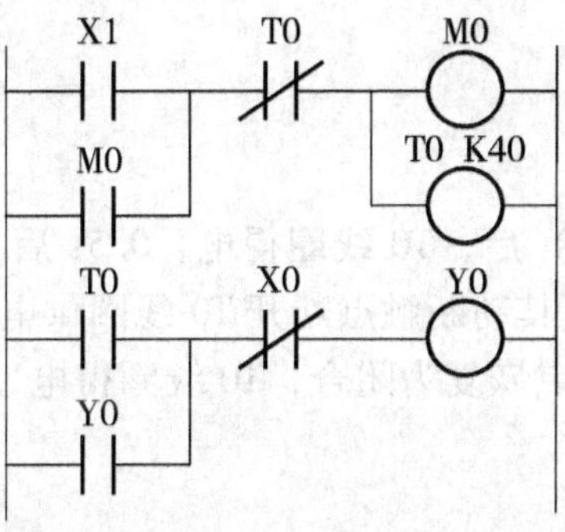

图 2－56　电动机延时启动控制程序

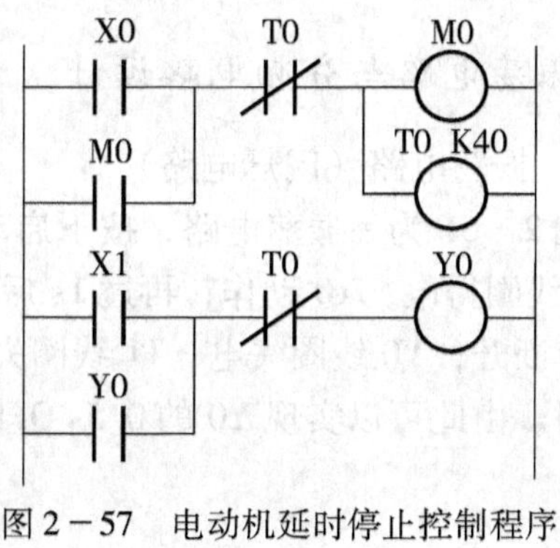

图 2－57　电动机延时停止控制程序

3. 电动机运行规定时间的控制

电动机启动后运行规定时间后自动停止的控制程序如图 2－58 所示。按下启动按钮 SB0（接 X0），电动机启动运行，同时时间继电器计时，0.5h（1800s）后 T0 延时到达，断开 Y0 线圈，电动机停止运行。

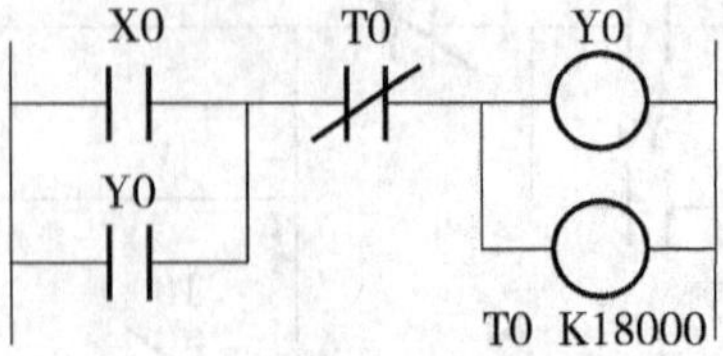

图 2－58　电动机定时停止控制程序

4. 电动机延时启动、运行规定时间后停止的控制

将电动机延时启动控制程序和运行规定时间的程序结合，可实现电动机延时启动、运行规定时间停止的控制要求，具体程序见图 2－59。假设延时时间为 4s，规定运行时间为 0.5h。按下启动按钮 SB1（接 X1），辅助继电器 M0 得电自锁，4s 后 T0 动作，Y0 得电，电动机启动；0.5h 后 T1 动作 Y0 断电，电动机停止。

5. 电动机延时启动、延时停止的控制

将电动机延时启动和延时停止的程序结合，可实现电动机延时启动和延时停止的控制要求，图 2－60 是其控制程序。假设延时启动时间为 5s，延时停止时间（由 TOF 功能块的设定设置）是 15s。

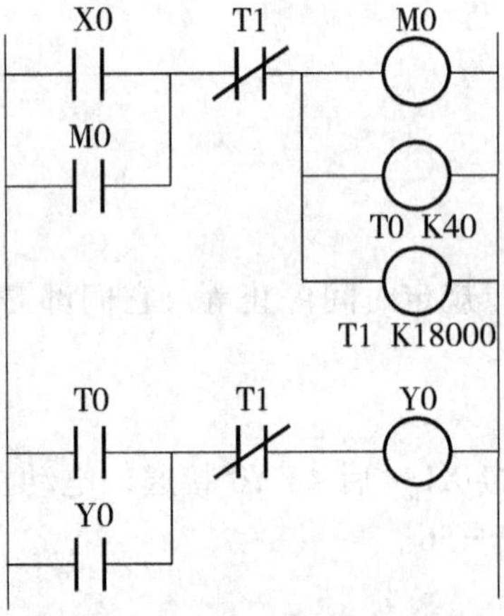

图 2－59　电动机延时启动、运行规定时间后停止的控制程序

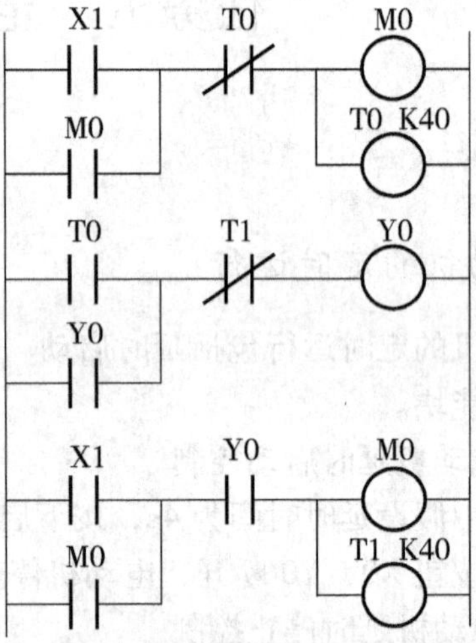

2－60　电动机延时启动和延时停止的控制程序

二、振荡电路与分频电路设计

1. 振荡电路（闪烁电路）

图 2－61 为一振荡电路，按下启动开关（接 X0）后，T0 线圈得电，0.5s 后 T1 线圈和 Y0 线圈得电，Y0 动作；再过 1s 后 T1 延时达到，其动断触点断开 T0 线圈供电，T0 动合触点断开，Y0 线圈失电，T1 线圈失电；其动断触点恢复为闭合，T0 线圈得电，再次开始延时。由此可以实现 Y0 的 0.5s OFF，1s ON。

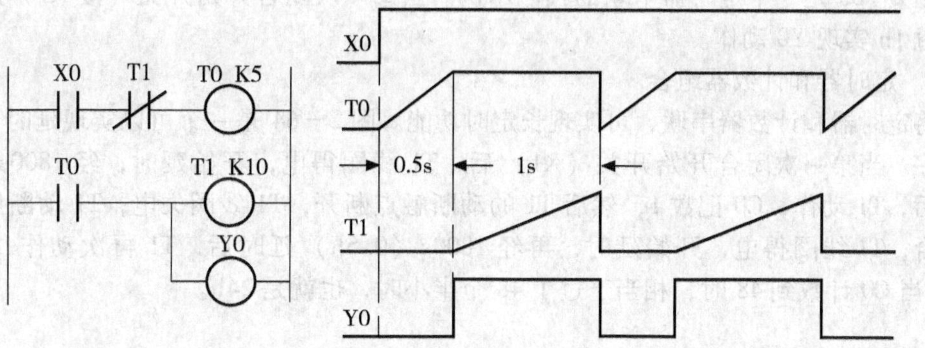

图 2－61　振荡电路

2．分频电路

用 PLC 可以实现对输入信号的任意分频，图 2－62 所示是一个 2 分频电路。待分频的脉冲信号加在 X0 端，在第一个脉冲信号到来时，M100 产生 1 个扫描周期的单脉冲，使 M100 的常开触点闭合一个扫描周期。这时确定 Y0 状态的前提是 Y0 置 0，M100 置 1。图中 Y0 工作条件的 2 个支路中 1 号支路接通，2 号支路断开，Y0 置 1。第一个脉冲到来 1 个扫描周期后，M100 置 0，Y0 置 1，在这样的条件下分析 Y0 的状态，第 2 个支路使 Y0 保持置 1。当第二个脉冲到来时，M100 再产生 1 个扫描周期的单脉冲，这时 Y0 置 1，M100 也置 1，这使得 Y0 的状态由置 1 变为置 0。第二个脉冲到来 1 个扫描周期后，Y0 置 0 且 M100 也置 0，Y0 仍旧置 0 直到第三个脉冲到来。因第三个脉冲到来时 Y0 及 M100 的状态和第一个脉冲到来时完全相同，Y0 的状态变化将重复前边讨论过的过程。通过以上的分析可知，X0 每送入 2 个脉冲，Y0 产生 1 个脉冲，从而完成输入信号的分频。

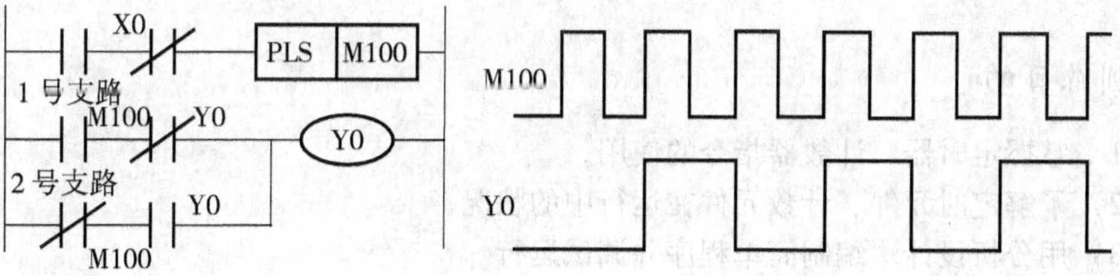

图 2－62　分频电路

三、长定时器的实现

FX2N 系列可编程控制器受存储器容量限制（16 位），不可能实现无限的定时时间（设定值最大可以设置成 32 767）。因此，对长时间的定时器，可采用多定时器串联、定时器和计数器组合来实现。

1．多定时器串联

多定时器串联程序可实现长定时。一个定时器计时到其设定值后，启动第二个定时器，然后启动第三个定时器等。总延时时间是各定时器计时时间之和。

图 2－63 是一个定时器串联的程序示例。当第一次闭合开始开关（接 X1）后，图示程序过 1h 实现 Y0 动作。

2. 定时器和计数器组合

将定时器和计数器串联，可实现长定时功能。图 2－64 是一个可以实现延时 24h 的控制程序。当第一次闭合开始开关（X1）后，T1 线圈得电，开始延时，经 1800s（0.5h）延时后，T1 动作，C0 记数 1，然后 T1 的动断触点断开，T1 线圈失电；T1 动断触点恢复位闭合，T1 线圈得电，开始延时，再经 1800s（0.5h）延时后，T1 再次动作，C0 记数 2……当 C0 计数到 48 时，相当于过了 48 个半小时，也就是 24h。

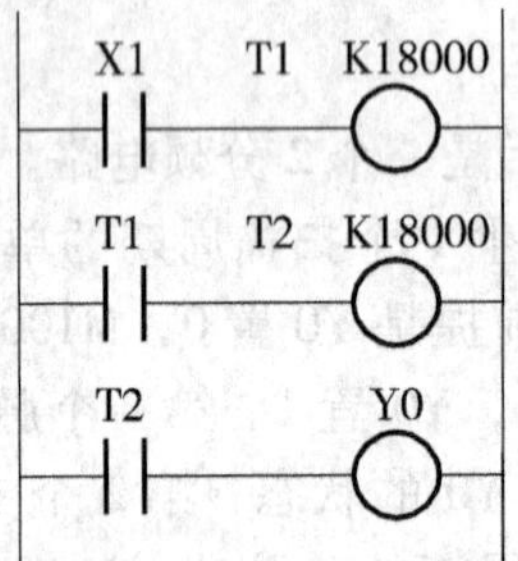

图 2－63 定时器串联程序示例

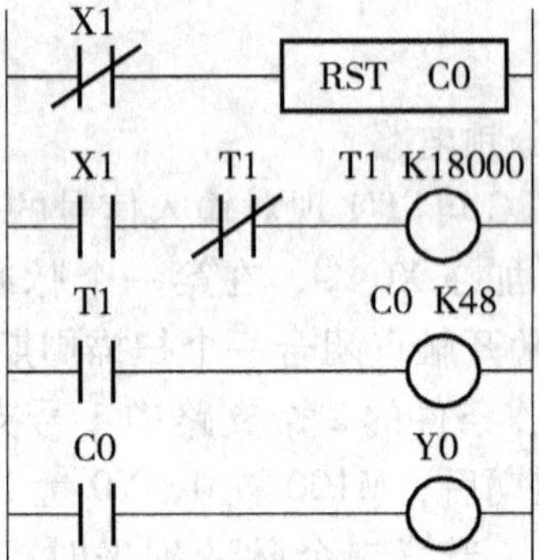

图 2－64 定时器和计数器串联程序示例

任务六 技能训练：定时器、计数器指令的使用与应用

一、训练目的

（1）掌握定时器、计数器指令的使用；

（2）了解定时元件、计数元件在运行中的状况；

（3）用分析设计法编制简单程序并调试运行。

二、实训设备

（1）三菱 FX2N 系列 PLC 1 台；

（2）安装有编程软件的计算机 1 台。

三、实训内容

（1）按图 2－65 所示梯形图输入程序，观察运行结果，监视各定时器、计数器的状态，完成输出波形。

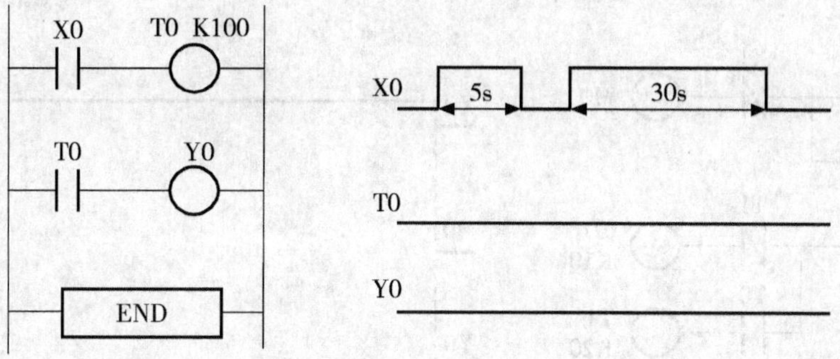
X0
T0 K100
T0
Y0
END
X0
5s
30s
T0
Y0

（a）

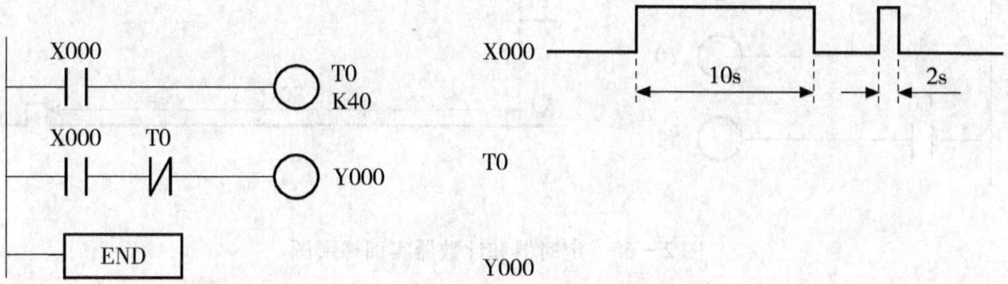
X000
T0
K40
X000
T0
Y000
END
X000
10s
2s
T0
Y000

（b）

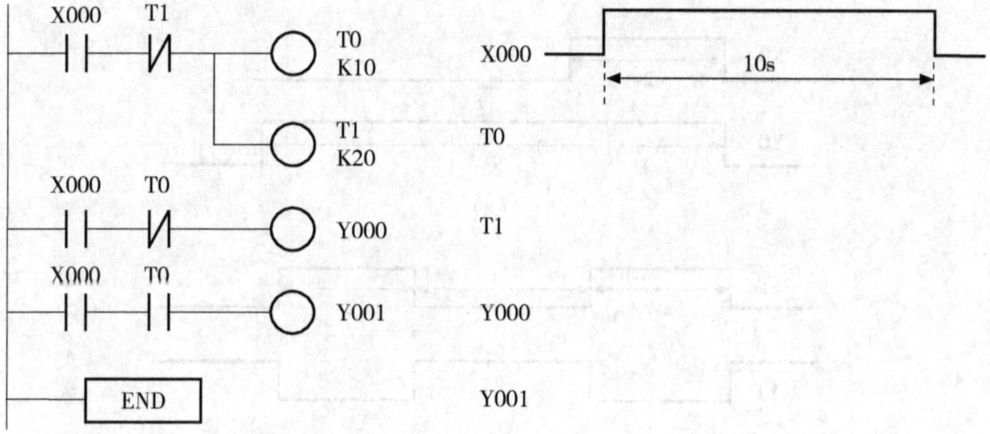
X000
T1
T0
K10
T1
K20
X000
T0
Y000
X000
T0
Y001
END
X000
10s
T0
T1
Y000
Y001

（c）

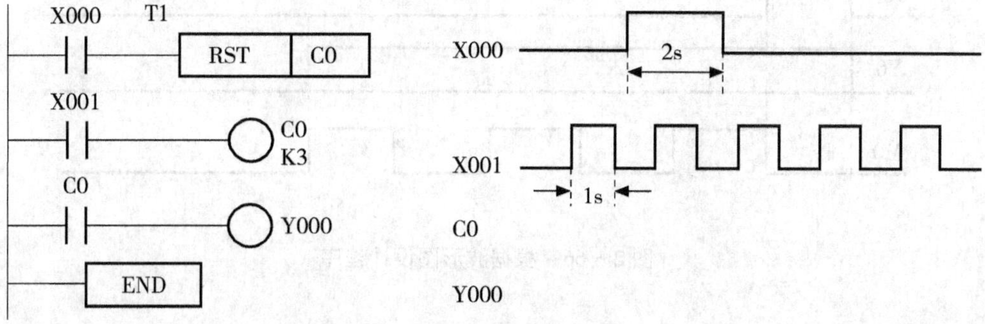
X000
T1
RST
C0
X001
C0
K3
C0
Y000
END
X000
2s
X001
1s
C0
Y000

（d）

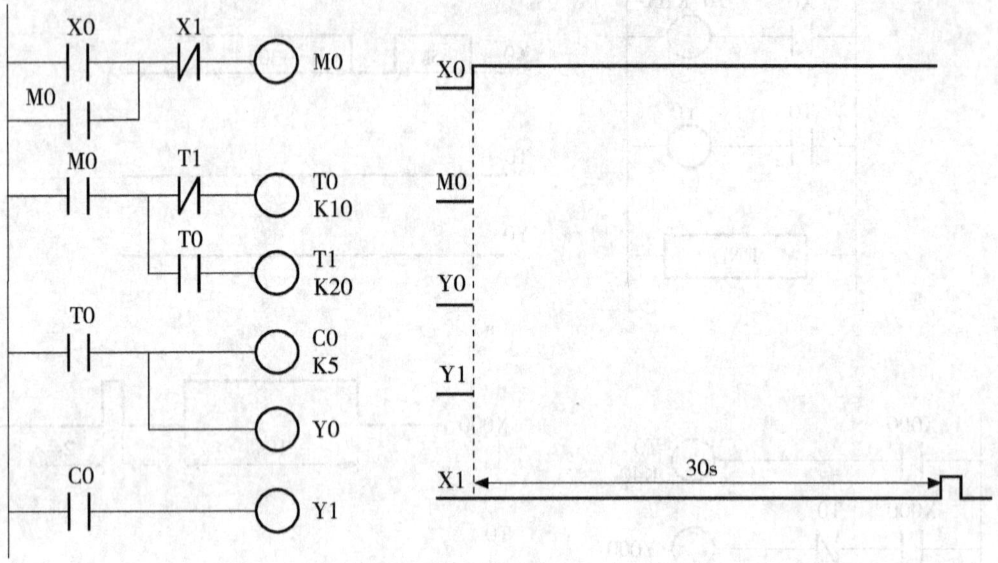

（e）

图2－65　定时器和计数器实训梯形图

（2）按图2－66所示波形图设计出对应的梯形图，并输入PLC进行调试、观察运行结果。

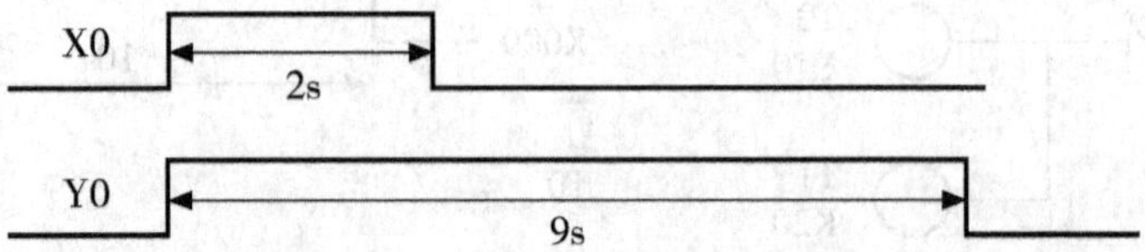

（a）

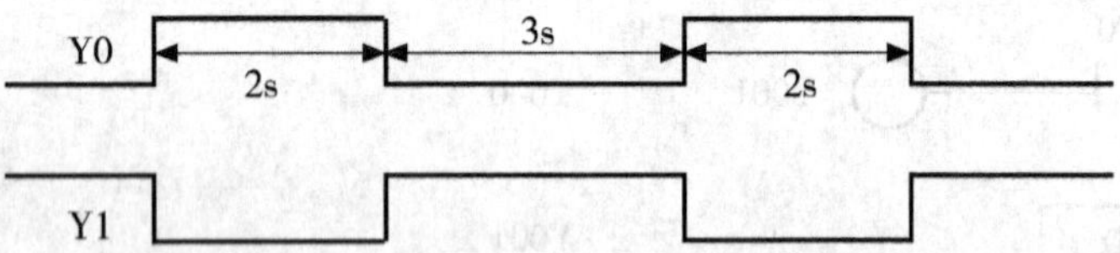

（b）

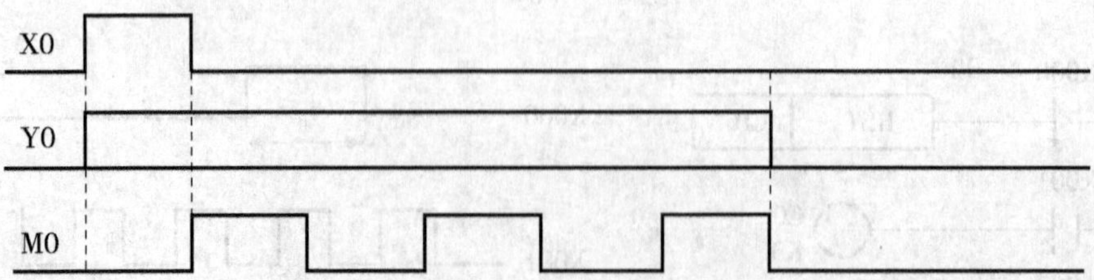

（c）

图2－66　根据波形图设计程序

四、实训思考

（1）如何输入定时器、计数器的设定值？

（2）计数器达到技术脉冲时，是在脉冲的上升沿动作，还是在脉冲的下降沿动作？动作后计数脉冲继续，计数器是否还计数？

（3）如何利用定时器扩展定时器的时间值？试设计一个长达 12h 的定时器。

任务七 技能训练：数码管循环点亮的 PLC 控制

一、实训目的

（1）掌握 PLC 的基本逻辑指令的应用；
（2）熟练掌握 PLC 编程的基本方法和技巧；
（3）熟练掌握编程软件的基本操作；
（4）掌握 PLC 的外部接线及操作。

二、实训器材

（1）可编程控制器 1 台（FX2N－48MR）；
（2）按钮开关 2 个（常开）；
（3）熔断器 2 个（0.5A）；
（4）实训控制台 1 个；
（5）七段数码管 1 个（共阴极，且已串接了限流电阻）；
（6）计算机 1 台；
（7）电工常用工具 1 套；
（8）连接导线若干。

三、实训要求

设计一个用 PLC 基本逻辑指令来控制数码管循环显示数字 0、1、2……9 的控制系统。其控制要求如下。

（1）程序开始后显示 0，延时 t s，显示 1，延时 t s，显示 2……显示 9，延时 t s，再显示 0，如此循环不止；

（2）按停止按钮时，程序无条件停止运行；

（3）需要连接数码管（数码管选用共阴极）。

四、软件程序

（1）I/O 分配

X0：停止按钮；X1：启动按钮；Y1 ~ Y7：数码管的 a ~ g。

（2）梯形图方案设计

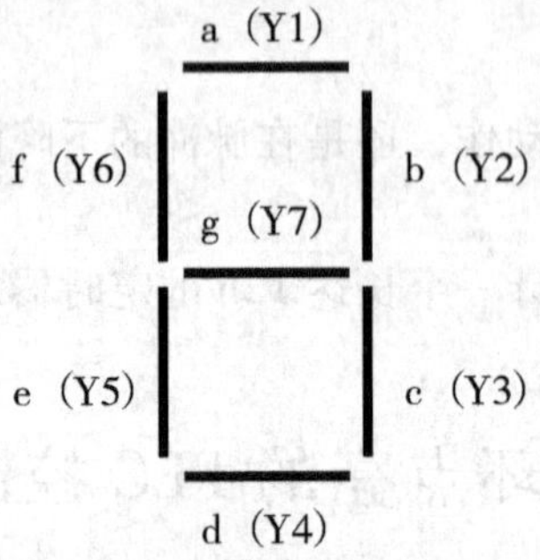

（a）数码管

	0	1	2	3	4	5	6	7	8	9
a	1	0	1	1	0	1	0	1	1	1
b	1	1	1	1	1	0	0	1	1	1
c	1	1	0	1	1	1	1	1	1	1
d	1	0	1	1	0	1	1	0	1	0
e	1	0	1	0	0	0	1	0	1	0
f	1	0	0	0	1	1	1	0	1	1
g	0	0	1	1	1	1	1	0	1	1

（b）数字与输出点的对应关系

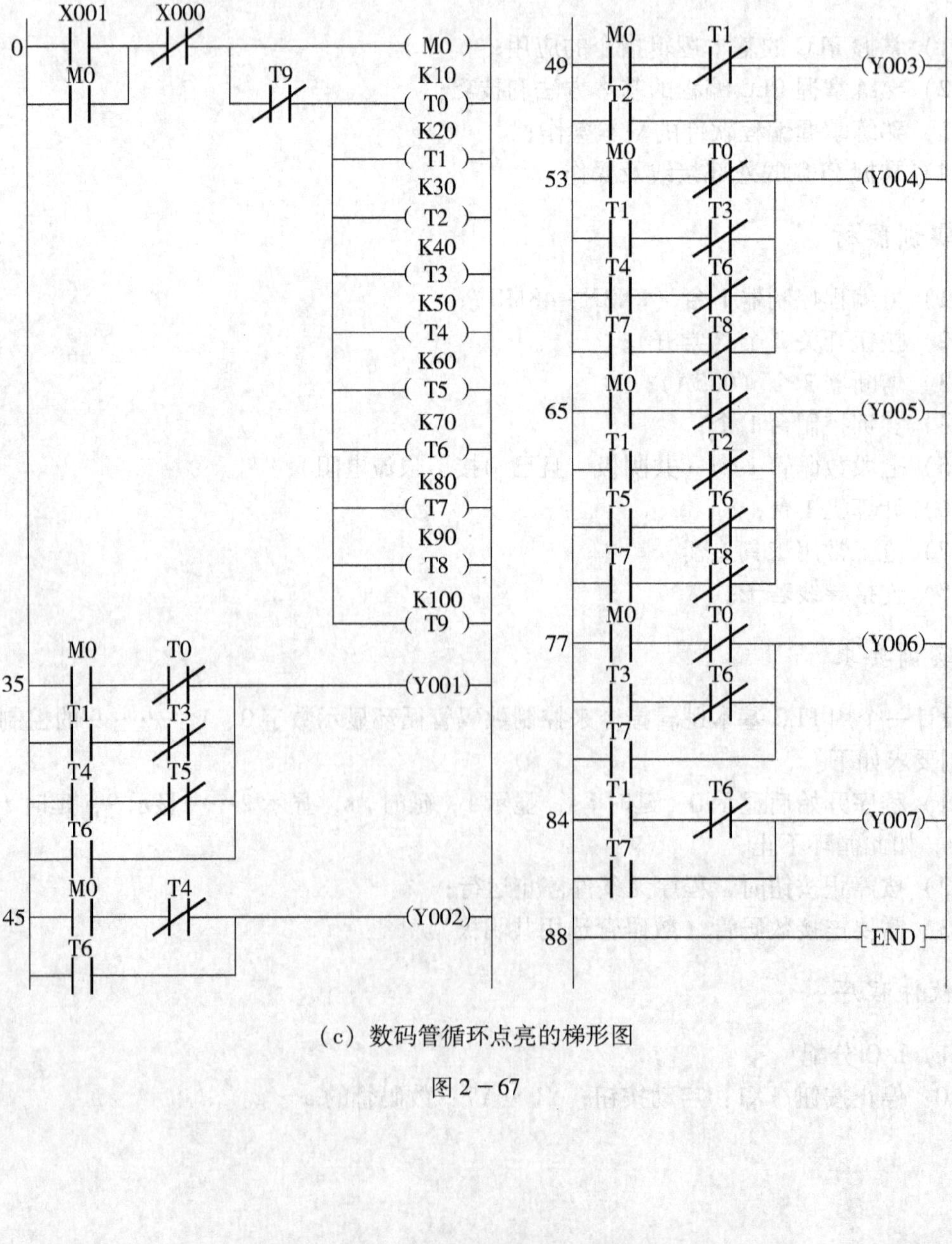

（c）数码管循环点亮的梯形图

图 2－67

五、系统接线

根据系统控制的要求，其系统接线图如图 2－68 所示。

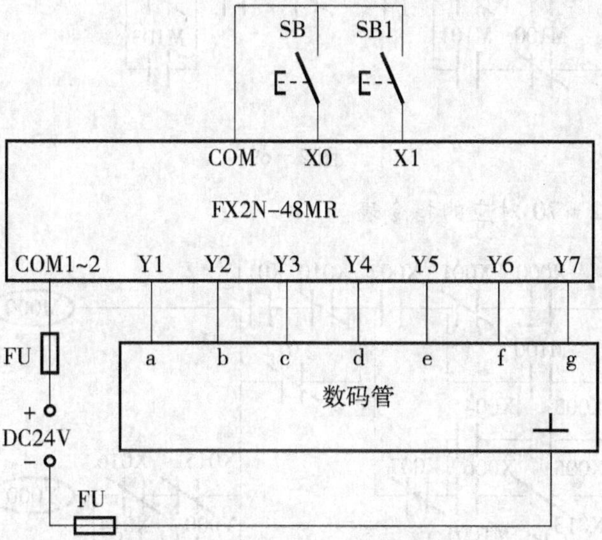

图 2－68　数码管循环点亮系统接线图

六、系统调试

（1）输入程序，通过计算机将图 2－67 所示的梯形图正确输入 PLC 中。

（2）调试。按图 2－68 所示的系统接线图正确连接好输入设备，进行系统的调试，观察数码管能否按控制要求显示（即按下启动按钮 X1，数码管依次循环显示数字 0、1、2……9、1、2……。），否则，检查电路并修改调试程序，直至数码管能按控制要求显示。

七、实训思考

（1）使用其他编程方法设计程序。

（2）按下启动按钮后，控制数码管循环显示数字 0、1、2……9、A、B、C、D、E、F 的控制系统，按停止按钮后，程序停止，无显示，试设计控制程序和系统接线图。

习　题

1. FX2N 系列 PLC 中，T0 ~ T199 和 T200 ~ T245 定时器有什么区别？T0 ~ T245 和 T246 ~ T255D 定时器有什么区别？

2. 写出梯形图 2－69 对应的指令表。

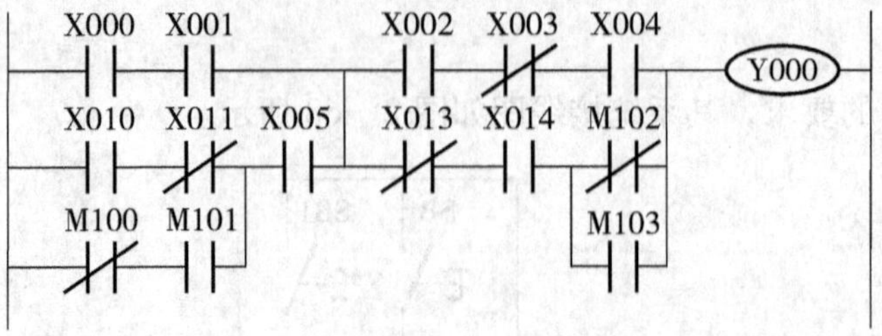

图 2－69

3. 写出梯形图 2－70 对应的指令表。

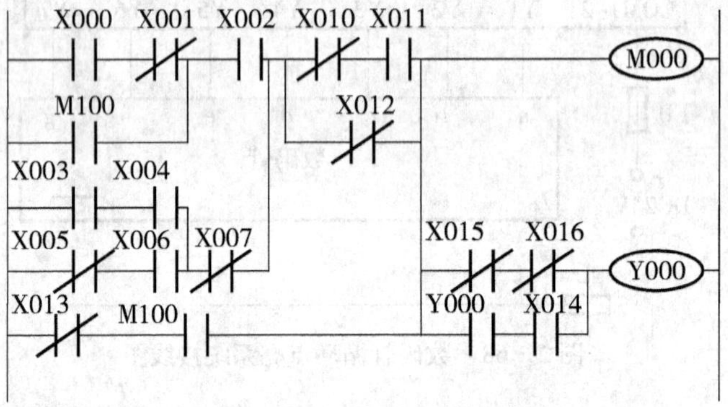

图 2－70

4. 写出梯形图 2－71 对应的指令表。

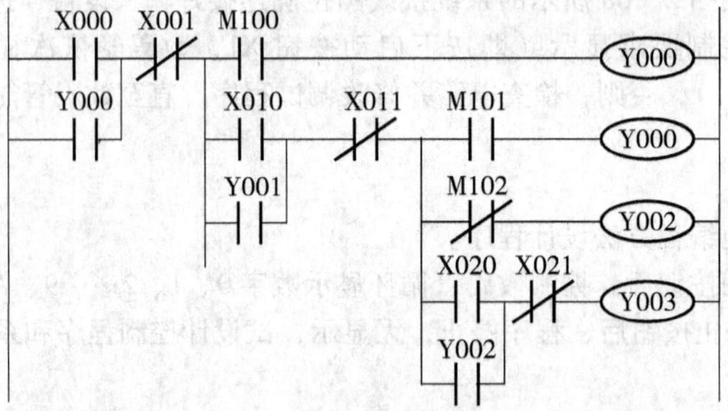

图 2－71

5. 画出图 2－72 中 M026 的波形。

6. 画出图 2－73 中 Y0 的波形。

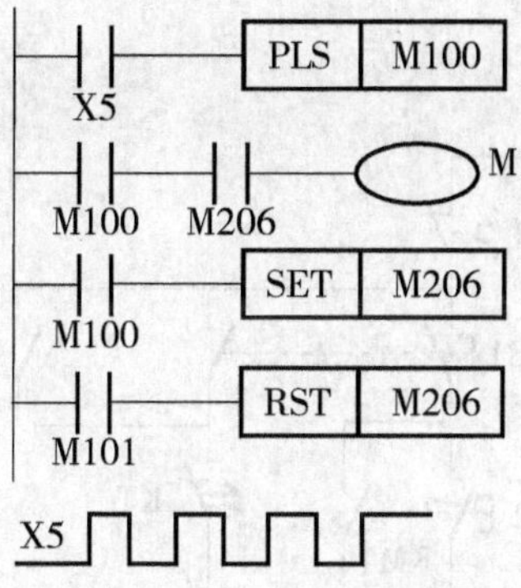

图 2－72

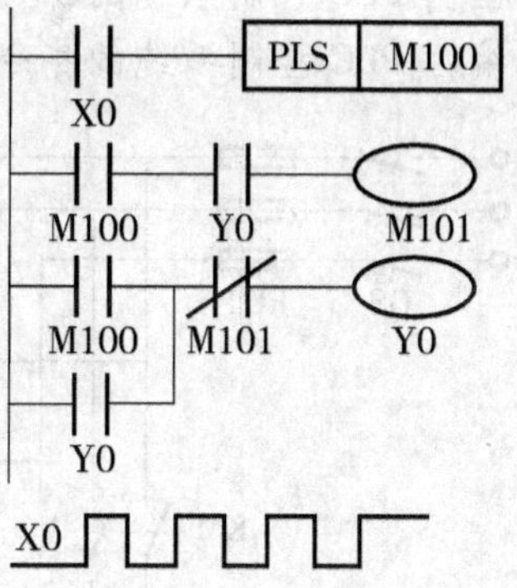

图 2－73

7. 用主控指令画出图 2－74 的等效电路，并写出指令表程序。

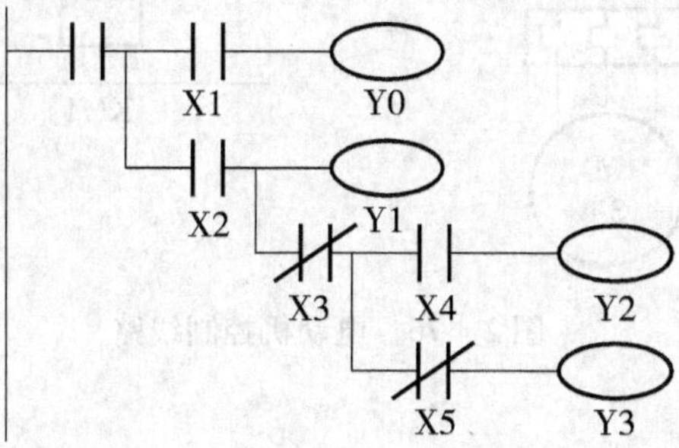

图 2－74

8. 某零件加工过程分三道工序，共需 24s，时序要求如图 2－75 所示。试编制完成上述控制要求的梯形图。

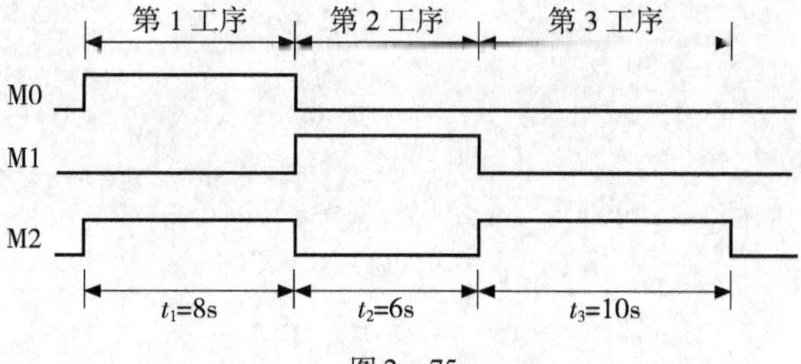

图 2－75

9. 设计一段程序，实现 Y0 ~ Y7 循环点亮。

10. 某锅炉的鼓风机和引风机的控制要求为：开机时，先启动引风机，10s 后开鼓风机；停机时，先关鼓风机，5s 后关引风机。使用 PLC 设计满足上述要求的程序。

11. 把图 2－76 中的机电—接触器控制的电动机控制线路改造为 PLC 控制系统。

（1）写出控制线路的逻辑方程。

（2）列出 I/O 点数分配表、画出 I/O 接线图。

(3) 画出 PLC 控制系统的梯形图。
(4) 编写 PLC 控制系统的指令程序。

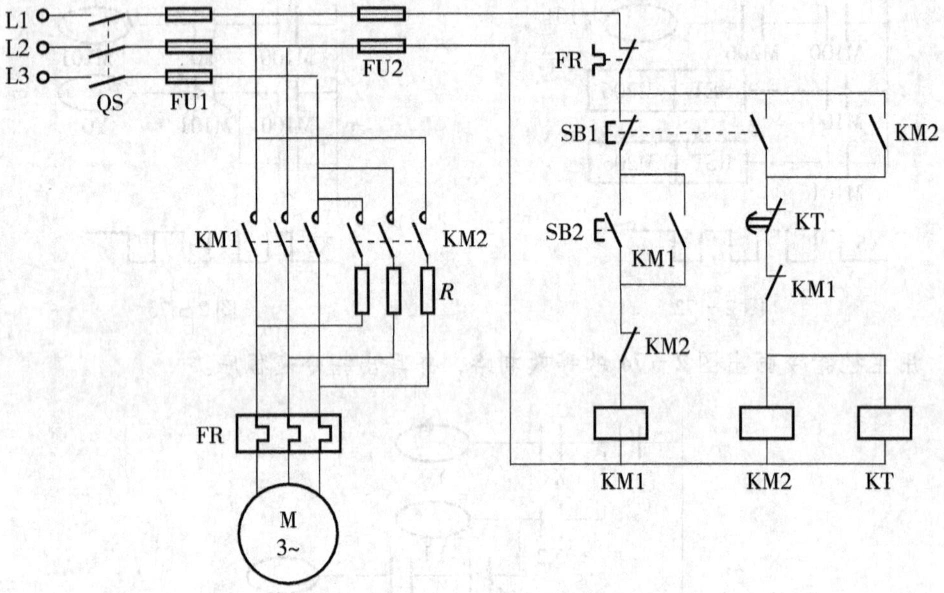

图 2－76 电动机控制线路

项目三　自动小车的 PLC 控制

任务一　运料小车往返的 PLC 控制（经验编程法）

任务目标

掌握经验编程方法编制 PLC 程序。

任务要求

某自动台车在启动前位于导轨的中部，如图 3－1 所示。

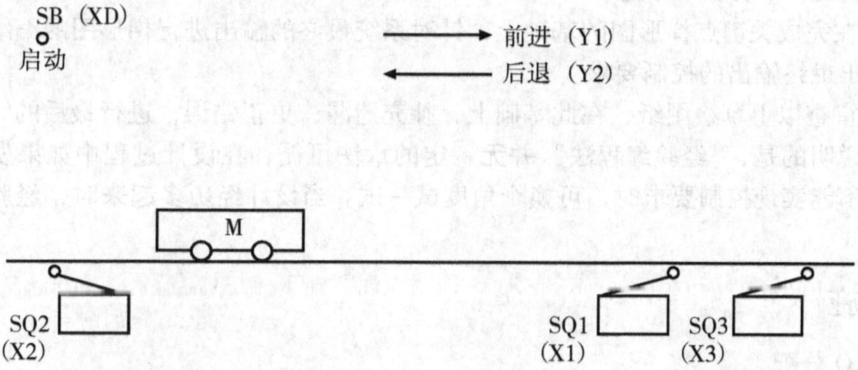

图 3－1　运料小车往返运行示意图

其一个工作周期的控制程序要求如下。

（1）按下启动按钮 SB，台车电机 M 正转，台车前进，碰到限位开关 SQ1 后，台车电机 M 反转，台车后退。

（2）台车后退碰到限位开关 SQ2 后，台车电机 M 停转，台车停车 5s；第二次前进，碰到限位开关 SQ3，再次后退。

（3）当后退再次碰到限位开关 SQ2 时，台车停止。

相关知识　“经验编程法”

“经验编程法”，顾名思义是依据设计者经验进行设计的方法。它主要基于以下几点。

（1）PLC 的编程，从梯形图来看，其根本点是找出符合控制要求的系统各个输出的工作条件，这些条件又总是以机内各种器件的逻辑关系出现的。

（2）梯形图的基本模式为启—保—停电路。每个启—保—停电路一般只针对一个输出，这个输出可以是系统的实际输出，也可以是中间变量的输出。

（3）梯形图编程中有一些约定俗成的基本环节，它们都有一定的功能，可以像积木一样在许多地方应用。

“经验编程法”步骤如下。

（1）在准确了解控制要求后，合理地为控制系统中的事件分配输入口和输出口。选择必要的机内器件，如定时器、计数器、辅助继电器等。

（2）对于一些控制要求较简单的输出，可直接写出它们的工作条件，依启—保—停电路模式完成相关的梯形图支路。工作条件稍复杂的可借助辅助继电器（如自动台车例中台车前进部分的梯形图）完成。

（3）对于较复杂的控制要求，为了能用启—保—停电路模式绘出各输出口的梯形图，要正确地分析控制要求，并确定组成总的控制要求的关键点。在以空间类逻辑为主的控制中，关键点为影响控制状态的点（如抢答器例中主持人是否宣布开始、答题是否到时等）。在以时间类逻辑为主的控制中（如交通灯），关键点为控制状态转换的时间。

（4）将关键点用梯形图表达出来。关键点总是要用机内器件来代表的，在安排机内器件时需要考虑并安排好。绘关键点的梯形图时，可以使用常见的基本环节，如定时器计时环节、振荡环节、分频环节等。

（5）在完成关键点梯形图的基础上，针对系统最终的输出进行梯形图的编绘，使用关键点综合出最终输出的控制要求。

（6）审查以上草绘图纸，在此基础上，补充遗漏，更正错误，进行最后的完善。

需要说明的是，“经验编程法”并无一定的章法可循，在设计过程中如果发现初步的设计构想不能实现控制要求时，可换个角度试一试。当设计经历多起来时，经验法就会得心应手。

任务实施

1. I/O 分配

根据对任务的分析，先安排输入口、输出口及机内器件。台车由电机 M 驱动，正转（前进）由 PLC 的输出点 Y1 控制，反转（后退）由 Y2 控制。为了解决延时 5s 的问题，选用定时器 T0。将启动按钮 SB 及限位开关 SQ1、SQ2、SQ3 分别接于 X0、X1、X2、X3。

I/O 分配表如下表所示。

输入继电器			输出继电器		
SB	X0	启动按钮	KM1	Y1	前进
SQ1	X1	中点限位开关	KM2	Y2	后退
SQ2	X2	中点原点限位开关			
SQ3	X3	末端限位开关			

2. 绘制 PLC 硬件接线图

根据 I/O 表，绘制 PLC 硬件接线图如图 3－2 所示。

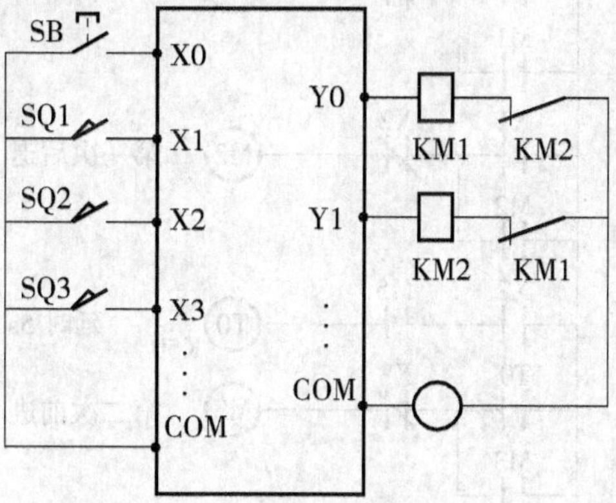

图 3－2　PLC 硬件接线图

3. 设计梯形图程序及语句表

根据对启—保—停电路的分析，梯形图设计的根本目标是找出符合控制要求的、以输出为对象的工作条件。本例的输出是代表电机前进及后退的两个接触器。分析电机前进和后退的条件，得出以下几点。

（1）第一次前进：从启动按钮 SB（X0）按下开始至碰到 SQ1（X1）为止，选用辅助继电器 M1 为代表第一次前进的中间变量。

（2）第一次后退：从 SQ1（X1）接通时起至 SQ0（X0）被接通止，选用辅助继电器 M2 为代表第一次后退的中间变量。

（3）延时时间：从压下限位开关 SQ0 开始到离开限位开关为止的 5s。

（4）第二次前进：由 SQ2（X2）接通引起的定时器 T0 延时时间到开始至 SQ3（X3）被接通为止，选用辅助继电器 M3 为代表第二次前进的中间变量。

（5）第二次后退：从 SQ3（X3）接通时起至 SQ2（X2）被接通止，选用辅助继电器 M4 为代表第二次后退的中间变量。

事件	启动条件	保持条件	停止条件
第一次前进 M1	启动按钮 SB（X0）	自保持	SQ1（X1）
第一次后退 M2	SQ1（X1）	自保持	SQ2（X2）
延时 T0	SQ2（X2）		T0 延时时间到
第二次前进 M3	T0 延时时间到	自保持	SQ3（X3）
第二次后退 M4	SQ3（X3）	自保持	SQ2（X2）

根据“事件 =（事件启动条件 + 事件保持条件）$*\ \overline{\text{事件停止条件}}$”设计出梯形图，如图 3－3 所示。

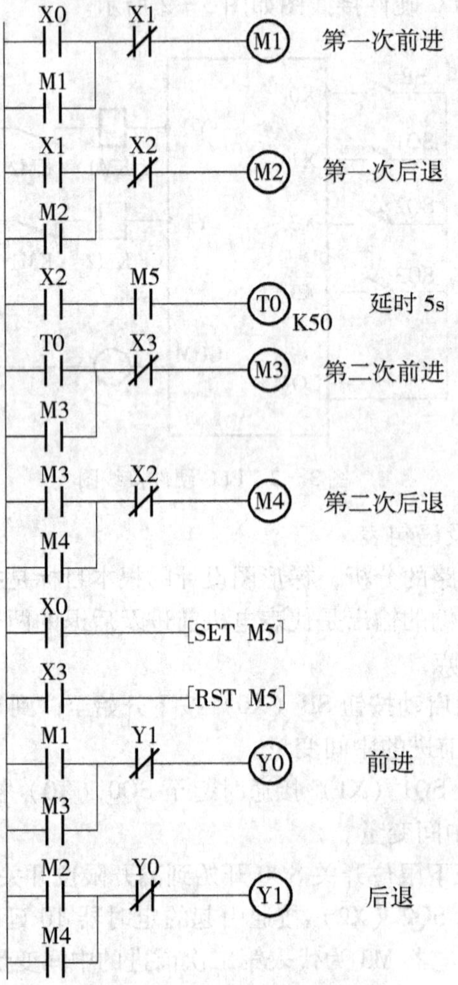

图 3－3　小车往返运行控制梯形图

任务二　运料小车往返的 PLC 控制（状态编程法）

任务目标

（1）掌握顺序控制基本要素；
（2）掌握 STL/RET 指令；
（3）掌握 PLC 进行顺序控制编程的基本方法。

任务要求

使用经验法及基本指令编制的程序存在以下一些问题。

（1）工艺动作表达繁琐。

（2）梯形图涉及的连锁关系较复杂，处理起来较麻烦。

（3）梯形图可读性差，很难从梯形图看出具体控制工艺过程。

为此，人们一直寻求一种易于构思、易于理解的图形程序设计工具。它应有流程图的直观，又有利于复杂控制逻辑关系的分解与综合。这种图就是状态转移图。为了说明状态转移图，现将台车的各个工作步骤用工序表示，并依工作顺序将工序连接成图 3－4。这就是状态转移图的雏形。

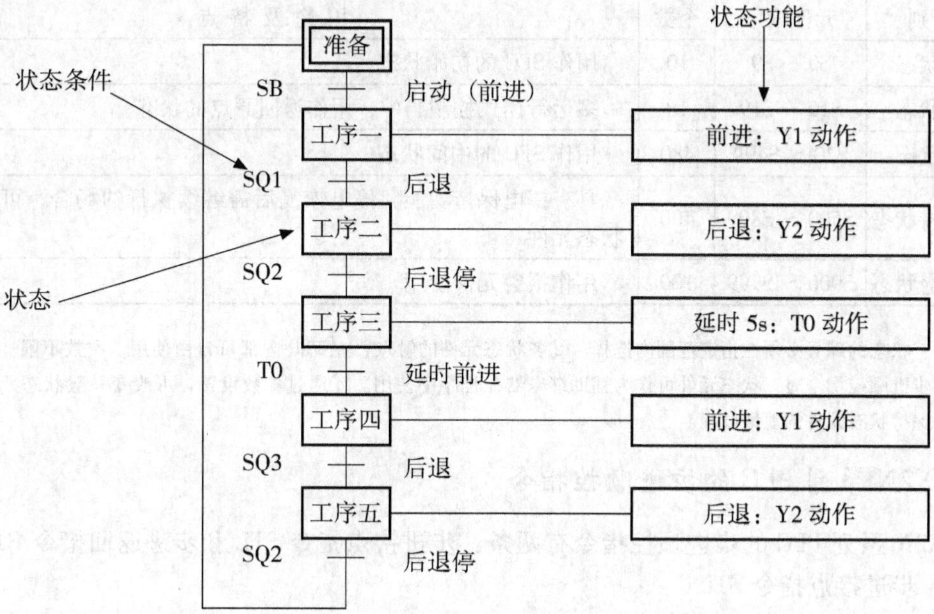

图 3－4　小车往返运行系统步序图

从图 3－4 可看到，该图有以下特点。

（1）将复杂的任务或过程分解成若干个工序（状态）。无论多么复杂的过程均能分解为简单的工序，有利于程序的结构化设计。

（2）相对某一个具体的工序来说，控制任务实现了简化，给局部程序的编制带来了方便。

（3）整体程序是局部程序的综合，只要弄清各工序成立的条件、工序转移的条件和转移方向，就可进行这类图形的设计。

（4）这种图很容易理解，可读性很强，能清晰地反映全部控制工艺过程。

其实，将图 3－4 中的“工序”更换为“状态”，就得到了状态转移图状态编程法的重要工具。状态编程的一般思想为：将一个复杂的控制过程分解为若干个工作状态，弄清各状态的工作细节（状态的功能、转移条件和转移方向），再依据总的控制顺序要求，将这些状态连起来，形成状态转移图，进而编绘梯形图程序。

相关知识

一、FX2N 系列 PLC 的状态元件

状态元件是构成状态转移图的基本元素，是可编程控制器的软元件之一。FX2N 系列 PLC 共有 1000 个状态元件，其分类、编号、数量及用途如表 3－1 所示。

表 3－1 FX2N 系列 PLC 的状态元件

类　别	元件编号	个数	用 途 及 特 点
初始状态	S0 ~ S9	10	用作 SFC 的初始状态
返回状态	S10 ~ S19	10	多运行模式控制当中，用作返回原点的状态
一般状态	S20 ~ S499	480	用作 SFC 的中间状态
掉电保持状态	S500 ~ S899	400	具有掉电保持功能，停电恢复后需继续执行的场合，可用这些状态元件
信号报警状态	S900 ~ S999	100	用作报警元件使用

注：①状态的编号必须在指定范围内选择。②各状态元件的触点，在 PLC 内部可自由使用，次数不限。③在不用步进顺控指令时，状态元件可作为辅助继电器在程序中使用。④通过参数设置，可改变一般状态元件和掉电保持状态元件的地址分配。

二、FX2N 系列 PLC 的步进顺控指令

FX2N 系列 PLC 的步进顺控指令有两条：步进接点指令 STL 和步进返回指令 RET。

1．步进接点指令 STL

STL 指令的梯形图符号为—|[]|—或┤STL├，意义为激活某个状态，在梯形图上体现为从主母线上引出的状态接点。STL 指令有建立子母线的功能，以使该状态的所有操作均在子母线上进行。步进接点指令在梯形图中的情况如图 5－4 所示。

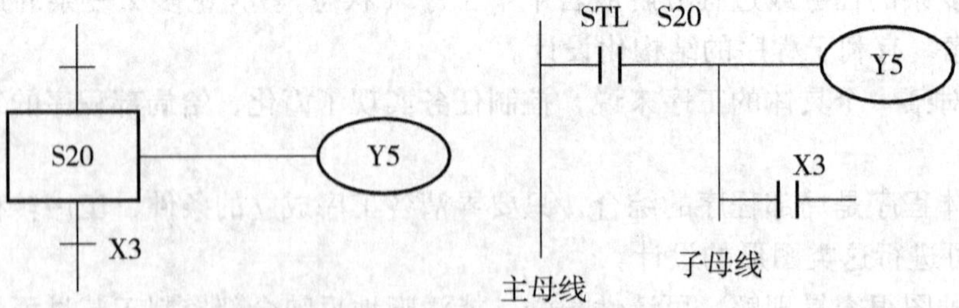

图 3－5 状态转移图与状态梯形图对照

2．步进返回指令 RET

RET 指令梯形图符号为—[RET]，用于返回主母线，使步进顺控程序执行完毕时，非状态程序的操作在主母线上完成，防止出现逻辑错误。状态转移程序的结尾必须使用 RET 指令。

三、运用状态编程思想解决顺控问题的方法步骤

这里以台车往返控制为例，说明运用状态编程思想设计状态转移图（SFC）的方法和步骤。

1．将整个过程按任务要求分解

其中的每个工序均对应一个状态，现分配状态元件如下：

①初始状态	S0	④延时 5s	S22
②前进	S20	⑤再前进	S23
③后退	S21	⑥再后退	S24

注意：虽然 S20 与 S23、S21 与 S24 功能相同，但它们是状态转移图中的不同工序，也就是不同状态，故编号也不同。

2．弄清每个状态的功能、作用

S0：PLC 上电做好工作准备；S20：前进（输出 Y1，驱动电动机 M 正转）；S21：后退（输出 Y2，驱动电动机 M 反转）；S22：延时 5s（定时器 T0，设定为 5s，延时到 T0 动作）；S23：同 S20；S24：同 S21。

各状态的功能是通过 PLC 驱动其各种负载来完成的。负载可由状态元件直接驱动，也可由其他软元件触点的逻辑组合驱动，如图 3－6 所示。

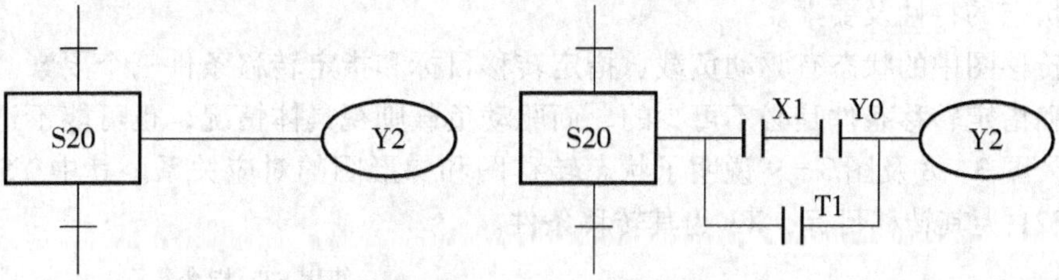

图 3－6　状态负载驱动

3．找出每个状态的转移条件

找出每个状态的转移条件，即在什么条件将下一个状态“激活”。状态转移图就是状态转移条件及转移方向构成的流程图，弄清转移条件当然是必要的。

经分析可知，例中各状态的转移条件如下：

S20	转移条件	SB
S21	转移条件	SQ1
S22	转移条件	SQ2
S23	转移条件	T0
S24	转移条件	SQ3

状态的转移条件可以是单一的，也可以有多个元件的串、并联组合，如图 3－7 所示。

经过以上 3 步，可得到台车往返控制的顺控状态转移图，如图 3－7 所示。

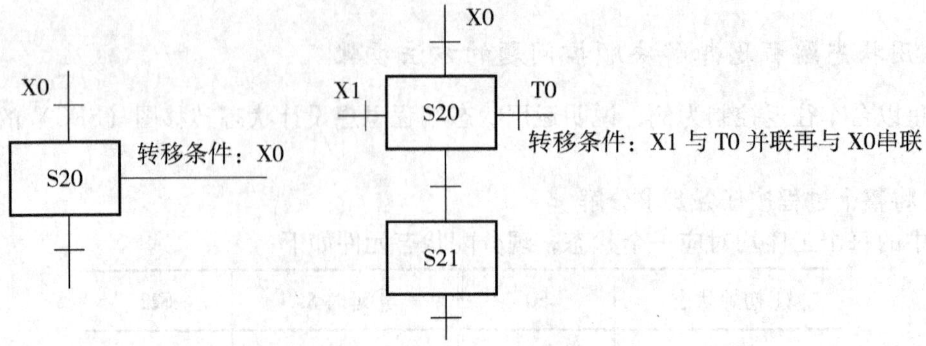

（a）单一条件　　（b）状态的转移条件

图 3－7　状态的转移条件

四、单流程状态转移图的编程

1．什么是单流程

所谓单流程，是指状态转移只可能有一种顺序。例如，台车自动往返的控制过程只有一种顺序：S0→S20→S21→S22→S23→S24→S0，没有其他可能，所以叫单流程。当然，现实当中并非所有的顺序控制均为一种顺序，也有含多种路径的叫分支流程。分支流程将在下一节介绍。

2．单流程状态转移图的编程方法

（1）状态的三要素。对状态转移图进行编程，不仅是使用 STL、RET 指令的问题，还要搞清楚状态的特性及要素。

状态转移图中的状态有驱动负载、指定转移目标和指定转移条件三个要素。其中指定转移目标和指定转移条件是必不可少的，而驱动负载则视具体情况，也可能不进行实际的负载驱动。图 3－8 及图 3－9 说明了状态转移图和梯形图的对应关系。其中 Y5 为其驱动的负载，S21 为其转移目标，X3 为其转移条件。

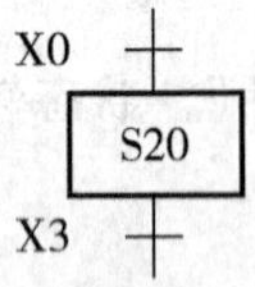

图 3－8　状态转移图 SFC

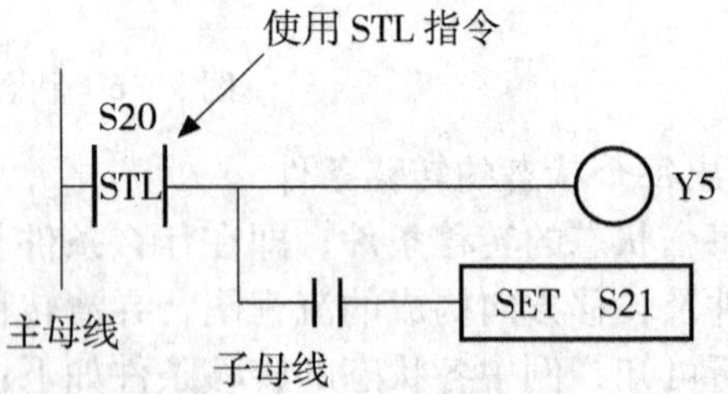

图 3－9　状态梯形图 STL

（2）状态转移图的编程方法。

步进顺控的编程原则为：先进行负载驱动处理，然后进行状态转移处理。

图 3－9 的程序如下：

STL	S20	使用 STL 指令
OUT	Y5	进行负载驱动处理
LD	X3	转移条件

SET　　S21　　　进行转移处理

从程序可看到，负载驱动及转移处理，首先要使用 STL 指令，这样保证负载驱动和状态转移均是在子母线上进行。状态的转移使用 SET 指令，但若为向上游转移、向非相连的下游转移或向其他流程转移，称为顺序非连续转移。非连续转移不能使用 SET 指令，而用 OUT 指令，如图 3－10 所示。

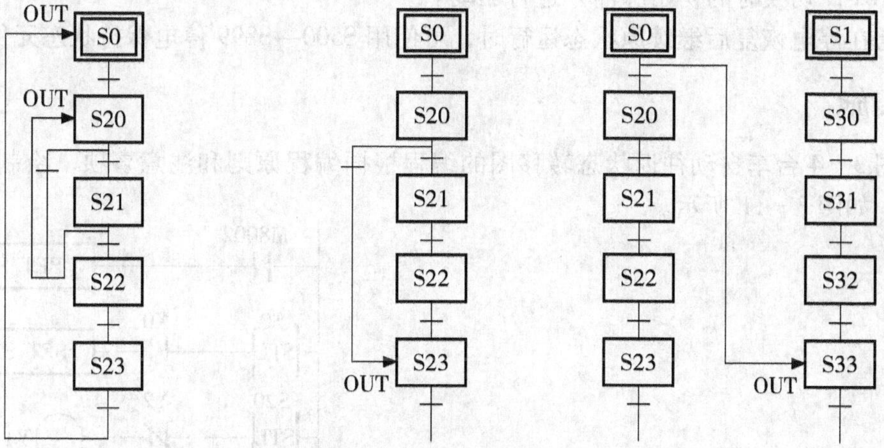

图 3－10　非连续转移状态转移图

3. 状态的开启与关闭及状态转移图执行的特点

STL 指令的含意是提供一个步进接点，其对应状态的三个要素均在步进接点之后的子母线上实现。若对应的状态是开启的（即“激活”），则状态的负载驱动和转移才有可能。若对应的状态是关闭的，则负载驱动和状态转移就不可能发生。因此，除初始状态外，其他所有状态只有在其前一个状态处于激活且转移条件成立时才能开启。同时一旦下一个状态被“激活”，上一个状态会自动关闭。从 PLC 程序的循环扫描执行原理出发，在状态编程程序段落中，所谓“激活”可以理解为该段程序被扫描执行，而“关闭”则可以理解为该段程序被跳过，未能扫描执行。这样，状态转移图的分析就变得条理十分清楚，无需考虑状态间的烦琐关系，可以理解为：“只干自己需要干的事，无需考虑其他”。

另外，这也方便程序的阅读理解，使程序的试运行、调试、故障检查与排除变得非常容易，这就是运用状态编程思想解决顺控问题的优点。

4. 编程要点及注意事项

①状态编程顺序为：先进行驱动，再进行转移，不能颠倒。

②对状态处理，编程时必须使用步进接点指令 STL。

③程序的最后必须使用步进返回指令 RET，返回主母线。

④驱动负载使用 OUT 指令。当同一负载需要连续多个状态驱动，可使用多重输出，也可使用 SET 指令将负载置位，等到负载不需驱动时用 RST 指令将其复位。在状态程序中，不同时“激活”的“双线圈”是允许的。另外相邻状态使用的 T、C 元件，编号不能相同。

⑤负载的驱动、状态转移条件可能为多个元件的逻辑组合，视具体情况，按串、并联关系处理，不能遗漏。

⑥若为顺序非连续转移，不能使用 SET 指令进行状态转移，应改用 OUT 指令进行状态转移。

⑦在 STL 与 RET 指令之间不能使用 MC、MCR 指令。

⑧初始状态可由其他状态驱动，但运行开始必须用其他方法预先作好驱动，否则状态流程不可能向下进行。一般用系统的初始条件，若无初始条件，可用 M8002（PLC 从 STOP 中 RUN 切换时的初始脉冲）进行驱动。

⑨需在停电恢复后继续原状态运行时，可使用 S500→S899 停电保持状态元件。

任务实施

将图 3－4 台车自动往返状态转移图的编程根据编程原则和注意事项，绘制梯形图及指令表，如图 3－11 所示。

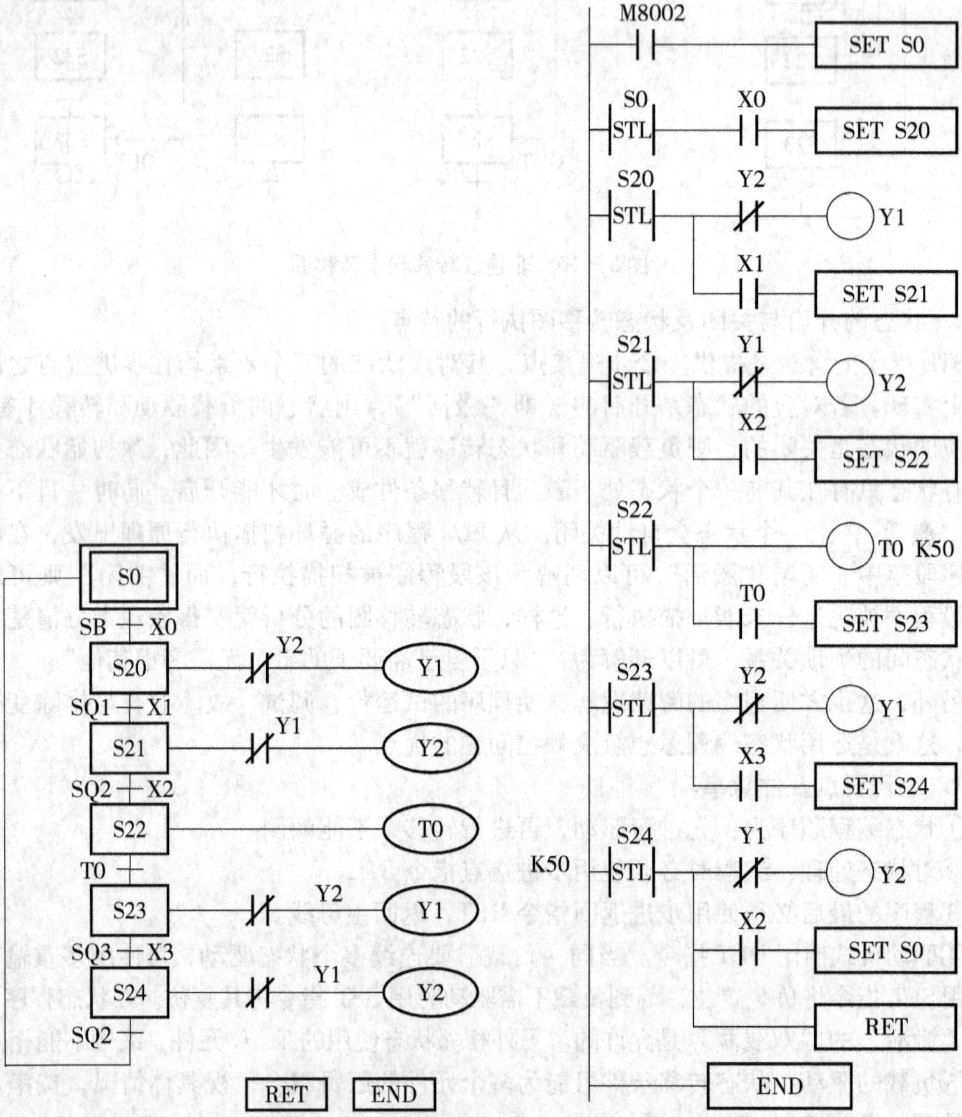

图 3－11 台车自动往返控制状态转移图（SFC）、梯形图（STL）

任务三　技能训练：电动机循环正反转的 PLC 控制

一、实训目的

（1）掌握 PLC 的基本逻辑指令；
（2）掌握 PLC 编程的基本方法和技巧；
（3）掌握编程软件的基本操作；
（4）掌握电动机循环正反转的 PLC 外部接线及操作。

二、实训器材

（1）可编程控制器 1 台（FX2N－48MR）；
（2）交流接触器 2 个（40A）；
（3）热继电器 1 个（40A）；
（4）按钮开关 3 个（常开，其中 1 个用来代替热继电器的常开触头）；
（5）熔断器 2 个（0.5A）；
（6）实训控制台 1 个；
（7）电动机 1 台；
（8）电工常用工具 1 套；
（9）计算机 1 台（已安装 GX-Developer 或 GPP 软件）；
（10）连接导线若干。

三、实训要求

设计一个用 PLC 的基本逻辑指令来控制电动机循环正反转的控制系统，并在此基础上练习编程软件的各种功能。其控制要求如下。

（1）按下启动按钮，电动机正转 3s、停 2s、反转 3s、停 2s，如此循环 5 个周期，然后自动停止。

（2）运行中，可按停止按钮停止，热继电器动作也应停止。

四、软件程序

（1）I/O 分配
X0：停止按钮；
X1：启动按钮；
X2：热继电器动合点；
Y1：电动机正转接触器；
Y2：电动机反转接触器。
（2）梯形图方案设计（图 3－12）

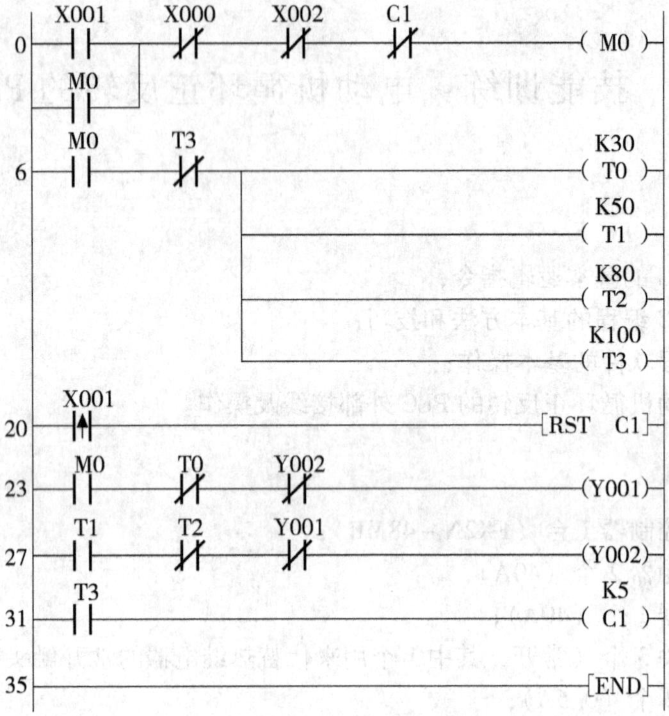

图 3－12　电动机循环正反转的梯形图

五、系统接线

根据系统控制要求，其系统接线图如图 3－13 所示。

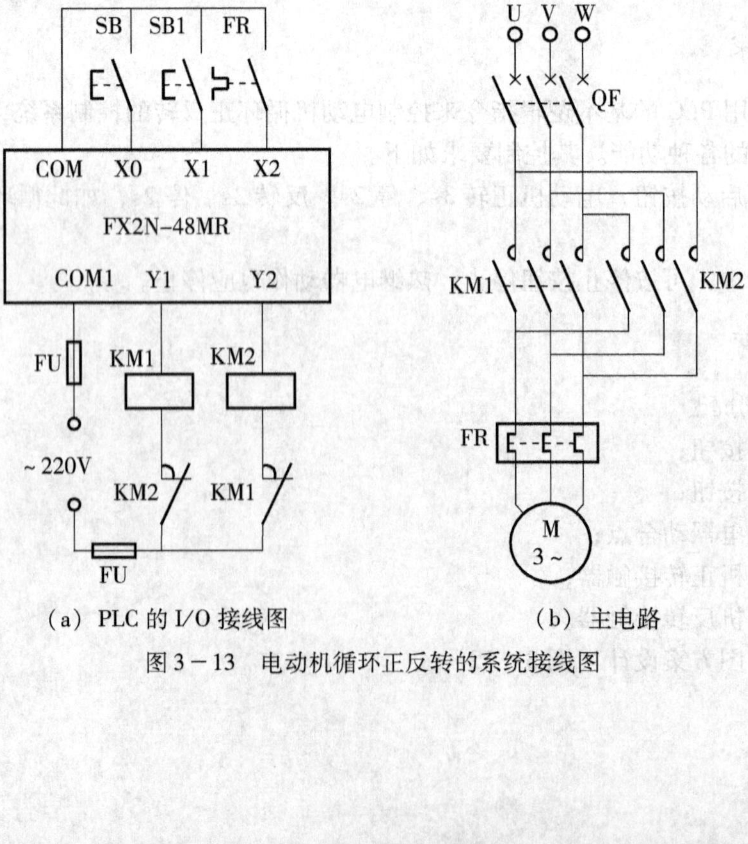

(a) PLC 的 I/O 接线图　　(b) 主电路

图 3－13　电动机循环正反转的系统接线图

六、系统调试

通过计算机将梯形图输入 PLC，按照图 3－13 所示的 I/O 接线图正确连接好输出设备，进行系统调试，观察交流接触器能否按控制要求动作，否则，检查电路或修改程序，直至交流接触器能按控制要求动作；再按图 3－13b 连接好电动机，进行带负载工作。

七、实训报告

（1）画出电动机循环正反转的梯形图，并加适当的设备注释。

（2）画出电动机正反转的继电器电路图，并说明设计继电器控制电路与 PLC 控制电路的异同。

（3）试用其他编程方法设计程序。

（4）请用基本逻辑指令，设计一个既能自动循环、又能点动正转和点动反转的电动机的控制系统。

任务四　技能训练：机械手的 PLC 控制

一、实训目的

（1）熟悉步进顺控指令的编程方法；

（2）掌握单流程程序的编制；

（3）掌握机械手的程序设计及其外部接线。

二、实训器材

（1）可编程控制器 1 台（FX2N－48MR）；

（2）机械手模拟显示模块 1 块（带指示灯、接线端口及按钮等）；

（3）实训控制台 1 个；

（4）电工常用工具 1 套；

（5）计算机 1 台；

（6）连接导线若干。

三、实训要求

设计一个用 PLC 控制的将工件从 A 点移到 B 点的机械手的控制系统。其控制要求是：在原点位置按启动按钮时，机械手按图 3－14 连续工作一个周期。一个周期的工作过程：原点—下降—夹紧（T）—上升—右移—下降—放松（T）—上升—左移到原点。时间 T 由教师现场规定。

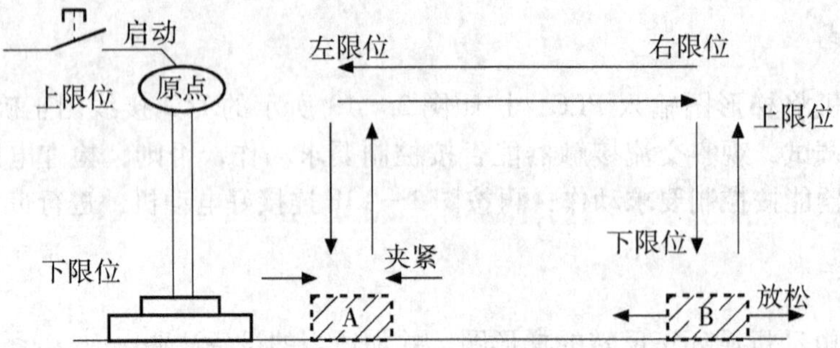

图 3－14 机械手动作示意图

说明：①机械手的工作是从 A 点将工件移到 B 点；②原点位机械夹钳处于夹紧位，机械手处于左下角位；③机械夹钳为有电放松，无电夹紧。

四、软件程序

（1）I/O 分配

X1：停止，X2：自动启动，X3：上限位，X4：下限位，X5：左限位，X6：右限位。

Y0：夹紧/放松，Y1：上升，Y2：下降，Y3：左移，Y4：右移，Y5：原点指示。

（2）程序设计方案

根据系统的控制要求及 PLC 的 I/O 分配，其系统程序如图 3－15 所示。

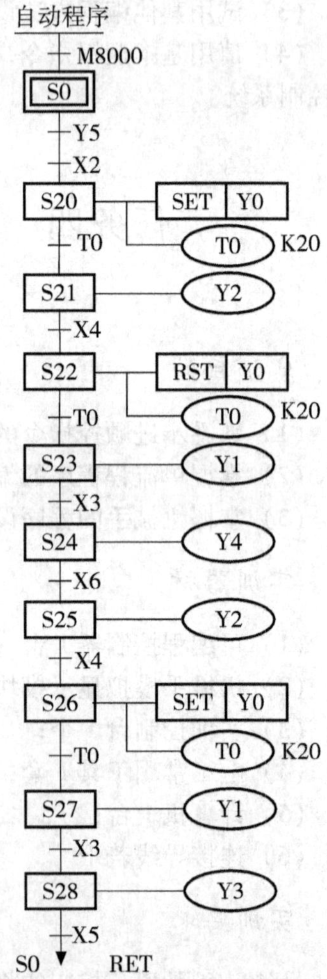

图 3－15 机械手的状态转移图

五、系统接线

根据系统控制要求，其系统接线图如图 3－16 所示（PLC 的输出负载都用指示灯代替）。

六、系统调试

（1）输入程序，按图 3－15 所示的梯形图正确输入程序。

（2）调试，按图 3－16 所示的系统接线图正确连接好输出设备，进行系统的调试，先调试手动程序，后调试自动程序，观察机械手能否按控制要求动作，否则，检查线路或修改程序，直至机械手按控制要求动作。

七、实训报告

1. 实训总结

（1）描述机械手的动作情况，总结操作要领。

（2）画出机械手工作流程图。

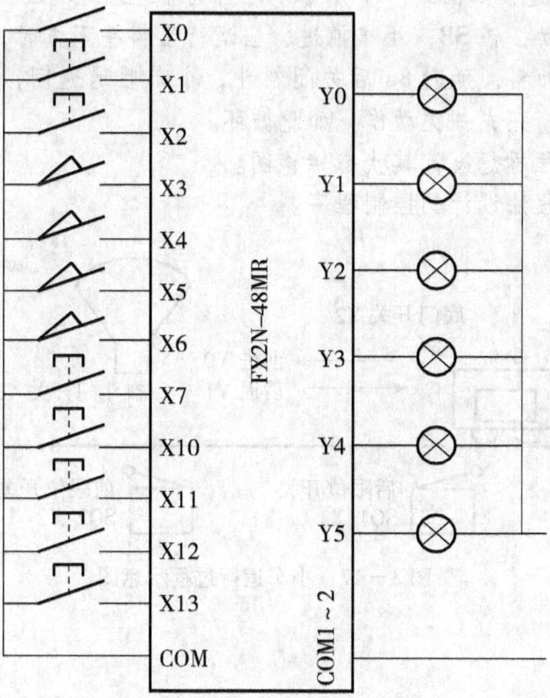

图 3-16　机械手控制系统接线图

2. 实训思考

若在右限位增加一个光电检测，检测 B 点是否有工件，若无工件，则下降，若有工件，则不下降，请在此基础上设计其程序。

习　题

1. 设计一个节日礼花弹引爆程序。礼花弹用电阻点火引爆器引爆，为了实现自动引爆，以减轻工作人员频繁操作的负担，保证安全，提高动作的准确性，今采用 PLC 控制，要求编制以下两种控制程序。

(1) 1～12 个礼花弹，每个引爆间隔为 0.1s；13～14 个礼花弹，每个引爆间隔为 0.2s。

(2) 1～6 个礼花弹引爆间隔为 0.1s，引爆完后停 10s，接着 7～12 个礼花弹引爆，间隔 0.1s，引爆完后又停 10s，接着 13～18 个礼花弹引爆，间隔 0.1s，引爆完后再停 10s，接着 19～24 个礼花弹引爆，间隔 0.1s。

引爆用一个引爆启动开关控制。

2. 某抢答比赛，儿童两人参赛且其中任一人按钮可抢得，学生一人组队。教授两人参加比赛且两人同时按钮才能抢得。主持人宣布开始后方可按抢答按钮。主持人台设复位按钮，抢得及违例由各分台灯指示。有人抢得时有幸运彩球转动，违例时有警报声。设计抢答器电路。

3. 有一小车运行过程如图3－17所示。小车原位在后限位终端，当小车压下后限位开关SQ1时，按下启动按钮SB，小车前进，当运行至料斗下方时，前限位开关SQ2动作，此时打开料斗给小车加料，延时8s后关闭料斗，小车后退返回，SQ1动作时，打开小车底门卸料，6s后结束，完成一次动作。如此循环。

(1) 请用状态编程思想设计其状态转移图。

(2) 请用经验编程法设计其控制程序。

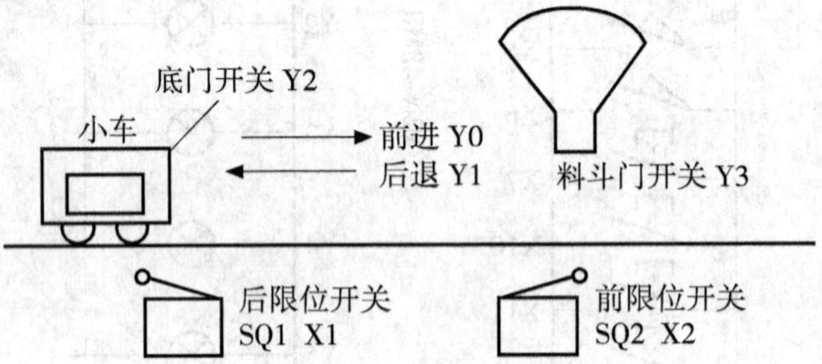

图3－17 小车运行过程示意图

项目四　十字路口交通灯的 PLC 控制

任务一　十字路口交通灯的 PLC 控制（经验编程法）

任务目标

（1）掌握时间顺序控制系统的编程；
（2）掌握十字路口交通信号灯的接线。

任务要求

大家肯定都走过十字路口，均经历过交通灯的控制。那么控制系统是如何实现红、绿、黄三种颜色信号灯有条不紊工作的呢？通过本模块的学习，大家就可掌握应用可编程控制的基本指令来实现交通信号灯的基本功能。

图 4－1 是十字路口交通信号灯示意图。信号灯的动作受开关总体控制，按一下启动按钮，信号灯系统开始工作，并周而复始地循环动作；按一下停止按钮，所有信号灯都熄灭。信号灯控制的具体要求如表 4－1 所示。

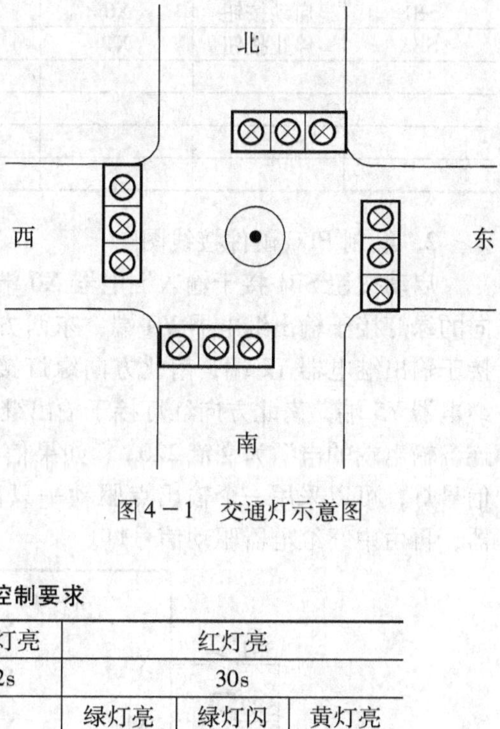

图 4－1　交通灯示意图

表 4－1　交通灯控制要求

东西	信号	绿灯亮	绿灯闪	黄灯亮	红灯亮		
	时间	25s	3s	2s	30s		
南北	信号	红灯亮			绿灯亮	绿灯闪	黄灯亮
	时间	30s			25s	3s	2s

相关知识：时间顺序控制系统的编程

时间顺序控制系统是一类常用顺序控制系统。它是根据固定时间执行程序的控制系统，每个设备的运行和停止都与时间有关。例如本任务中，交通信号灯控制系统中，道路交叉口红、绿、黄信号灯的点亮和熄灭均按照一定的时间顺序。因此，这类顺序控制系统的特点是系统中各设备运行时间是事先确定的，一旦顺序执行，将按预定时间执行操作命令。

在经验编程思想中，各设备都有一个启动条件、保持条件和停止条件。时间顺序控制系统以执行时间为依据，系统的启/停控制编程方法以设备的启/停时间条件为依据。这些启动条件和停止条件都由有关定时器输出。例如，本任务中，东西方向的黄灯亮的启动条件是系统运行后28s，东西方向的黄灯的停止条件是系统运行后30s。

任务实施

本模块采用基本逻辑的编程实现信号灯的控制，采用经验编程法进行编程。

1. 输入量、输出量分配

根据信号灯的控制要求，本模块所用的器件有：启动按钮SB1，停止按钮SB2，红、黄、绿色信号灯各4只，如表4－2所示。

表4－2 输入量、输出量分配

输入量（I）			输出量（O）		
元件代号	功能	输入点	元件代号	功能	输出点
SB1	启动按钮	X0	HL0	东西方向绿灯	Y0
SB2	停止按钮	X1	HL1	东西方向黄灯	Y1
			HL2	东西方向红灯	Y2
			HL4	南北方向绿灯	Y4
			HL5	南北方向黄灯	Y5
			HL6	南北方向红灯	Y6

2. 绘制PLC硬件接线图

启动按钮SB1接于输入继电器X0端，停止按钮SB2接于输入继电器X1端，东西方向的绿灯接于输出继电器Y0端，东西方向黄灯接于输出继电器Y1端，东西方向的红灯接于输出继电器Y2端，南北方向绿灯接于输出继电器Y4端，南北方向的黄灯接于输出继电器Y5端，南北方向红灯接于输出继电器Y6端。将输出端的COM1及COM2用导线相连，输出端的电源为交流220V。如果信号灯的功率较大，一个输出继电器不能带动两只信号灯，可以采用一个输出点驱动一只信号灯，也可以采用输出继电器先带动中间继电器，再由中间继电器驱动信号灯。

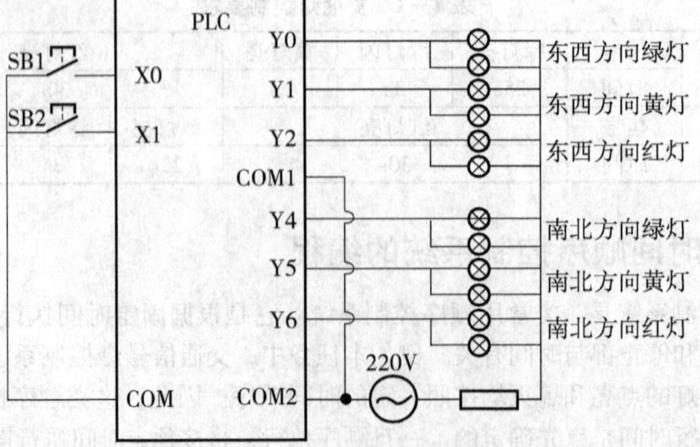

图4－2 输入/输出接线图

3. 设计梯形图程序及语句表

事　件	启动条件	保持条件	停止条件	备注
东西方向绿灯 Y0	0s 开始		25s（T0）	正常亮
	25s（T0）		28s（T1）	闪烁
东西方向黄灯 Y1	28s（T1）		30s（T2）	
东西方向红灯 Y2	30s（T2）		60s（T5）	
南北方向绿灯 Y4	30s（T2）		55s（T3）	正常亮
	55s（T3）		58s（T4）	闪烁
南北方向黄灯 Y5	58s（T4）		60s（T5）	
南北方向红灯 Y6	0s 开始		30s（T2）	

灯闪采用由定时器组成的振荡电路（闪烁电路）实现。

根据“事件 =（事件启动条件 + 事件保持条件）* 事件停止条件”设计出梯形图，如图 4－3 所示。

工作时，可编程控制器处于运行状态，按下启动按钮 SB1，则辅助继电器 M0 得电并自锁，由梯形图可知，首先接通输出继电器 Y6 及 Y0，使得南北方向的红灯亮、东西方向的绿灯亮。根据梯形图的文字说明及表 4－1 的时序图，不难分析交通信号灯的整个周期工作过程。

按停止按钮 SB2，则辅助继电器 M0 断电并解除自锁，整个系统停止运行，所有信号灯熄灭。

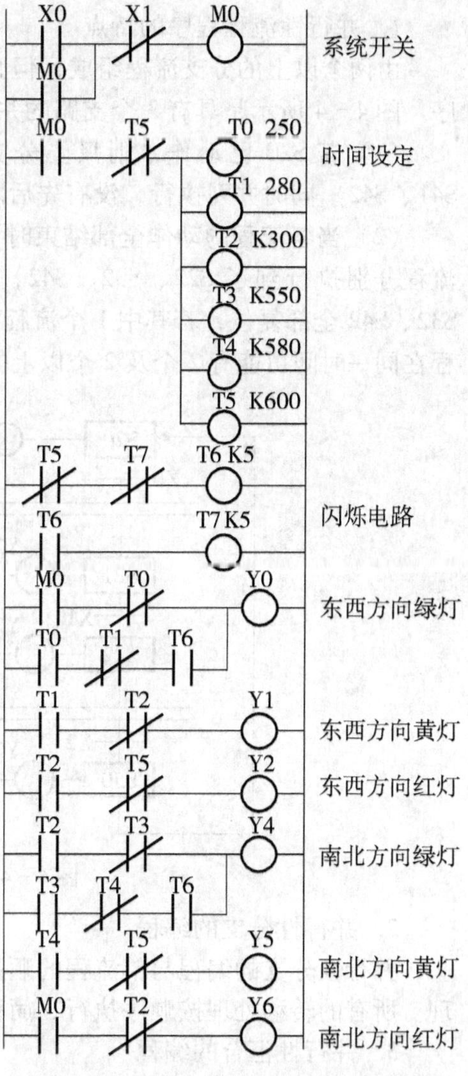

图 4－3　交通信号灯控制的梯形图

任务二　十字路口交通灯的 PLC 控制（状态编程法）

任务目标

掌握并行性流程程序设计。

任务要求

同任务一，要求采用并行性流程程序编程。

相关知识：并行性流程程序

1. 并行性流程程序的特点

由两个以上的分支流程组成，但必须同时执行各分支的程序，称为并行性流程分支程序。图 4-4 所示是具有 3 个支路的并行性流程程序。其特点如下。

（1）若 S20 已动作，则只要分支条件 X0 成立，3 个流程（S21、S22，S31、S32，S41、S42）同时并列执行，没有先后之分。

（2）当各流程的动作全部结束时（先执行完的流程要等待全部流程动作完成），3 个流程分别执行到了 S22、S32、S42，此时一旦 X2 为 ON，则汇合状态 S50 动作，S22、S32、S42 全部复位，若其中 1 个流程没有执行完，则 S50 就不可能动作。另外，并行性流程在同一时间可能有 2 个及 2 个以上的状态处于"激活"状态。

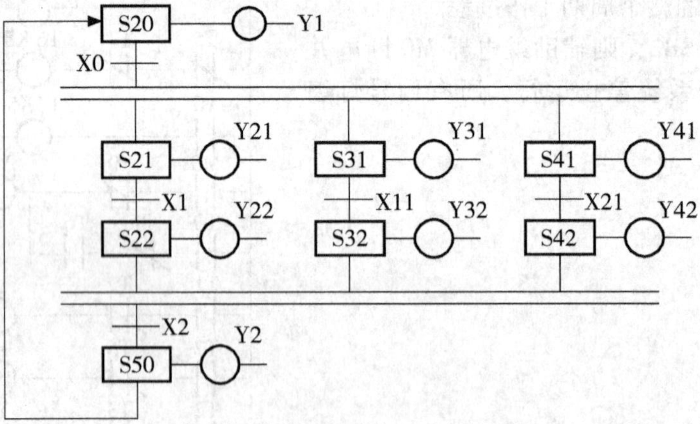

图 4-4　并行性分支状态转移图

2. 并行性分支的编程

并行性分支的编程与单流程的顺控程序编程一样，先进行驱动处理，然后进行转移处理。所有的转移处理按顺序执行，简称先驱动后转移。

3. 并行性汇合的编程

并行性汇合的编程是先进行汇合前状态的驱动处理，然后按顺序向汇合状态进行转移处理。根据并行性分支和汇合的编程方法，对图 4-4 编制的程序如图 4-5 所示。

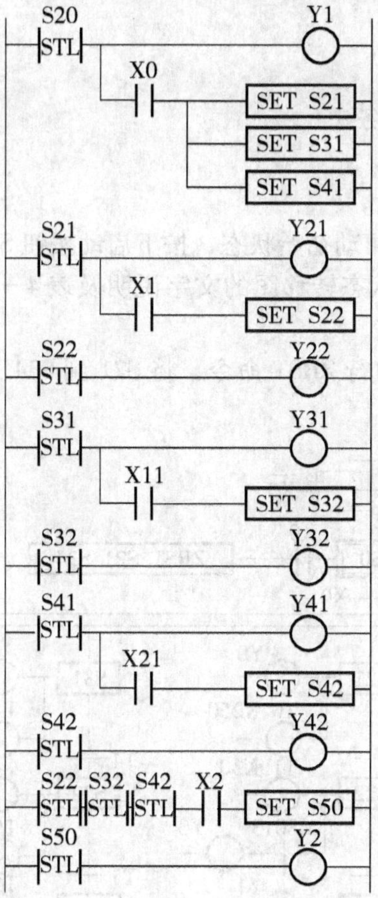

图 4－5　并行性分支顺序控制的梯形图

4. 编程注意事项

（1）并行性流程的汇合最多能实现 8 个流程的汇合。

（2）在并行性分支、汇合流程中，不允许有如图 4－6a 所示的转移条件，而必须将其转化为图 4－6b 后，再进行编程。

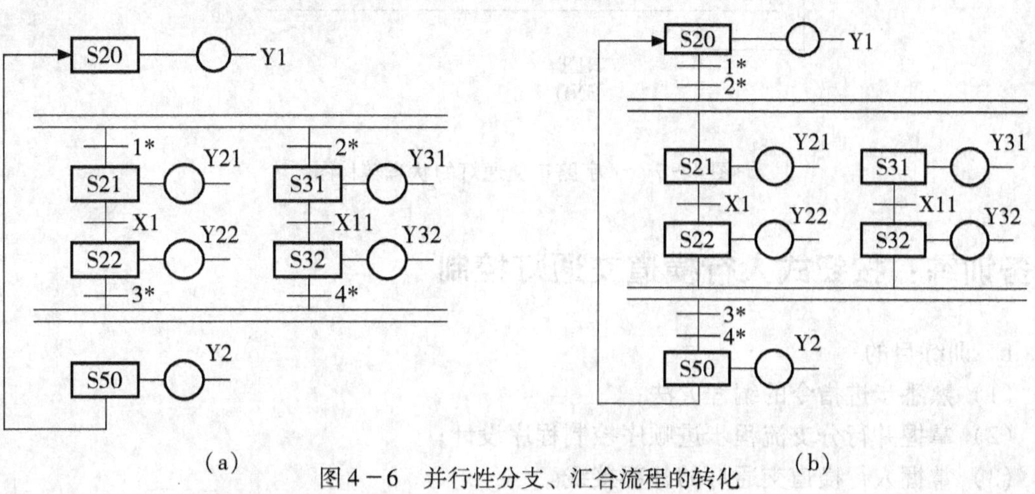

图 4－6　并行性分支、汇合流程的转化

任务实施

1. 输入输出点分配同任务一
2. 接线图同任务一
3. 程序设计

系统启动后，由 M8002 驱动初始状态，按下启动按钮 SB1，则东西方向和南北方向的交通灯支路同时执行。根据状态转移图的文字说明及表 4－1 的时序图，不难分析交通信号灯的整个周期工作过程。

断开启动按钮 SB1，则执行 ZRST 命令，将 S21 到 S34 之间的所有状态寄存器全部清零复位，系统停止。

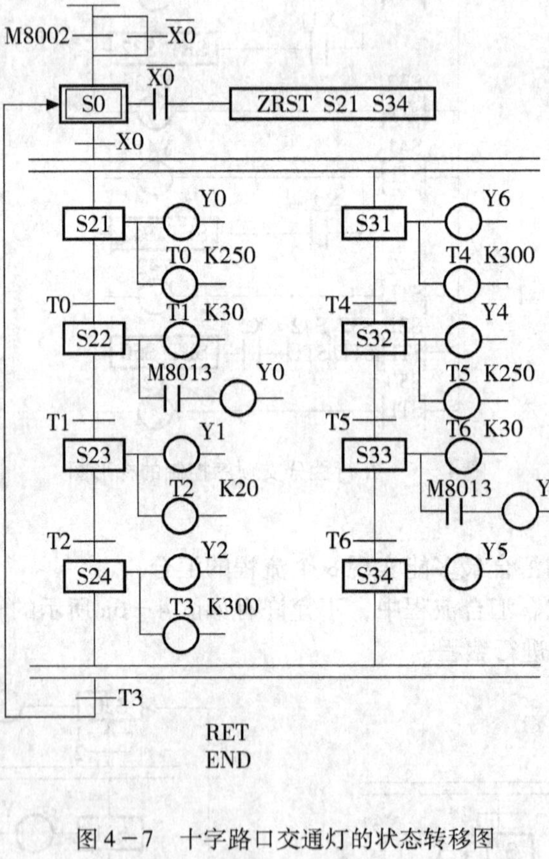

图 4－7　十字路口交通灯的状态转移图

任务训练：按钮式人行横道交通灯控制

1. 训练目的

(1) 熟悉步进指令的编程方法；

(2) 掌握并行分支流程步进顺序控制程序设计；

(3) 掌握人行横道交通灯的外部接线。

2. 实训器材

(1) 可编程控制器 1 台 (FX2N-48MR);

(2) 交通灯模拟显示模块 1 块 (带指示灯、接线端口及按钮等);

(3) 实训控制台 1 个;

(4) 电工常用工具 1 套;

(5) 手持式编程器或计算机 1 台;

(6) 连接导线若干。

3. 实训要求

某人行横道设有红、绿两盏信号灯，一般是红灯亮。路边设有按钮 X00 和 X01。行人要横穿公路时需按一下按钮 X00 或 X01，交通灯将按图 4-8 所示的顺序变化。按下 X01 或 X00 至公路交通灯由红变绿这段时间内，再按按钮将不起作用。请设计控制程序。

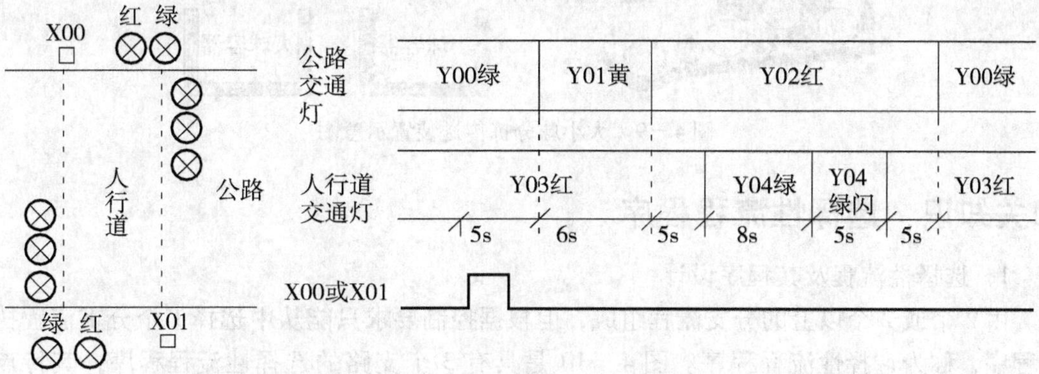

图 4-8　人行横道交通灯控制的动作要求

4. 软件程序

(1) I/O 分配

(2) 接线图

(3) 程序设计方案

5. 系统调试

(1) 输入程序。

(2) 静态调试，按系统接线图正确连接好输入设备，进行 PLC 的模拟静态调试，观察 PLC 的输出指示灯是否按要求指示，否则，检查并修改程序，直至指示正确。

6. 实训报告

实训总结

任务三　大小球分类传送装置的 PLC 控制

图 4-9 所示为传送机分拣大小球的装置。如果电磁铁吸住大的金属球，则将其送到

大球容器中；如果电磁铁吸住小的金属球，则将其送到小球容器中。试完成 PLC 控制程序设计。

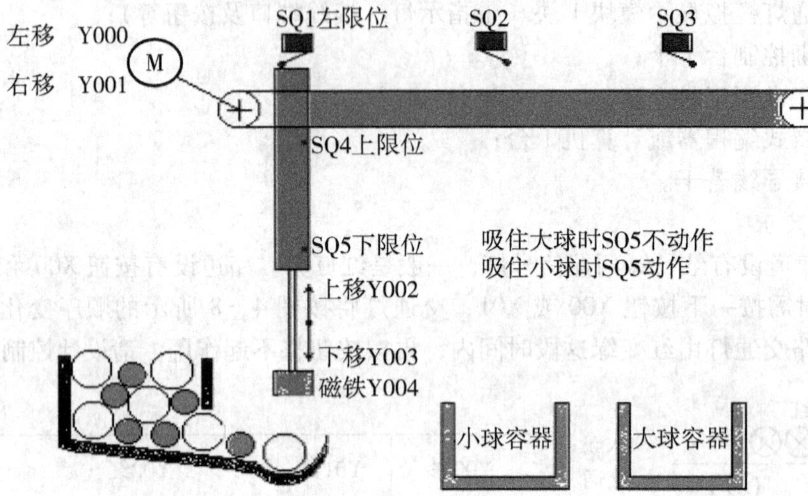

图 4－9 大小球分拣传送装置示意图

相关知识：选择性流程程序

1. 选择性流程及其程序设计

由 2 个或 2 个以上的分支流程组成，但根据控制要求只能从中选择 1 个分支流程执行的程序，称为选择性流程程序。图 4－10 是具有 3 个支路的选择性流程程序，其特点如下：

（1）从 3 个流程中选择执行哪一个流程由转移条件 X0、X10、X20 决定。

（2）分支转移条件 X0、X10、X20 不能同时接通，哪个先接通，就执行哪条分支。

（3）当 S20 已动作时，一旦 X0 接通，程序就向 S21 转移，则 S20 就复位。因此即使以后 X10 或 X20 接通，S31 或 S41 也不会动作。

（4）汇合状态 S50 可由 S22、S32、S42 中任意一个驱动。

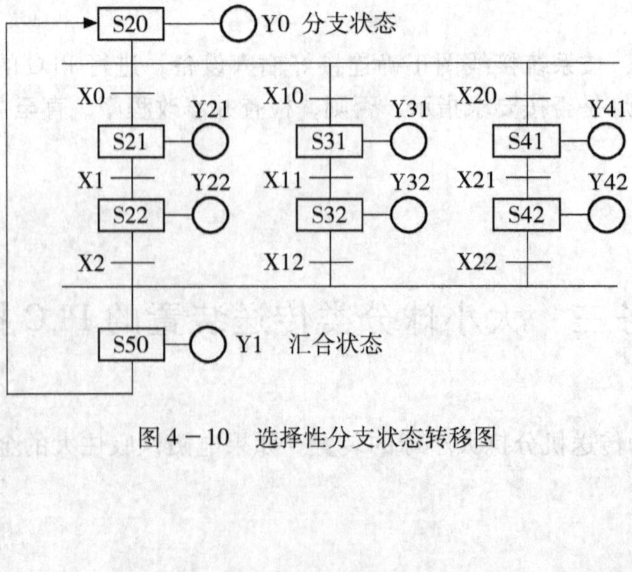

图 4－10 选择性分支状态转移图

2. 选择性分支的编程

选择性分支的编程与一般状态的编程一样，先进行驱动处理，然后进行转移处理，所有的转移处理按顺序执行，简称先驱动后转移。因此，首先对 S20 进行驱动处理（OUT Y0），然后按 S21、S31、S41 的顺序进行转移处理。

3. 选择性汇合的编程

选择性汇合的编程是先进行汇合前的驱动处理，然后按顺序向汇合状态进行转移处理。因此，首先对第一分支（S21 和 S22）、第二分支（S31 和 S32）、第三分支（S41 和 S42）进行驱动处理，然后按 S22、S32、S42 的顺序向 S50 转移。对图 4－10 编制的程序如图 4－11 所示。

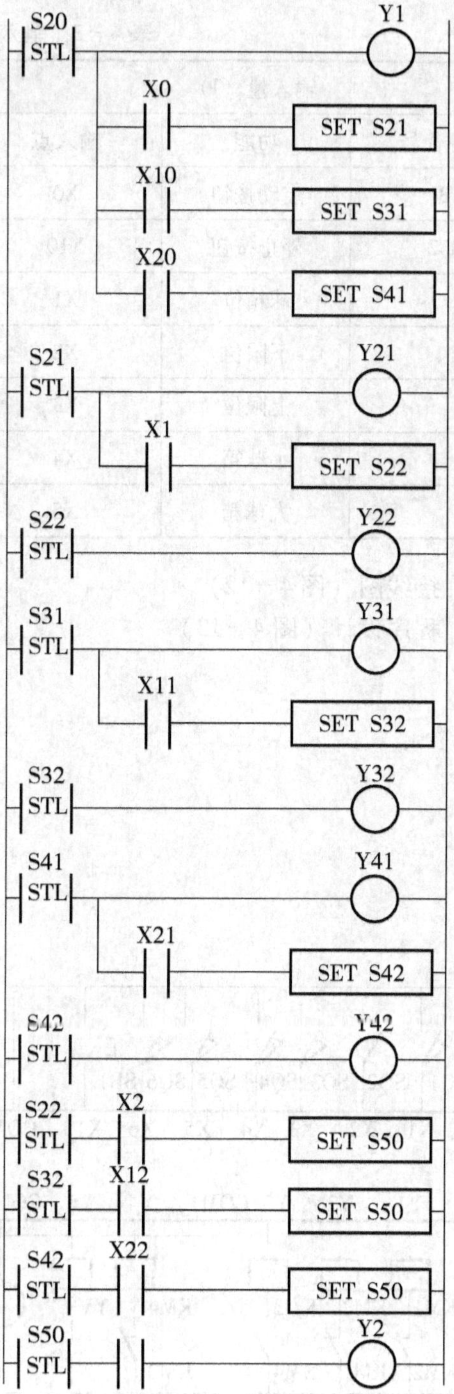

图 4－11　选择性分支状态转移图对应的状态梯形图

任务实施

1. 工作过程分析

传送机的机械臂上升、下降运行由一台电动机驱动，机械手臂的左行、右行运行由另一台电动机驱动。

机械手臂在原位时，按下启动按钮，手臂下降到球箱中，如果压合下限行程开关 SQ2，电磁铁线圈通电后，将吸住小球，然后手臂上升，右行到行程开关 SQ4 位置，手臂下降，将小球放进小球箱中，最后，手臂回到原位。

如果手臂由原位下降后未碰到行程开关 SQ2，则电磁铁吸住的是大球，像运送小球那样，将大球放到大球箱中。分配 PLC 的输入量、输出量如表 4－3所示。

表 4－3　输入量、输出量分配

输入量（I）			输出量（O）		
元件代号	功能	输入点	元件代号	功能	输出点
SB1	启动按钮	X0	HL	原点指示灯	Y0
SB2	停止按钮	X10	KM1	上行	Y1
	球箱位	X1	KM2	下降	Y2
	下限位	X2	KM3	左移	Y3
	上限位	X3	KM4	右移	Y4
	小球箱	X4	YV	电磁阀	Y5
	大球箱	X5			

2．接线图（图 4－12）

3．程序设计（图 4－13）

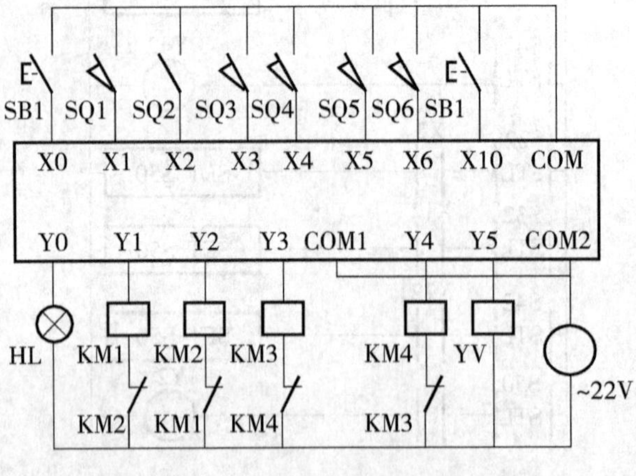

图 4－12　大小球分拣传送装置接线图

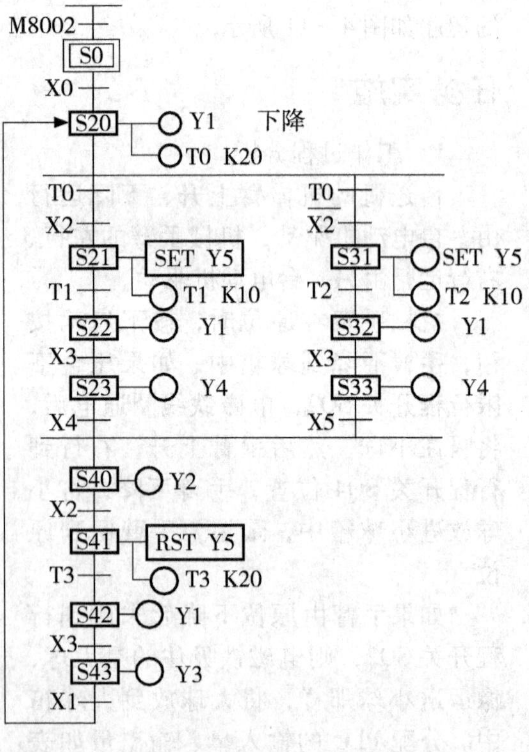

图 4－13　大小球分拣传送系统的状态转移图

任务四　技能训练：三相异步电动机正反转能耗制动控制系统的 PLC 程序设计

一、实训任务

设计一个三相异步电动机正反转能耗制动的控制系统。

1. 控制要求

按 SB1、KM1 闭合，电动机正转；按 SB2、KM2 闭合，电动机反转；按 SB、KM1 或 KM2 断开，KM3 闭合，进行能耗制动（制动时间 3s）；要求有电气互锁，不要机械互锁；FR 动作，KM1、KM2、KM3 释放，电动机自动停车；要求采用步进顺控指令设计程序。

2. 实训目的

（1）掌握选择性流程程序的用法；

（2）掌握设计选择性流程状态转移图的基本方法和技巧；

（3）会用状态转移图设计选择性流程程序。

二、实训步骤

1. I/O 分配

根据控制要求，其 I/O 分配如表 4－4 所示。

表 4－4　I/O 分配表

输入量（I）			输出量（O）		
元件代号	功能	输入点	元件代号	功能	输出点
SB	停止按钮	X0	KM1	正转接触器	Y0
SB1	正转按钮	X1	KM2	反转接触器	Y1
SB2	反转按钮	X2	KM3	制动接触器	Y2
FR	热继电器	X3			

2. 系统接线图绘制

根据系统控制要求，其系统接线图如图 4－14 所示。

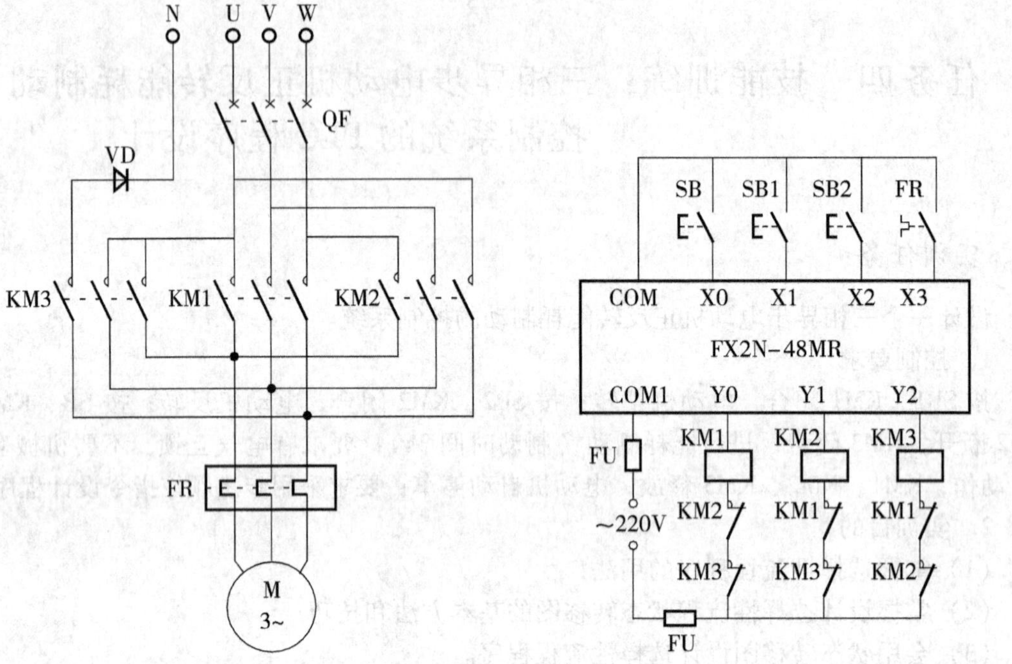

（a）PLC 的 I/O 接线图　　（b）电动机正反转能耗制动的主电路

图 4－14　电动机正反转能耗制动的系统接线图

3．状态转移图设计

根据控制要求，电动机的正反转是一个选择性分支流程。因此其状态转移图如图 4－15 所示。

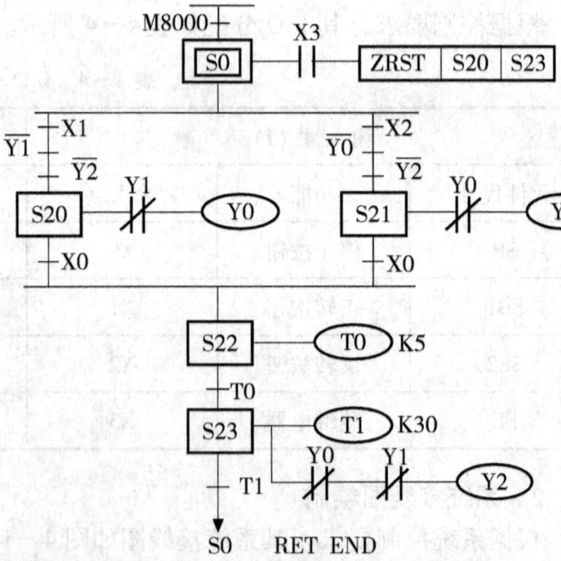

图 4－15　电动机正反转能耗制动的状态转移图

三、实训报告

1．分析与总结

（1）根据三相异步电动机正反转能耗制动的状态转移图，写出其指令表。

（2）比较用基本逻辑指令和步进顺控指令编程的异同，并说明各自的优缺点。

（3）画出三相异步电动机正反转能耗制动主电路的接线图。

2．巩固与提高

（1）用另外的方法编制程序。

（2）从安全角度分析一下状态 S22 的作用，并说明原因。

（3）若要在本实训功能的基础上增加手动正反转功能，应如何设计其状态转移图？

习　题

1. 有一选择性分支状态转移图如图 4－16 所示。请对其进行编程。
2. 有一选择性分支状态转移图如图 4－17 所示。请对其进行编程。

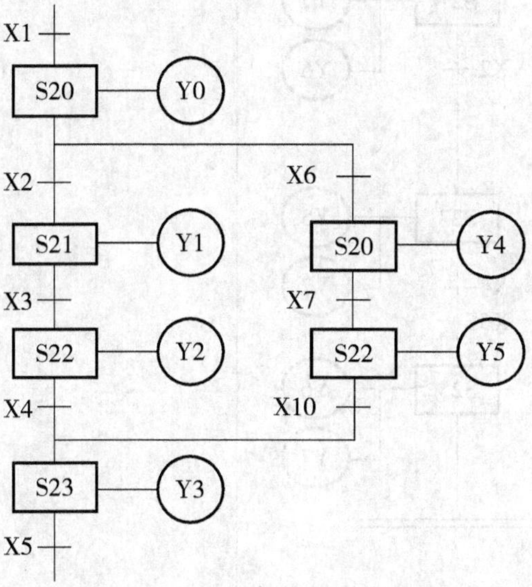

图 4－16　某选择性分支状态转移图

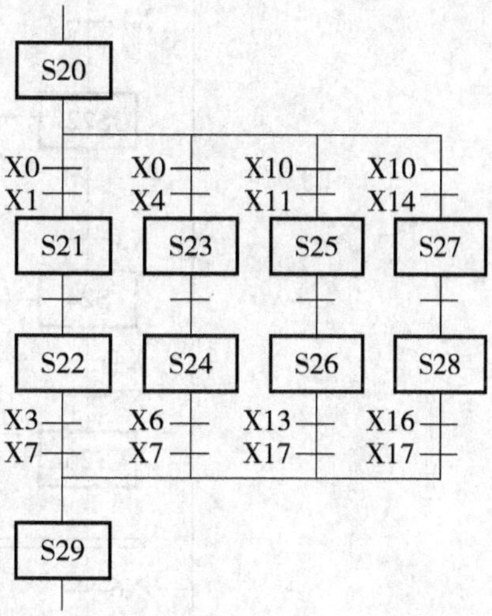

图 4－17　某选择性分支状态转移图

3. 有一并行分支状态转移图如图 4－18 所示。请对其进行编程。

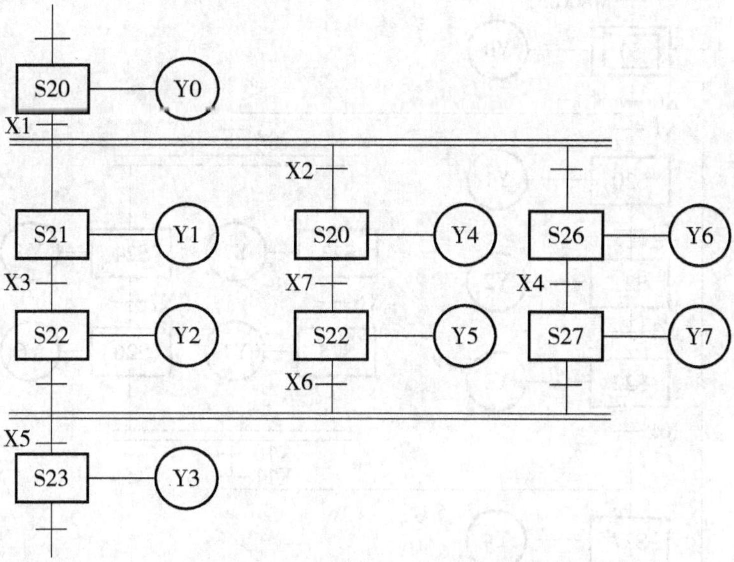

图 4－18

4. 有一并行分支状态转移图如图 4－19 所示。请对其进行编程。

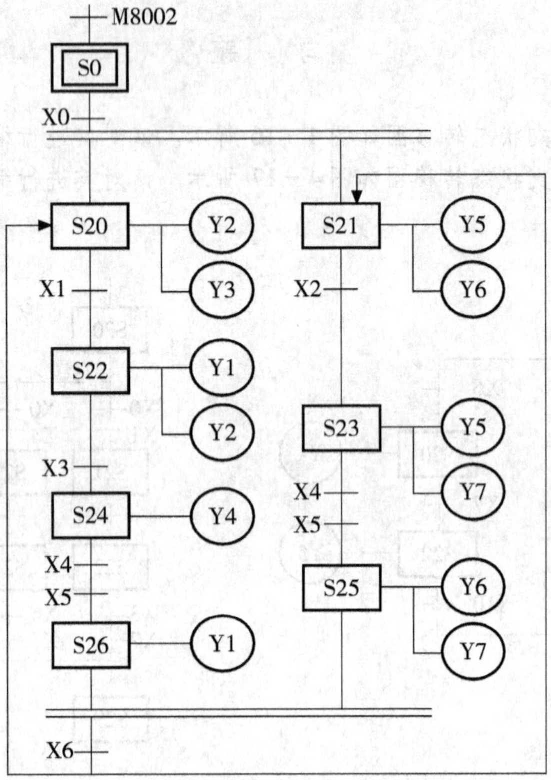

图 4－19

5. 有一状态转移图如图 4－20 所示。请对其进行编程。

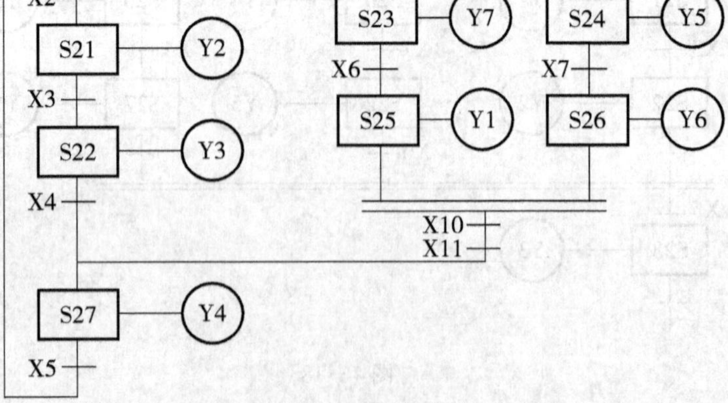

图 4－20

6. 某一冷加工自动线有 1 个钻孔动力头，如图 4－21 所示。动力头的加工过程如下，试编控制程序。

（1）动力头在原位，加上启动信号（SB）接通电磁阀 YV1，动力头快进；

（2）动力头碰到限位开关 SQ1 后，接通电磁阀 YV1、YV2，动力头由快进转为工进；

（3）动力头碰到限位开关 SQ2 后，开始延时，时间为 10s；

（4）当延时时间到，接通电磁阀 YV3，动力头快退；

（5）动力头回原位后，停止。

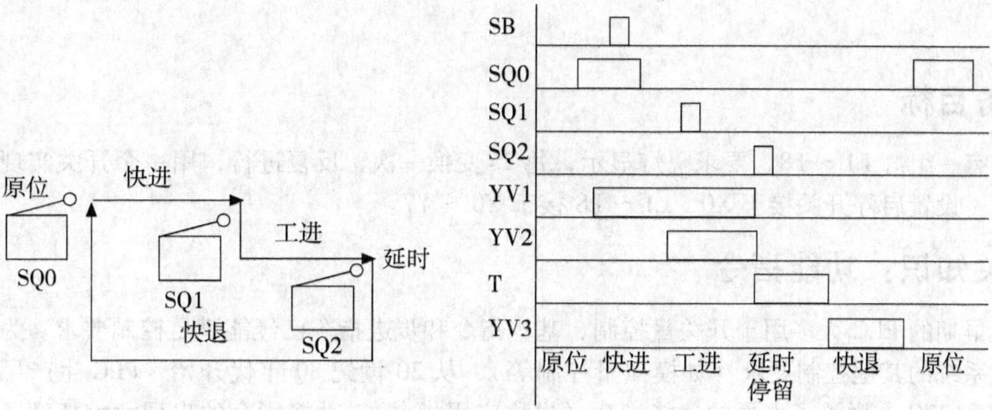

图 4－21

7. 4 台电动机动作时序如图 4－22 所示。M1 的循环动作周期为 34s，M1 动作 10s 后 M2、M3 启动，M1 动作 15s 后，M4 动作，M2、M3、M4 的循环动作周期为 34s，用步进顺控指令，设计其状态转移图，并进行编程。

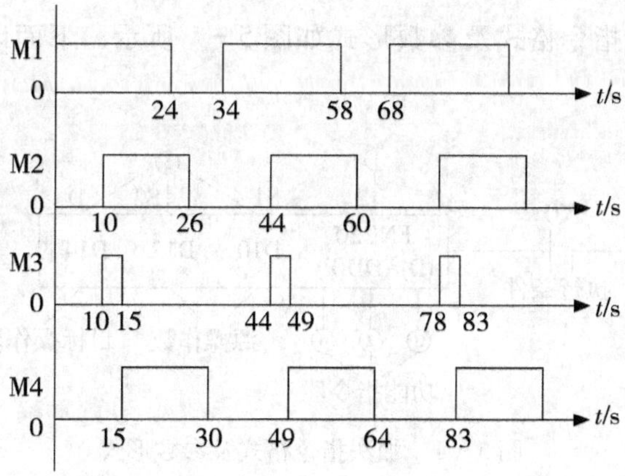

图 4－22

项目五　彩灯控制

任务一　彩灯的交替点亮控制

任务目标

有一组灯 L1 ~ L8，要求隔灯显示，每 2s 变换一次，反复进行，用一个开关实现启停控制。设置启停开关接于 X0，L1 ~ L8 接于 Y0 ~ Y7。

相关知识：功能指令

早期的 PLC 大多用于开关量控制，基本指令和步进指令已经能满足控制要求。为适应控制系统的其他控制要求（如模拟量控制等），从 20 世纪 80 年代开始，PLC 生产厂家就在小型 PLC 上增设了大量的功能指令（也称应用指令），功能指令的出现大大拓宽了 PLC 的应用范围，也给用户编制程序带来了极大方便。FX 系列 PLC 有多达 200 多条功能指令（见附录），由于篇幅的限制，本节仅对比较常用的功能指令作详细介绍，其余的指令只作简介，读者可参阅 FX 系列 PLC 编程手册。

一、应用指令的含义

应用指令中加法的指令格式及参数形式如图 5 - 1 所示，下面以此来说明应用指令功能框图中各参数的含义。

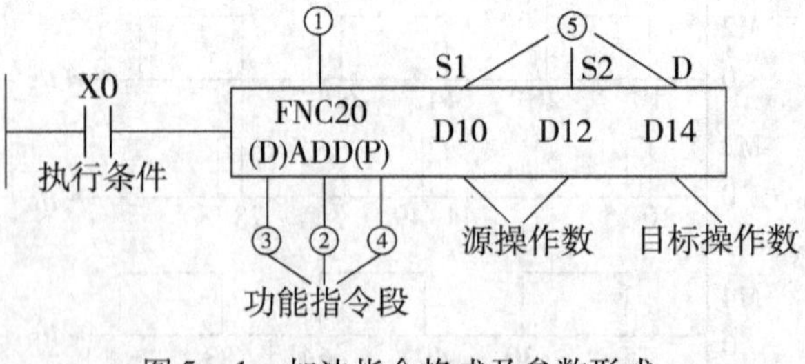

图 5 - 1　加法指令格式及参数形式

（1）FNC 为功能代号：每条应用指令都有固定的编号，FX2N 的应用代号为 FNC00 ~ FNC246，例如 FNC00 代表 CJ（条件跳转）、FNC01 代表 CALL（呼叫）等。

（2）ADD 为助记符。

（3）D 为数据长度指示。有 D 表示 32 位数据操作，无 D 表示 16 位数据操作。

（4）P 为脉冲/连续执行指令标志。指令中有 P 表示脉冲执行指令，当条件满足时，执行一个扫描周期。指令中无 P 表示连续执行。

（5）操作数，是应用指令所涉及的数据。S1、S2 为源操作数，分别是数据寄存器（D10、D12）中的内容（数据）；D 是目标操作数，即 D14 中的内容（数据）。目标操作数指的是应用指令执行后数据结果所在的数据寄存器。源操作数在指令执行后数据不变，而目标操作数在指令执行后可发生变化。

二、应用指令操作数说明

1. 数据寄存器

PLC 在进行输入输出处理、模拟量控制、位置控制时，需要许多数据寄存器存储数据和参数。数据寄存器为 16 位，最高位为符号位，可用两个数据寄存器来存储 32 位数据，最高位仍为符号位。数据寄存器有以下几种类型。

（1）通用数据寄存器（D0 ~ D199）

通用数据寄存器共 200 点。当 M8033 为 ON 时，D0 ~ D199 有断电保护功能；当 M8033 为 OFF 时，则它们无断电保护，这种情况 PLC 由 RUN→STOP 或停电时，数据全部清零。

（2）断电保持数据寄存器（D200 ~ D7999）

断电保持数据寄存器共 7800 点，其中 D200 ~ D511（共 312 点）有断电保持功能，可以利用外部设备的参数设定改变通用数据寄存器与有断电保持功能数据寄存器的分配；D490 ~ D509 供通信用；D512 ~ D7999 的断电保持功能不能用软件改变，但可用指令清除它们的内容。根据参数设定可以将 D1000 以上作为文件寄存器。

（3）特殊数据寄存器（D8000 ~ D8255）

特殊数据寄存器共 256 点。特殊数据寄存器的作用是用来监控 PLC 的运行状态，如扫描时间、电池电压等。未加定义的特殊数据寄存器，用户不能使用，具体可参见用户手册。

2. 位组合数据

像 X、Y、M、S 等只处理 ON/OFF 信息的软元件称为位元件；而像 T、C、D 等处理数值的软元件则称为字元件，1 个字元件由 16 位二进制数组成。

位元件可以通过组合使用，4 个位元件为一个单元，通用表示方法是由 Kn 加起始的软元件号组成，n 为单元数。

例如 K2M0 表示 M0 ~ M7 组成 2 个位元件组表示的十进制数（K 表示十进制数，2 表示 2 个单元，M0 表示从 M0 开始的），它是一个 8 位数据，M0 为最低位。

如果将 16 位数据传送到不足 16 位的位元件组合（$n<4$）时，只传送低位数据，多出的高位数据不传送，32 位数据传送也一样。在做 16 位数操作时，参与操作的位元件不足 16 位时，高位的不足部分均作 0 处理，这意味着只能处理正数（符号位为 0），在做 32 位数处理时也一样。

被组合的元件首位元件可以任意选择，但为避免混乱，建议采用编号以 0 结尾的元件，如 S10、X0、X20 等。

3. 变址寄存器

FX2N 系列 PLC 有 V0 ~ V7 和 Z0 ~ Z7 共 16 个变址寄存器，它们都是 16 位的寄存器。变址寄存器 V/Z 实际上是一种特殊用途的数据寄存器，其作用相当于微机中的变址寄存器，用于改变元件的编号（变址）。例如 V0 = 5，则执行 D20V0 时，被执行的编号为 D25(D20 +5)。变址寄存器可以像其他数据寄存器一样进行读写，需要进行 32 位操作时，可将 V、Z 串联使用（Z 为低位，V 为高位）。

4. 指针（P、I）

在 FX 系列中，指针用来指示分支指令的跳转目标和中断程序的入口标号，分为分支用指针、输入中断指针及定时中断指针和记数中断指针等。

（1）分支用指针（P0 ~ P127）

FX2N 有 P0 ~ P127 共 128 点分支用指针。分支用指针用来指示跳转指令（CJ）的跳转目标或子程序调用指令（CALL）调用子程序的入口地址。

如图 5 - 2 所示，当 X1 常开接通时，执行跳转指令 CJ P0，PLC 跳到标号为 P0 处之后的程序去执行。

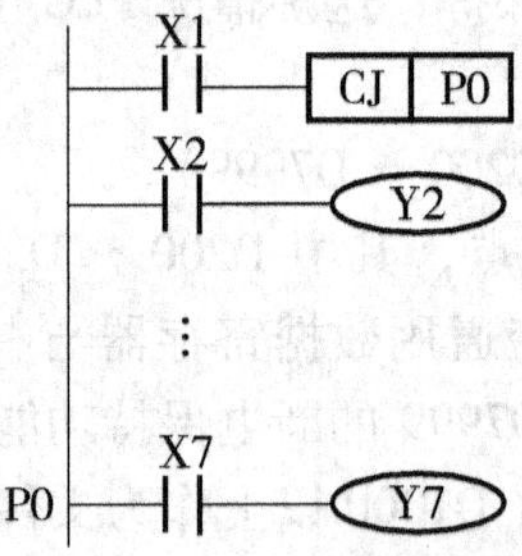

图 5 - 2 分支用指针

（2）中断指针（I0□□~ I8□□）

中断指针是用来指示某一中断程序的入口位置。执行中断后遇到 IRET（中断返回）指令，则返回主程序。中断用指针有以下三种类型。

①输入中断用指针（I00□~ I50□）。共 6 点，它是用来指示由特定输入端的输入信号而产生中断的中断服务程序的入口位置，这类中断不受 PLC 扫描周期的影响，可以及时处理外界信息。输入中断用指针的编号格式如下：

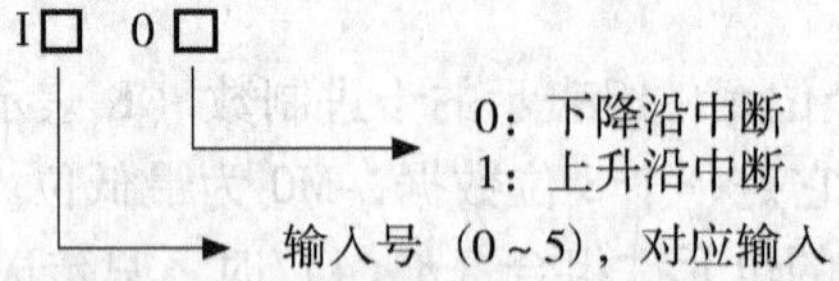

例如：I101 为当输入 X1 从 OFF→ON 变化时，执行以 I101 为标号后面的中断程序，并根据 IRET 指令返回。

②定时器中断用指针（I6□□~ I8□□）。共 3 点，是用来指示周期定时中断的中断服务程序的入口位置，这类中断的作用是 PLC 以指定的周期定时执行中断服务程序，定时循环处理某些任务。处理的时间也不受 PLC 扫描周期的限制。□□表示定时范围，可在 10 ~ 99ms中选取。

③计数器中断用指针（I010 ~ I060）。共6点，它们用在PLC内置的高速计数器中。根据高速计数器的计数当前值与计数设定值之关系确定是否执行中断服务程序。它常用于利用高速计数器优先处理计数结果的场合。

5. 常数（K、H）

K是表示十进制整数的符号，主要用来指定定时器或计数器的设定值及应用功能指令操作数中的数值；H是表示十六进制数的符号，主要用来表示应用功能指令的操作数值。例如，20用十进制表示为K20，用十六进制则表示为H14。

三、应用指令介绍之一——程序流向控制指令

1. 条件跳转指令

条件跳转指令CJ（P）的编号为FNC00，操作数为指针标号P0 ~ P127，其中P63为END所在步序，不需标记。指针标号允许用变址寄存器修改，CJ和CJP都占3个程序步，指针标号占1步。

如图5-3所示，当X20接通时，则由CJ P9指令跳到标号为P9的指令处开始执行，跳过了程序的一部分，减少了扫描周期。如果X20断开，跳转不会执行，则程序按原顺序执行。

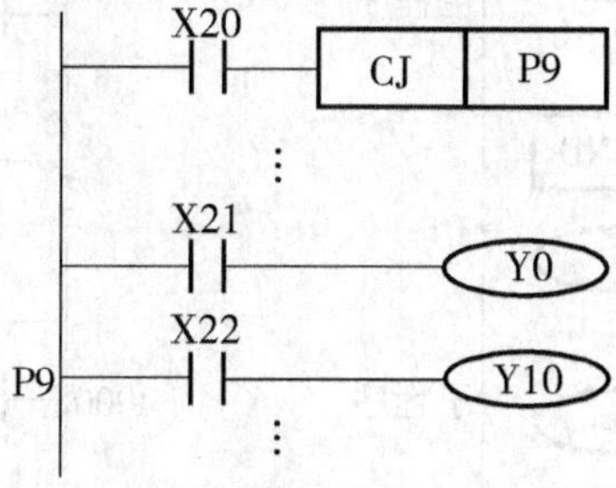

图5-3　跳转指令的使用

使用跳转指令时应注意以下问题。

①CJP指令表示为脉冲执行方式。

②在一个程序中一个标号只能出现一次，否则将出错。

③在跳转执行期间，即使被跳过程序的驱动条件改变，但其线圈（或结果）仍保持跳转前的状态，因为跳转期间根本没有执行这段程序。

④如果在跳转开始时定时器和计数器已在工作，则在跳转执行期间它们将停止工作，到跳转条件不满足后又继续工作。但对于正在工作的定时器T192 ~ T199和高速计数器C235 ~ C255，不管有无跳转仍连续工作。

⑤若积算定时器和计数器的复位（RST）指令在跳转区外，即使它们的线圈被跳转，但对它们的复位仍然有效。

2. 子程序调用与子程序返回指令

子程序调用指令CALL的编号为FNC01。操作数为P0 ~ P127，此指令占用3个程序步。

子程序返回指令SRET的编号为FNC02。无操作数，占用1个程序步。

如图5－4所示，如果X0接通，则转到标号P10处去执行子程序。当执行SRET指令时，返回到CALL指令的下一步执行。

使用子程序调用与返回指令时应注意以下问题。

①转移标号不能重复，也不可与跳转指令的标号重复；

②子程序可以嵌套调用，最多可5级嵌套。

3. 与中断有关的指令

与中断有关的3条功能指令是：中断返回指令IRET，编号为FNC03；中断允许指令EI，编号为FNC04；中断禁止指令DI，编号为FNC05。它们均无操作数，占用1个程序步。

PLC通常处于禁止中断状态，由EI和DI指令组成允许中断范围。在执行到该区间，如有中断源产生中断，CPU将暂停主程序执行转而执行中断服务程序。当遇到IRET时，返回断点继续执行主程序。如图5－5所示，允许中断范围中若中断源X0有一个下降沿，则转入I000为标号的中断服务程序，但X0可否引起中断还受M8050控制，当X20有效时，则M8050控制X0无法中断。

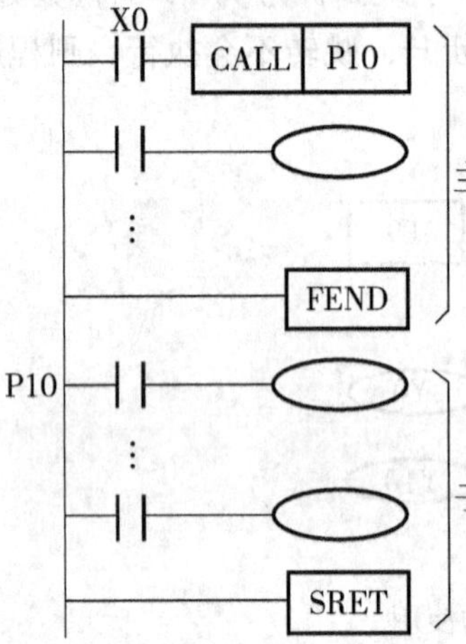

图5－4 子程序调用与返回指令的使用

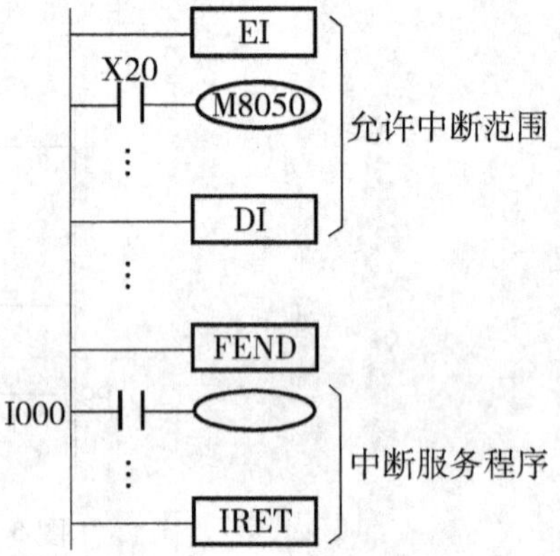

图5－5 中断指令的使用

使用中断相关指令时应注意如下问题。

①中断的优先级排队如下：如果多个中断依次发生，则以发生先后为序，即发生越早级别越高；如果多个中断源同时发出信号，则中断指针号越小优先级越高。

②当M8050～M8058为ON时，禁止执行相应I0□□～I8□□的中断；M8059为ON时，则禁止所有计数器中断。

③无需中断禁止时，可只用EI指令，不必用DI指令。

④执行一个中断服务程序时，如果在中断服务程序中有EI和DI，可实现二级中断嵌套，否则禁止其他中断。

4. 主程序结束指令

主程序结束指令FEND的编号为FNC06，无操作数，占用1个程序步。FEND表示主程序结束，当执行到FEND时，PLC进行输入/输出处理，监视定时器刷新，完成后返回起始步。

使用 FEND 指令时应注意如下问题。

①子程序和中断服务程序应放在 FEND 之后;

②子程序和中断服务程序必须写在 FEND 和 END 之间，否则出错。

5. 监视定时器指令

监视定时器指令 WDT（P）编号为 FNC07，没有操作数，占用 1 个程序步。WDT 指令的功能是对 PLC 的监视定时器进行刷新。

FX 系列 PLC 的监视定时器缺省值为 200ms（可用 D8000 来设定)，正常情况下 PLC 扫描周期小于此定时时间。如果由于有外界干扰或程序本身的原因使扫描周期大于监视定时器的设定值，使 PLC 的 CPU 出错灯亮并停止工作，可通过在适当位置加 WDT 指令复位监视定时器，以使程序能继续执行到 END。

如图 5－6 所示，利用一个 WDT 指令将一个 240ms 的程序一分为二，使它们都小于 200ms 时，则不会再出现报警停机。

使用 WDT 指令时应注意如下问题。

①如果在后续的 FOR ~ NEXT 循环中，执行时间可能超过监控定时器的定时时间，可将 WDT 插入循环程序中。

②当与条件跳转指令 CJ 对应的指针标号在 CJ 指令之前时（即程序往回跳)，就有可能连续反复跳步使它们之间的程序反复执行，使执行时间超过监控时间，可在 CJ 指令与对应标号之间插入 WDT 指令。

6. 循环指令

循环指令共有 2 条：循环区起点指令 FOR，编号为 FNC08，占用 3 个程序步；循环结束指令 NEXT，编号为 FNC09，占用 1 个程序步，无操作数。

在程序运行时，位于 FOR ~ NEXT 间的程序反复执行 n 次（由操作数决定）后再继续执行后续程序，循环的次数 $n=1\sim 32\ 767$。如果 n 处于 $-32\ 767\sim 0$ 之间，则当作 $n=1$ 时处理。

如图 5－7 所示为一个二重嵌套循环，外层执行 5 次。如果 D0Z0 中的数为 6，则外层 A 每执行一次则内层 B 将执行 6 次。

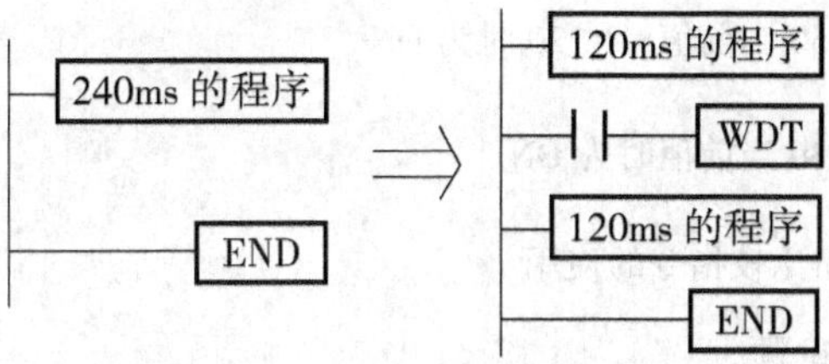

图 5－6　监控定时器指令的使用

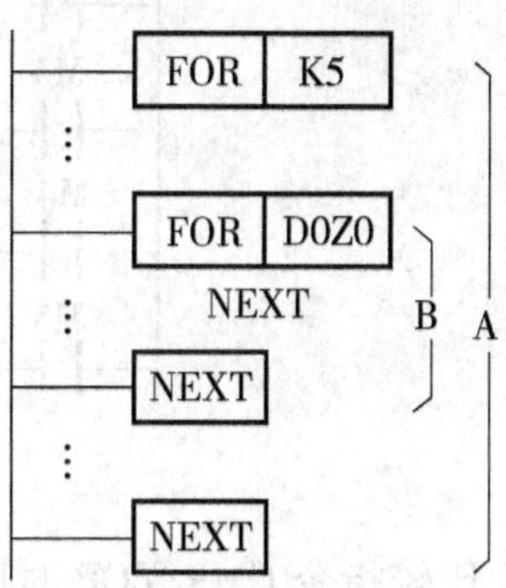

图 5－7　循环指令的使用

使用循环指令时应注意如下问题。

①FOR 和 NEXT 必须成对使用;

②FX2N 系列 PLC 可循环嵌套 5 层；

③在循环中可利用 CJ 指令在循环没结束时跳出循环体；

④FOR 应放在 NEXT 之前，NEXT 应在 FEND 和 END 之前，否则都会出错。

四、应用指令介绍二——传送与比较类指令（FNC10 ~ FNC19）

1. 比较指令

比较指令包括 CMP（比较）和 ZCP（区间比较）两条。

①比较指令 CMP。（D）CMP（P）指令的编号为 FNC10，指令执行时将源操作数［S1.］和源操作数［S2.］的数据进行比较，比较结果用目标元件［D.］的状态来表示。如图 5－8 所示，当 X1 为接通时，把常数 100 与 C20 的当前值进行比较，比较的结果送入 M0 ~ M2 中。X1 为 OFF 时不执行，M0 ~ M2 的状态也保持不变。

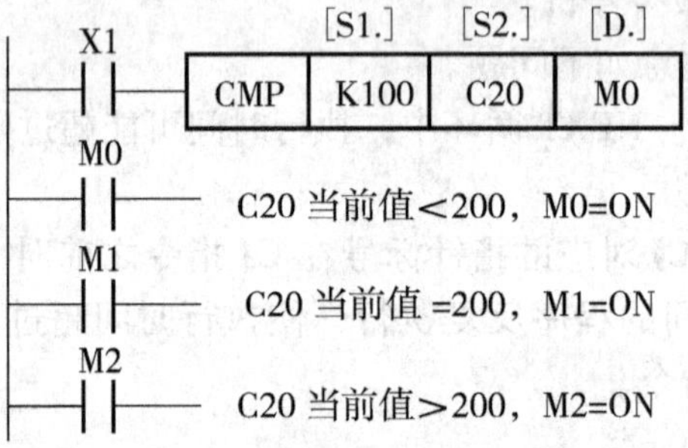

图 5－8 比较指令的使用

②区间比较指令 ZCP。（D）ZCP（P）指令的编号为 FNC11，指令执行时将源操作数［S.］与［S1.］和［S2.］的内容进行比较，并把比较结果送到目标操作数［D.］中。如图 5－9 所示，当 X0 为 ON 时，把 C30 当前值与 K100 和 K120 相比较，将结果送到 M3、M4、M5 中。当 X0 为 OFF 时，则 ZCP 不执行，M3、M4、M5 不变。

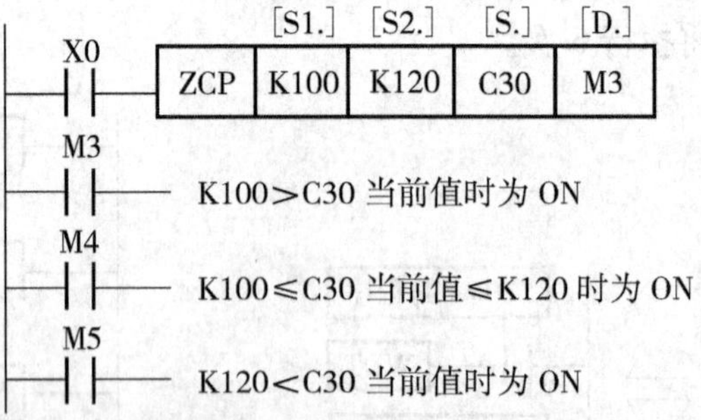

图 5－9 区间比较指令的使用

使用比较指令 CMP/ZCP 时应注意如下问题。

①［S1.］、［S2.］可取任意数据格式，目标操作数［D.］可取 Y、M 和 S；

②使用 ZCP 时，［S2.］的数值不能小于［S1.］；

③所有的源数据都被看成二进制值处理。

2．传送类指令

（1）传送指令 MOV

（D）MOV（P）指令的编号为 FNC12，该指令的功能是将源数据传送到指定的目标。如图 5－10 所示，当 X0 为 ON 时，则将［S.］中的数据 K100 传送到目标操作元件［D.］即 D10 中。在指令执行时，常数 K100 会自动转换成二进制数。当 X0 为 OFF 时，则指令不执行，数据保持不变。

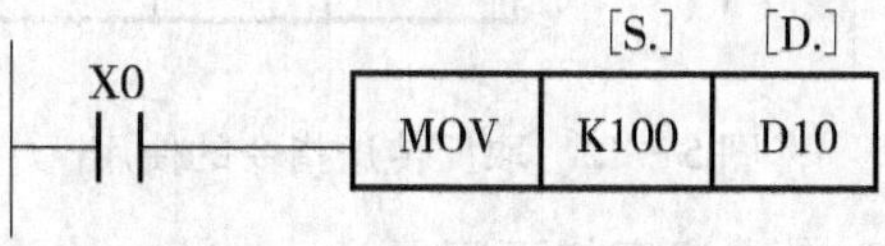

图 5－10　传送指令的使用

使用 MOV 指令时应注意如下问题。

①源操作数可取所有数据类型，目标操作数可以是 K*n*Y、K*n*M、K*n*S、T、C、D、V、Z。

②16 位运算时占 5 个程序步，32 位运算时则占 9 个程序步。

（2）移位传送指令 SMOV

SMOV（P）指令的编号为 FNC13。该指令的功能是将源数据（二进制）自动转换成 4 位 BCD 码，再进行移位传送，传送后的目标操作数元件的 BCD 码自动转换成二进制数。如图 5－11 所示，当 X0 为 ON 时，将 D1 中右起第 4 位（m1＝4）开始的 2 位（m2＝2）BCD 码移到目标操作数 D2 的右起第 3 位（n＝3）和第 2 位。然后 D2 中的 BCD 码会自动转换为二进制数，而 D2 中的第 1 位和第 4 位 BCD 码不变。

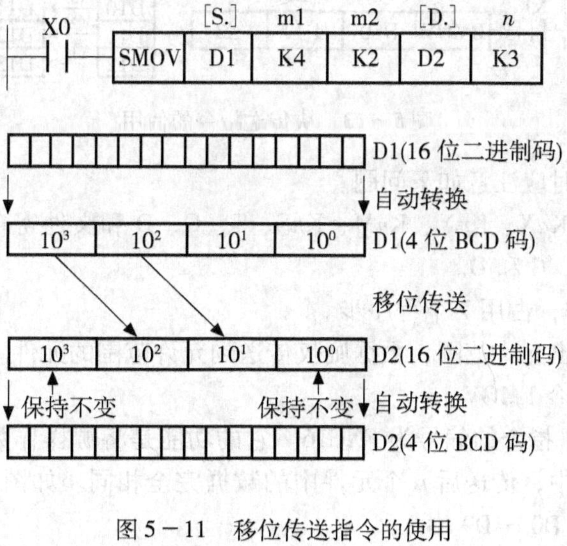

图 5－11　移位传送指令的使用

使用移位传送指令时应该注意如下问题。

①源操作数可取所有数据类型，目标操作数可为 K*n*Y、K*n*M、K*n*S、T、C、D、V、Z。

②SMOV 指令只有 16 位运算，占 11 个程序步。

（3）取反传送指令 CML

（D）CML（P）指令的编号为 FNC14。它是将源操作数元件的数据逐位取反并传送到指定目标。如图 5－12 所示，当 X0 为 ON 时，执行 CML，将 D0 的低 4 位取反向后传送到 Y3～Y0 中。

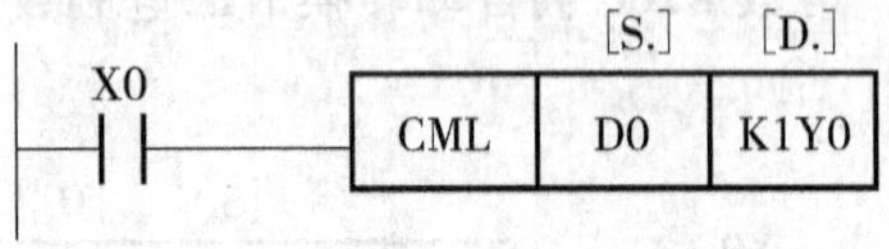

图 5－12　取反传送指令的使用

使用取反传送指令 CML 时应注意如下问题。

①源操作数可取所有数据类型，目标操作数可为 K*n*Y、K*n*M、K*n*S、T、C、D、V、Z；若源数据为常数 K，则该数据会自动转换为二进制数。

②16 位运算时占用 5 个程序步，32 位运算时占用 9 个程序步。

（4）块传送指令 BMOV

BMOV（P）指令的编号为 FNC15，作用是将源操作数指定元件开始的 *n* 个数据组成数据块传送到指定的目标。如图 5－13 所示，传送顺序既可从高元件号开始，也可从低元件号开始，传送顺序自动决定。若用到需要指定位数的位元件，则源操作数和目标操作数的指定位数应相同。

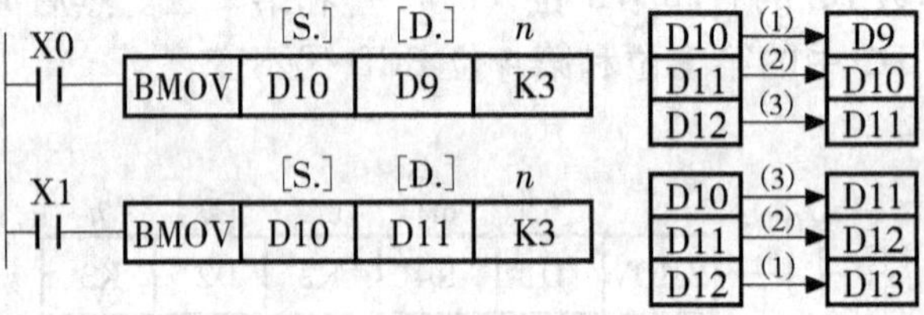

图 5－13　块传送指令的使用

使用块传送指令时应注意如下问题。

①源操作数可取 K*n*X、K*n*Y、K*n*M、K*n*S、T、C、D 和文件寄存器，目标操作数可取 K*n*T、K*n*M、K*n*S、T、C 和 D。

②只有 16 位操作，占用 7 个程序步。

③如果元件号超出允许范围，数据则仅传送到允许范围的元件。

（5）多点传送指令 FMOV

（D）FMOV（P）指令的编号为 FNC16。它的功能是将源操作数中的数据传送到指定目标开始的 *n* 个元件中，传送后 *n* 个元件中的数据完全相同。如图 5－14 所示，当 X0 为 ON 时，把 K0 传送到 D0～D9 中。

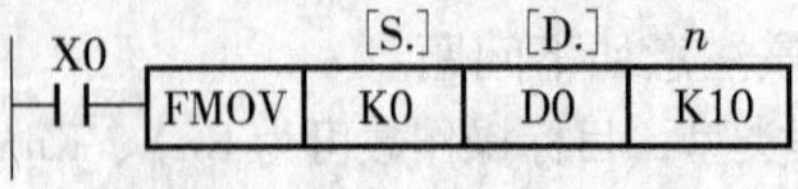

图 5－14　多点传送指令应用

使用多点传送指令 FMOV 时应注意如下问题。

①源操作数可取所有的数据类型，目标操作数可取 K*n*X、K*n*M、K*n*S、T、C 和 D，$n \leqslant 512$。

②16 位操作时占用 7 个程序步，32 位操作时则占用 13 个程序步。

③如果元件号超出允许范围，数据仅送到允许范围的元件中。

3. 数据交换指令

数据交换指令（D）XCH（P）的编号为 FNC17，它是将数据在指定的目标元件之间交换。如图 5－15 所示，当 X0 为 ON 时，将 D1 和 D19 中的数据相互交换。

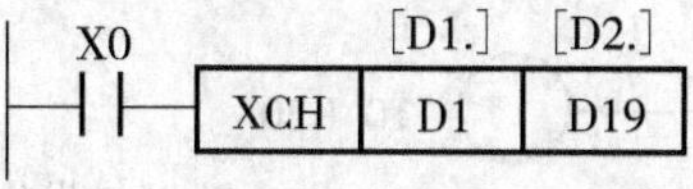

图 5－15　数据交换指令的使用

使用数据交换指令应该注意如下问题。

①操作数的元件可取 K*n*Y、K*n*M、K*n*S、T、C、D、V 和 Z。

②交换指令一般采用脉冲执行方式，否则在每一次扫描周期都要交换一次。

③16 位运算时占用 5 个程序步，32 位运算时占用 9 个程序步。

4. 数据变换指令

（1）变换指令 BCD

（D）BCD（P）指令的 ALCE 编号为 FNC18。它是将源元件中的二进制数转换成 BCD 码送到目标元件中，如图 5－16 所示。

如果指令进行 16 位操作时，执行结果超出 0 ~ 9 999 范围将会出错；当指令进行 32 位操作时，执行结果超过 0 ~ 99 999 999 范围也将出错。PLC 中内部的运算为二进制运算，可用 BCD 指令将二进制数变换为 BCD 码输出到七段显示器。

（2）变换指令 BIN

（D）BIN（P）指令的编号为 FNC19。它是将源元件中的 BCD 数据转换成二进制数据送到目标元件中，如图 5－16 所示。常数 K 不能作为本指令的操作元件，因为在任何处理之前它们都会被转换成二进制数。

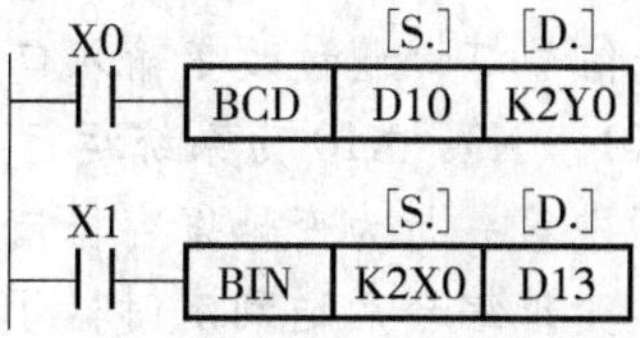

图 5－16　数据变换指令的使用

使用 BCD/BIN 指令时应注意如下事项。

①源操作数可取 K*n*K、K*n*Y、K*n*M、K*n*S、T、C、D、V 和 Z，目标操作数可取 K*n*Y、K*n*M、K*n*S、T、C、D、V 和 Z。

②16 位运算占 5 个程序步，32 位运算占 9 个程序步。

任务实施

有一组灯 L1 ~ L8，要求隔灯显示，每 2s 变换一次，反复进行，用一个开关实现启停控制。设置启停开关接于 X0，L1 ~ L8 接于 Y0 ~ Y7。

设计梯形图程序及语句表。根据题目分析，可以发现：题目要求前 2s 是 Y6Y4Y2Y0 亮，即 Y7 ~ Y0 接通情况是 01010101，这个二进制数就是十进制数的 85，因此，可以把 K85 送到 Y7 ~ Y0 输出，后 2s 是 Y7Y5Y3Y1 亮，即 Y7 ~ Y0 接通情况是 10101010，这个二进制数就是十进制数的 170，因此，可以把 K170 送到 Y7 ~ Y0 输出。程序设计如图 5 - 17 所示。

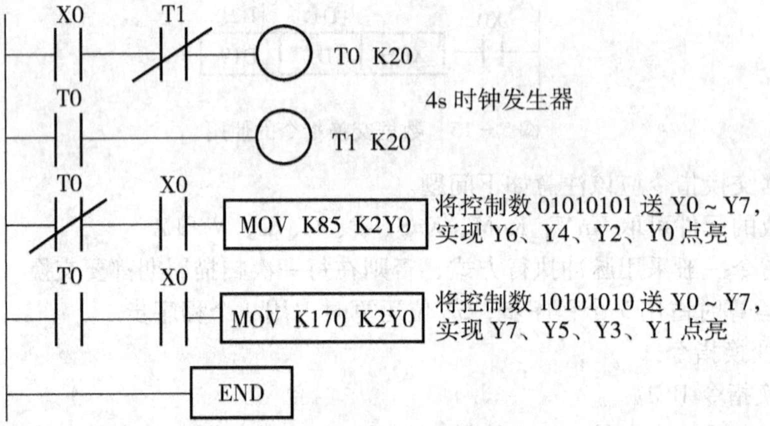

图 5 - 17　彩灯交替点亮控制梯形图

任务二　传送比较指令的应用

任务目标

（1）掌握比较传送指令的应用；

（2）熟悉位组合元件的应用。

【例 5 - 1】　设计一个闪光信号灯，通过改变输入口所接的开关来改变闪光频率。

设定开关 4 个，分别接于 X0 ~ X3，X10 为系统运行开关；信号灯接于 Y0。

梯形图如图 5 - 18 所示，图中第一行为变址寄存器清零，系统开始运行时完成。第二行从输入口读入设定开关数据，变址综合后送到定时器 T0 的设定值寄存器 D0，并和第三行中的定时器 T1 配合产生 D0 时间间隔的脉冲。

【例 5 - 2】　电动机的 Y/△启动控制。

本例使用向输出端送数的方式实现控制。

设置启动按钮为 X0，停止按钮为 X1；电路主（电源）接触器 KM1 接于输出口 Y0、电动机 Y 接法接触器 KM2 接于输出口 Y1，电动机△接法接触器 KM3 接于输出口 Y2。依电机 Y/△启动控制要求，通电时，Y0、Y1 为 ON（传送常数为 1 + 2 = 3），电动机 Y 形启动；当转速上升到一定程度，断开 Y0、Y1，接通 Y2（传送常数为 4），然后接通 Y0、Y2（传送常数为 1 +4 =5），电动机△形运行，停止时，应传送常数为 0。另外，启动过程中的每个状态间应有时间间隔，程序如图 5－19 所示。

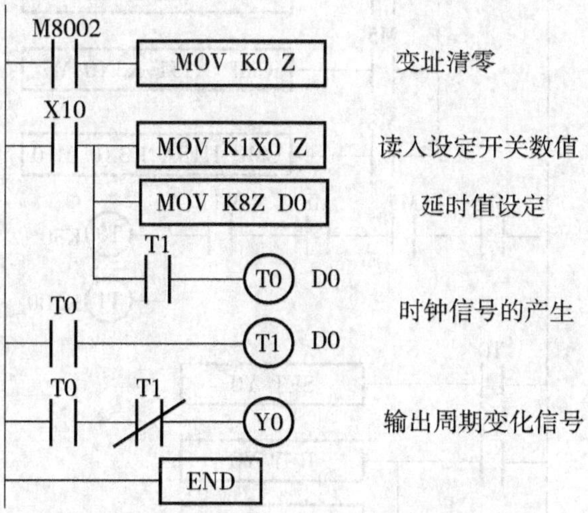

图 5－18　闪光信号灯程序梯形图

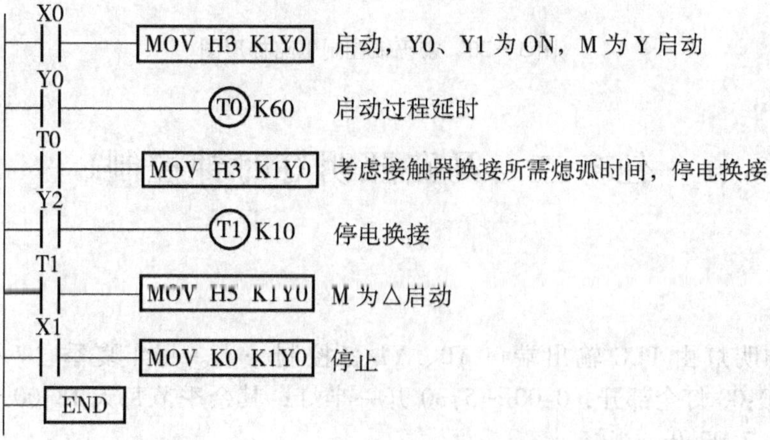

图 5－19　电动机 Y/△启动控制梯形图及说明

【例 5－3】　密码锁。

用比较器构成密码锁系统。密码锁有 12 个按钮，分别接入 X0 ~ X13，其中 X0 ~ X3 代表第 1 个十六进制数；X4 ~ X7 代表第 2 个十六进制数；X10 ~ X13 代表第 3 个十六进制数；X14 ~ X17 代表第 4 个十六进制数。根据设计，每次同时按下 4 个键，分别代表 3 个十六进制数，共按 4 次，如与密码锁设定值都相符合，3s 后，锁可以开启，10s 后重新锁定。

密码锁的密码由程序设定。假定为 H2A4、H1E、H151、H18A，从 K3X0 上送入的数据应分别和它们相等。这可以用比较指令实现判断，梯形图如图 5－20 所示。

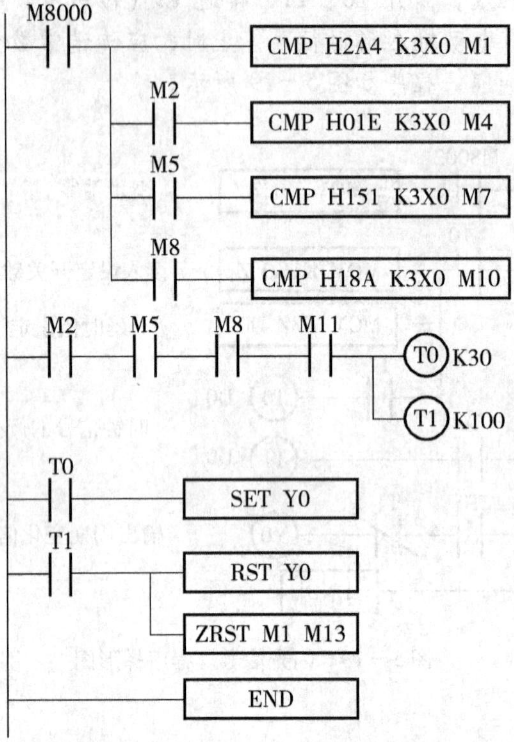

图5-20 密码锁控制电路梯形图

任务三 马路照明灯时钟控制

任务目标

设马路照明灯由 PLC 输出端口 Y0、Y1 各控制一半。每年夏季（7 ~ 9 月）每天 19:00 ~次日 0:00 灯全部开，0:00 ~ 5:30 开一半灯；其余季节每天 18:00 ~次日 0:00 灯全开，0:00 ~ 7:00 开一半灯。

相关知识

1. 时钟专用的特殊辅助继电器和特殊数据寄存器

FX 系列 PLC 具有时钟控制功能，系统分配时钟专用的特殊辅助继电器和特殊数据寄存器的功能如表 5-1 和表 5-2 所示。

表 5－1　特殊辅助继电器功能

特殊辅助继电器	作　用	功　能
M8015	时钟停止和改写	=1 时钟停止，改写时钟数据
M8016	时钟显示停止	=1 停止显示
M8017	秒复位清 0	上升沿时修正秒数
M8018	内装 RTC 检测	平时为 1
M8019	内装 RTC 错误	改写时间数据超出范围 =1

表 5－2　特殊数据寄存器功能

特殊数据寄存器	作　用	范　围
D8013	秒	0 ~ 59
D8014	分	0 ~ 59
D8015	时	0 ~ 23
D8016	日	1 ~ 31
D8017	月	1 ~ 12
D8018	年	公历 4 位
D8019	星期	0 ~ 6（周日 ~ 周六）

2. 设定时钟信息

设定时间信息的监控程序如图 5－21 所示，在该程序中，当 X0 接通时，把“2009 年 5 月 5 日 10 时 30 分 0 秒星期二”的时间信息写入 PLC 的特殊数据寄存器 D8013 ~ D8019 中。

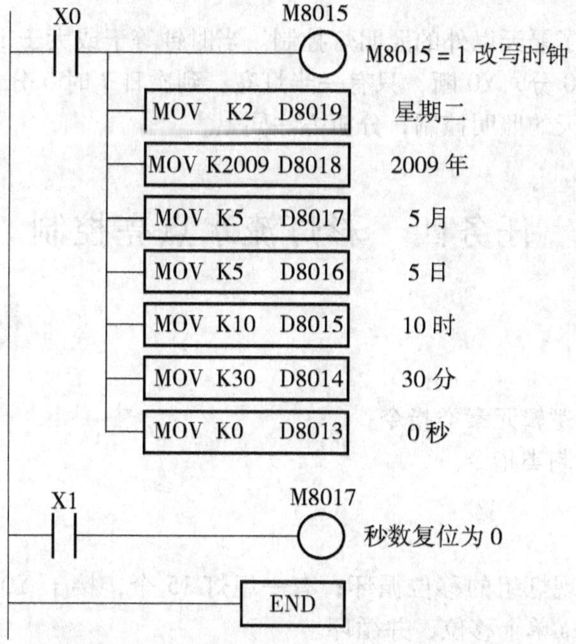

图 5－21　设定时间信息的监控程序

3. 马路照明灯时钟控制程序（图 5－22）

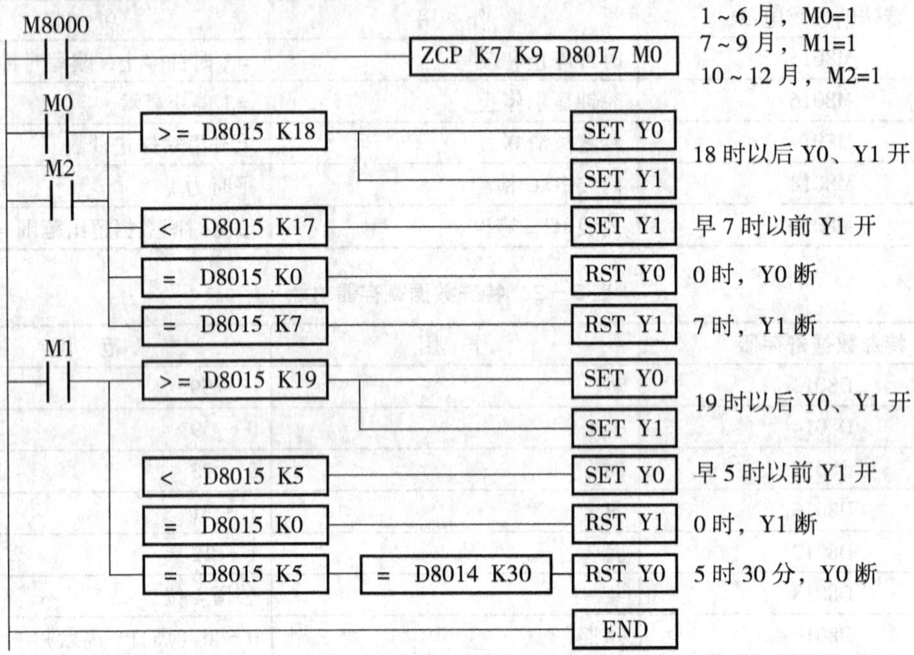

图 5－22　马路照明灯时钟控制程序

程序分析：

第一行，应用区间比较指令 ZCP 划分月份，1～6 月，M0＝1；7～9 月，M1＝1；10～12 月，M2＝1。

第二行，设置除了夏天以外的照明灯控制。当时钟等于或大于 18 时，Y0、Y1 通，全部灯亮；到次日 0 时 0 分，Y0 断，只有一半灯亮；到次日 7 时 0 分，Y1 断，全部灯灭。

第三行，设置夏天的照明控制，分析方法同上。

任务四　彩灯流水点亮控制

任务目标

（1）掌握四则与逻辑元素类指令；

（2）掌握移位控制类指令。

任务要求

用乘除法指令实现灯组的移位循环；有一组灯 15 个，接于 Y0～Y16，要求：当 X0 为 ON，灯正序每隔 1s 单个移位，并循环。

相关知识

一、应用指令介绍三——算术和逻辑运算类指令（FNC20 ~ FNC29）

1. 算术运算指令

（1）加法指令 ADD

（D）ADD（P）指令的编号为FNC20，它是将指定的源元件中的二进制数相加并将结果送到指定的目标元件中去。如图5－23所示，当X0为ON时，执行（D10）+（D12）→（D14）。

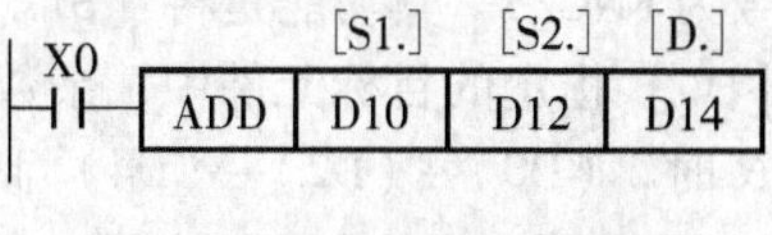

图5－23　加法指令的使用

（2）减法指令 SUB

（D）SUB（P）指令的编号为FNC21，它是将［S1.］指定元件中的内容以二进制形式减去［S2.］指定元件的内容，其结果存入由［D.］指定的元件中。如图5－24所示，当X0为ON时，执行（D10）－（D12）→（D14）。

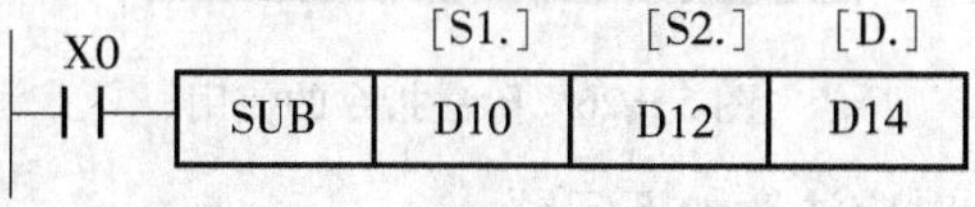

图5－24　减法指令的使用

使用加法和减法指令时应该注意如下问题。

①源操作数可取所有数据类型，目标操作数可取K*n*Y、K*n*M、K*n*S、T、C、D、V和Z。

②16位运算占7个程序步，32位运算占13个程序步。

③数据为有符号二进制数，最高位为符号位（0为正，1为负）。

④加法指令有3个标志：零标志（M8020）、借位标志（M8021）和进位标志（M8022）。当运算结果超过32 767（16位运算）或2 147 483 647（32位运算）时则进位标志置1；当运算结果小于－32 767（16位运算）或－2 147 483 647（32位运算）时，借位标志置1。

（3）乘法指令 MUL

（D）MUL（P）指令的编号为FNC22。数据均为有符号数。如图5－25所示，当X0为ON时，将二进制16位数［S1.］、［S2.］相乘，结果送［D.］中。D为32位，即（D0）×（D2）→（D5，D4）（16位乘法）；当X1为ON时，（D1，D0）×（D3，D2）→（D7，D6，D5，D4）（32位乘法）。

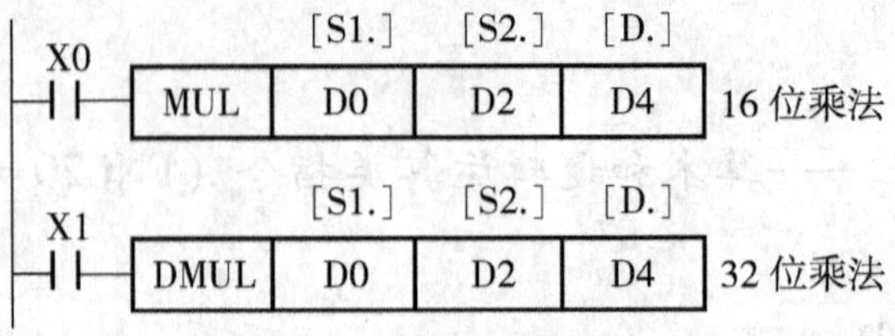

图5－25　乘法指令的使用

(4) 除法指令DIV

(D) DIV (P) 指令的编号为FNC23。其功能是将［S1.］指定为被除数，［S2.］指定为除数，将除得的结果送到［D.］指定的目标元件中，余数送到［D.］的下一个元件中。如图5－26所示，当X0为ON时，(D0)÷(D2)→(D4)商，(D5)余数（16位除法）；当X1为ON时，(D1，D0)÷(D3，D2)→(D5，D4)商，(D7，D6)余数（32位除法）。

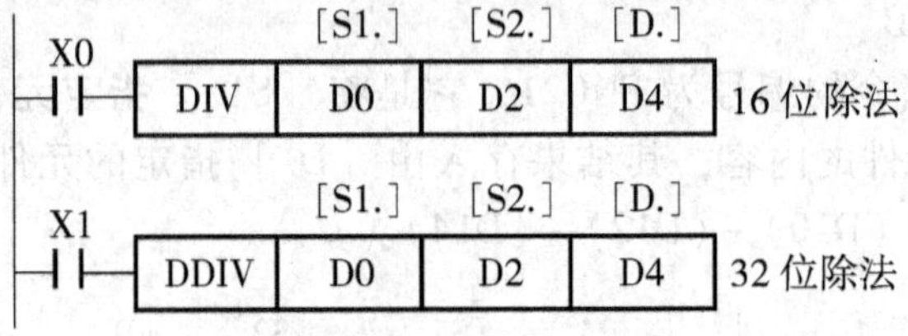

图5－26　除法指令的使用

使用乘法和除法指令时应注意如下问题。

①源操作数可取所有数据类型，目标操作数可取K*n*Y、K*n*M、K*n*S、T、C、D、V和Z；要注意Z只有16位乘法时能用，32位不可用。

②16位运算时占7个程序步，32位运算时占13个程序步。

③32位乘法运算中，如用位元件作目标，则只能得到乘积的低32位，高32位将丢失，这种情况下应先将数据移入字元件再运算；除法运算中将位元件指定为［D.］，则无法得到余数，除数为0时发生运算错误。

④积、商和余数的最高位为符号位。

(5) 加1和减1指令

加1指令（D）INC（P）的编号为FNC24；减1指令（D）DEC（P）的编号为FNC25。INC和DEC指令分别是当条件满足则将指定元件的内容加1或减1。如图5－27所示，当X0为ON时，(D10)＋1→(D10)；当X1为ON时，(D11)－1→(D11)。若指令是连续指令，则每个扫描周期均作一次加1或减1运算。

使用加1和减1指令时应注意如下问题。

①指令的操作数可为K*n*Y、K*n*M、K*n*S、T、C、D、V、Z。

②当进行16位操作时占3个程序步；当进行32位操作时占5个程序步。

③在INC运算时，如数据为16位，则由＋32 767再加1变为－32 768，但标志不置位；同样，32位运算由＋2 147 483 647再加1变为－2 147 483 648时，标志也不置位。

④在DEC运算时，16位运算－32 768减1变为＋32 767，且标志不置位；32位运算

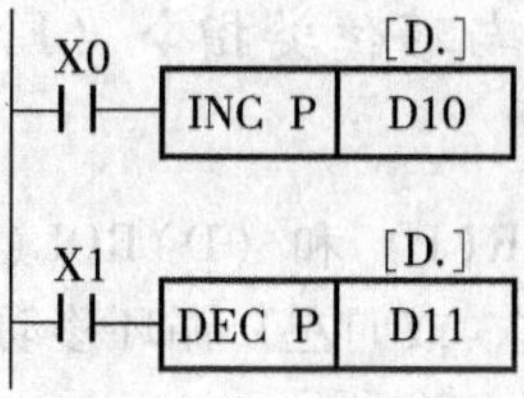

图 5－27　加 1 和减 1 指令的使用

由 －2 147 483 648 减 1 变为 ＋2 147 483 647，标志也不置位。

2. 逻辑运算类指令

（1）逻辑与指令 WAND

（D）WAND（P）指令的编号为 FNC26，是将 2 个源操作数按位进行与操作，结果送指定元件。

（2）逻辑或指令 WOR

（D）WOR（P）指令的编号为 FNC27，它是对 2 个源操作数按位进行或运算，结果送指定元件。如图 5－28 所示，当 X1 有效时，（D10）∨（D12）→（D14）。

（3）逻辑异或指令 WXOR

（D）WXOR（P）指令的编号为 FNC28，它是对源操作数按位进行逻辑异或运算。

（4）求补指令 NEG

（D）NEG（P）指令的编号为 FNC29，其功能是将［D.］指定的元件内容的各位先取反再加 1，将其结果再存入原来的元件中。

WAND、WOR、WXOR 和 NEG 指令的使用如图 5－28 所示。

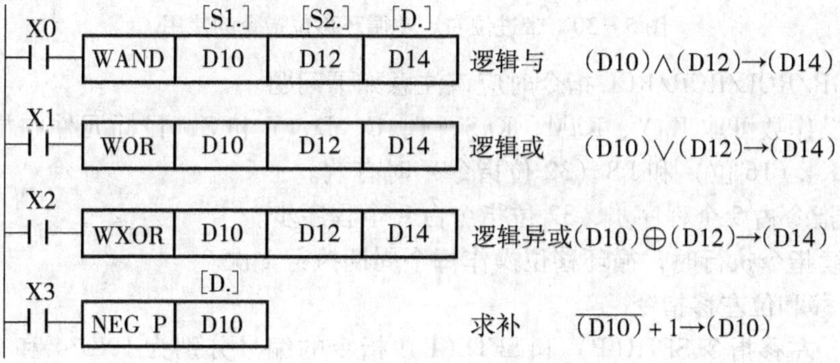

图 5－28　逻辑运算指令的使用

使用逻辑运算指令时应该注意如下问题。

①WAND、WOR 和 WXOR 指令的［S1.］和［S2.］均可取所有的数据类型，目标操作数可取 K*n*Y、K*n*M、K*n*S、T、C、D、V 和 Z。

②NEG 指令只有目标操作数，可取 K*n*Y、K*n*M、K*n*S、T、C、D、V 和 Z。

③WAND、WOR、WXOR 指令 16 位运算占 7 个程序步，32 位运算占 13 个程序步，而 NEG 分别为 3 步和 5 步。

二、应用指令介绍四——循环与移位类指令（FNC30 ~ FNC39）

1．循环移位指令

右、左循环移位指令（D）ROR（P）和（D）ROL（P）编号分别为 FNC30 和 FNC31。执行这两条指令时，各位数据向右（或向左）循环移动 *n* 位，最后一次移出来的那一位同时存入进位标志 M8022 中，如图 5－29 所示。

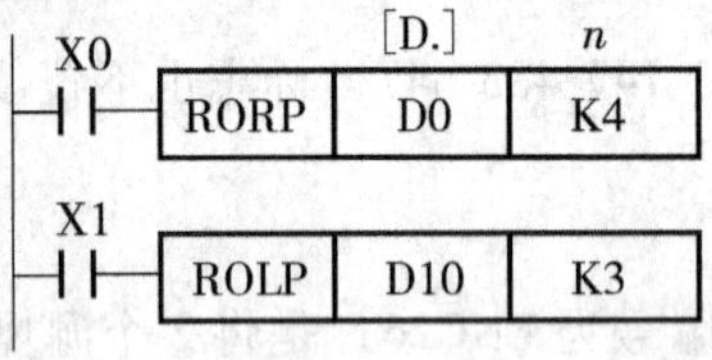

图 5－29　右、左循环移位指令的使用

2．带进位的循环移位指令

带进位的循环右、左移位指令（D）RCR（P）和（D）RCL（P）编号分别为 FNC32 和 FNC33。执行这两条指令时，各位数据连同进位（M8022）向右（或向左）循环移动 *n* 位，如图 5－30 所示。

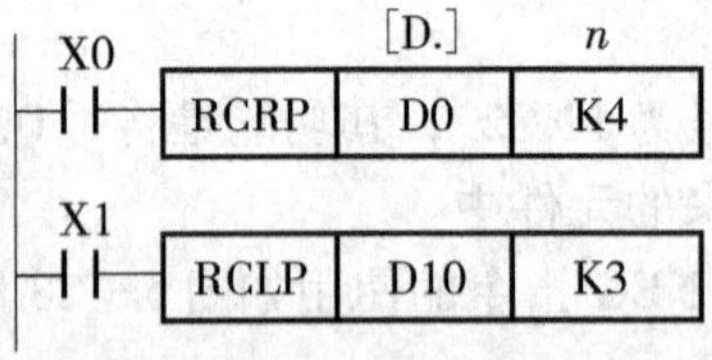

图 5－30　带进位右、左循环移位指令的使用

使用 ROR/ROL/RCR/RCL 指令时应该注意如下问题。

①目标操作数可取 K*n*Y、K*n*M、K*n*S、T、C、D、V 和 Z，目标元件中指定位元件的组合只有在 K4（16 位）和 K8（32 位指令）时有效。

②16 位指令占 5 个程序步，32 位指令占 9 个程序步。

③用连续指令执行时，循环移位操作每个周期执行 1 次。

3．位右移和位左移指令

位右移、左移指令 SFTR（P）和 SFTL（P）指令的编号分别为 FNC34 和 FNC35。它们使位元件中的状态成组地向右（或向左）移动。*n*1 指定位元件的长度，*n*2 指定移位位数，*n*1 和 *n*2 的关系及范围因机型不同而有差异，一般为 $n2 \leqslant n1 \leqslant 1\ 024$。位右移指令使用如图5－31所示。

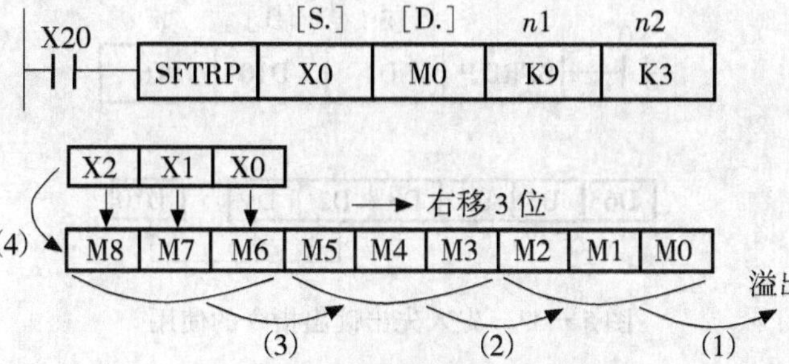

图5－31　位右移指令的使用

使用位右移和位左移指令时应注意如下问题。

①源操作数可取X、Y、M、S，目标操作数可取Y、M、S。

②只有16位操作，占9个程序步。

4．字右移和字左移指令

字右移WSFR（P）和字左移WSFL（P）指令编号分别为FNC36和FNC37。字右移和字左移指令以字为单位，其工作的过程与位移位相似，是将 $n1$ 个字右移或左移 $n2$ 个字。

使用字右移和字左移指令时应注意如下问题。

①源操作数可取KnX、KnY、KnM、KnS、T、C和D，目标操作数可取KnY、KnM、KnS、T、C和D。

②字移位指令只有16位操作，占用9个程序步。

③$n1$ 和 $n2$ 的关系为 $n2 \leqslant n1 \leqslant 512$。

5．先入先出写入和读出指令

先入先出写入指令SFWR（P）和先入先出读出指令SFRD（P）的编号分别为FNC38和FNC39。

先入先出写入指令SFWR的使用如图5－32所示，当X0由OFF变为ON时，SFWR执行，D0中的数据写入D2，而D1变成指针，其值为1（D1必须先清0）；当X0再次由OFF变为ON时，D0中的数据写入D3，D1变为2，以此类推，D0中的数据依次写入数据寄存器。D0中的数据从右边的D2顺序存入，源数据写入的次数放在D1中，当D1中的数达到 $n-1$ 后不再执行上述操作，同时进位标志M8022置1。

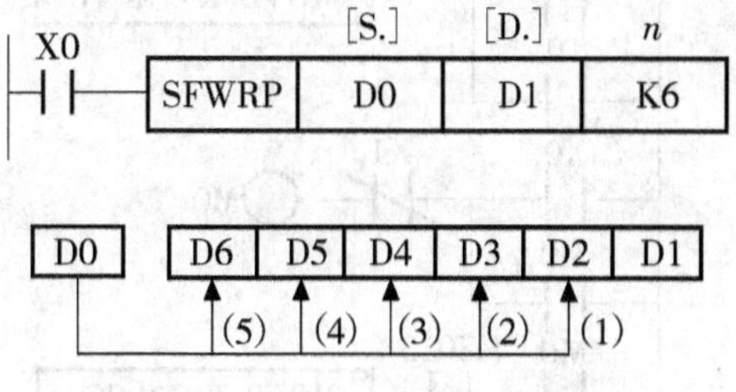

图5－32　先入先出写入指令的使用

先入先出读出指令SFRD的使用如图5－33所示，当X0由OFF变为ON时，D2中的数据送到D10，同时指针D1的值减1，D3～D9的数据向右移一个字，数据总是从D2读出，指针D1为0时，不再执行上述操作且M8020置1。

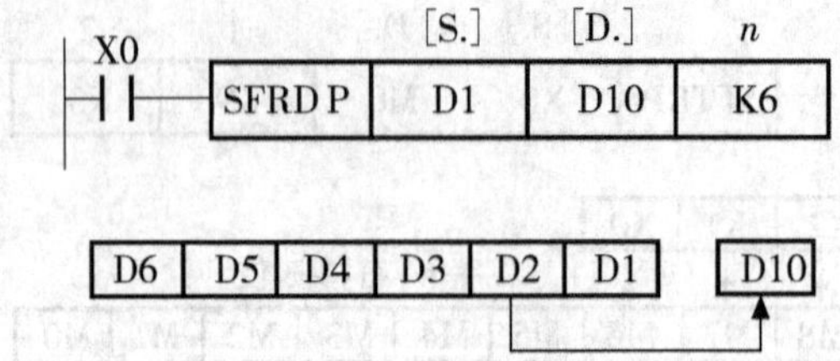

图 5－33 先入先出读出指令的使用

使用 SFWR 和 SFRD 指令时应注意如下问题。

①目标操作数可取 KnY、KnM、KnS、T、C 和 D，源操作数可取所有的数据类型。

②指令只有 16 位运算，占 7 个程序步。

任务实施

方法一：利用乘法指令来实现彩灯移位点亮控制。

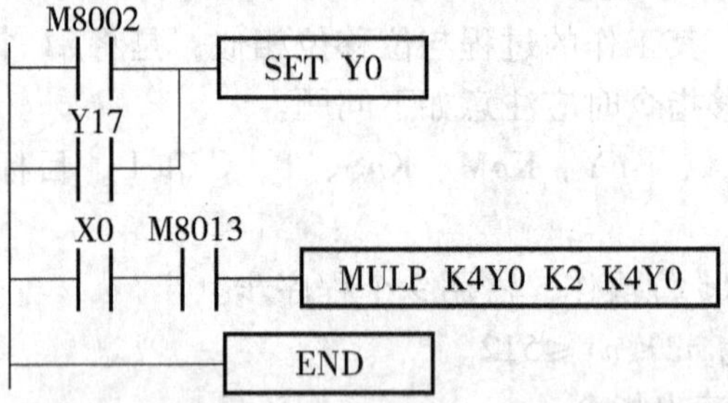

图 5－34 乘法指令实现彩灯移位点亮控制

第一行的作用是设置 0000 0000 0001，以后当 M8013 第一次接通的时候，由于 1＊2＝2，于是得到 0000 0000 0000 0010；当 M8013 第二次接通时，2＊2＝4，得到 0000 0000 0000，0100；以此类推，可以得到 1000 0000 0000 0000，此时 Y17 接通，置 Y0＝1，再次进行循环。

方法二：利用移位指令来实现彩灯移位点亮控制。

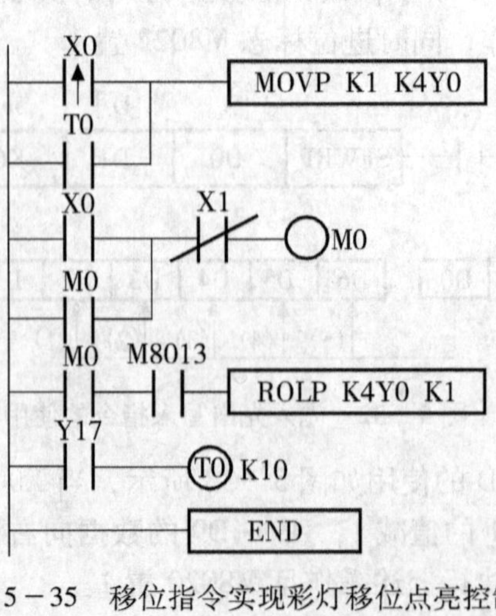

图 5－35 移位指令实现彩灯移位点亮控制

任务五　四则与逻辑运算类指令应用实例

任务目标

（1）掌握四则与逻辑元素类指令的应用；

（2）掌握移位控制类指令的应用。

【例 5-4】　四则运算式的实现

某控制程序中要进行以下算式运算：$\frac{20X}{185}+2$。

式中“X”代表输入端口 K2X0 输入的二进制数，运算结果通过 K2Y0 输出；X20 是启停开关。

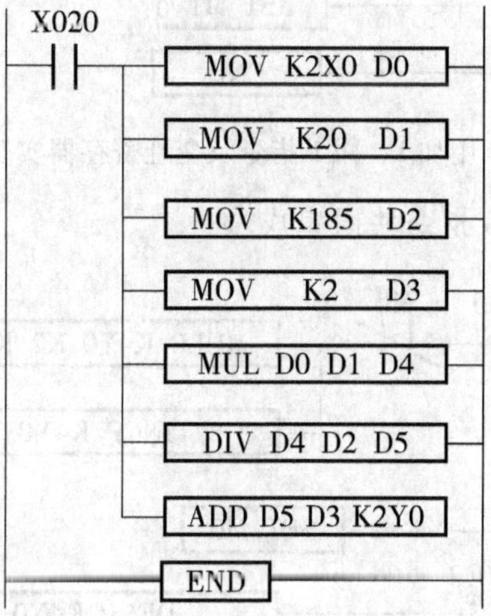

图 5-36　四则运算应用

【例 5-5】　彩灯正序亮至全亮、反序熄至全熄再循环控制。

彩灯共 12 盏，分别接于 Y0 ~ Y13。

方法一：彩灯功能用加 1、减 1 指令及变址寄存器完成。

彩灯状态变化的时间单元为 1s、用 M8013 实现。梯形图见图 5-37，图中 X1 为彩灯控制开关。

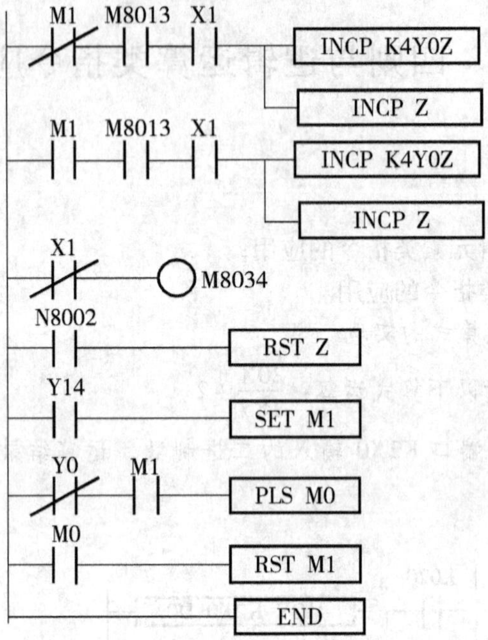

图 5－37　用加 1、减 1 指令及变址寄存器实现

方法二：彩灯功能用加减乘除指令共同完成。

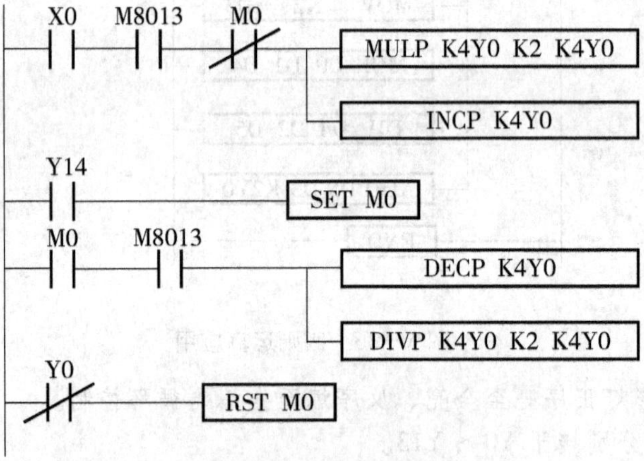

图 5－38　用加减乘除指令实现

方法三：彩灯功能用位右移、位左移指令共同完成。

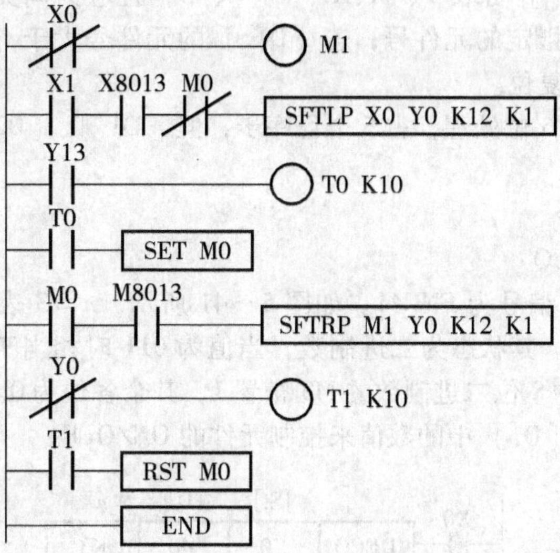

图 5－39 用位右移、位左移指令实现

任务六 用单按钮实现 5 盏彩灯的开关

任务目标

（1）掌握四则与逻辑元素类指令的应用；
（2）掌握移位控制类指令的应用。

相关知识

一、应用指令介绍四——数据处理指令（FNC40 ~ FNC49）

1. 区间复位指令

区间复位指令 ZRST（P）的编号为 FNC40。它是将指定范围内的同类元件成批复位。如图 5－40 所示，当 M8002 由 OFF→ON 时，位元件 M500 ~ M599 成批复位，字元件 C235 ~ C255也成批复位。

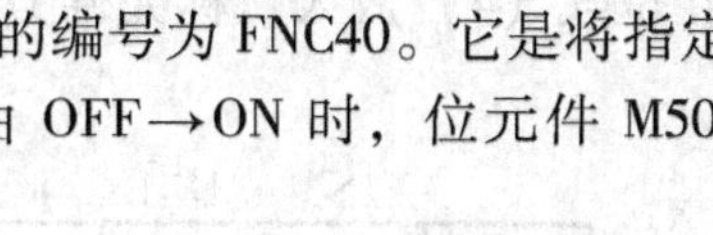

图 5－40 区间复位指令的使用

使用区间复位指令时应注意以下几点。

①［D1.］和［D2.］可取 Y、M、S、T、C、D，且应为同类元件，同时［D1.］的元件号应小于［D2.］指定的元件号；若［D1.］的元件号大于［D2.］的元件号，则只有［D1.］指定元件被复位。

②ZRST 指令只有 16 位处理，占 5 个程序步，但［D1.］、［D2.］也可以指定 32 位计数器。

2. 译码和编码指令

（1）译码指令 DECO

DECO（P）指令的编号为 FNC41。如图 5－41 所示，$n=3$ 表示［S.］源操作数为 3 位，即为 X0、X1、X2。其状态为二进制数，当值为 011 时相当于十进制数 3，则由目标操作数 M7～M0 组成的 8 位二进制数的 M3 被置 1，其余各位为 0。如果为 000 则 M0 被置 1。用译码指令可通过［D.］中的数值来控制元件的 ON/OFF。

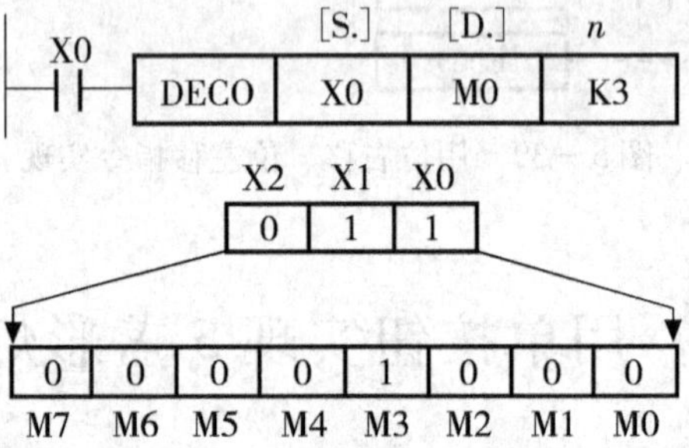

图 5－41 译码指令的使用

使用译码指令时应注意以下几点。

①位源操作数可取 X、T、M 和 S，位目标操作数可取 Y、M 和 S，字源操作数可取 K，H，T，C，D，V 和 Z，字目标操作数可取 T，C 和 D。

②若［D.］指定的目标元件是字元件 T、C、D，则 $n \leqslant 4$；若是位元件 Y、M、S，则 $n=1 \sim 8$。译码指令为 16 位指令，占 7 个程序步。

（2）编码指令 ENCO

ENCO（P）指令的编号为 FNC42。如图 5－42 所示，当 X1 有效时执行编码指令，将［S.］中最高位的 1（M3）所在位数（4）放入目标元件 D10 中，即把 011 放入 D10 的低 3 位。

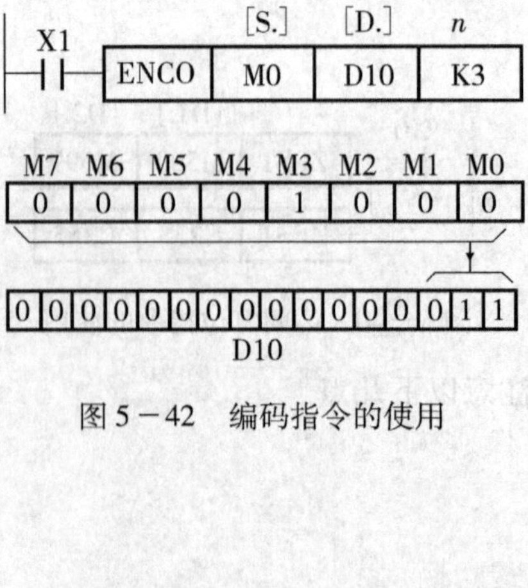

图 5－42 编码指令的使用

使用编码指令时应注意如下问题。

①源操作数是字元件时，可以是 T、C、D、V 和 Z；源操作数是位元件时，可以是 X、Y、M 和 S。目标元件可取 T、C、D、V 和 Z。编码指令为 16 位指令，占 7 个程序步。

②操作数为字元件时应使用 $n \leqslant 4$，为位元件时则 $n = 1 \sim 8$，$n = 0$ 时不作处理。

③若指定源操作数中有多个 1，则只有最高位的 1 有效。

3. ON 位数统计和 ON 位判别指令

（1）ON 位数统计指令 SUM

（D）SUM（P）指令的编号为 FNC43，该指令用来统计指定元件中 1 的个数。如图 5－43所示，当 X0 有效时执行 SUM 指令，将源操作数 D0 中 1 的个数送入目标操作数 D2 中，若 D0 中没有 1，则零标志 M8020 将置 1。

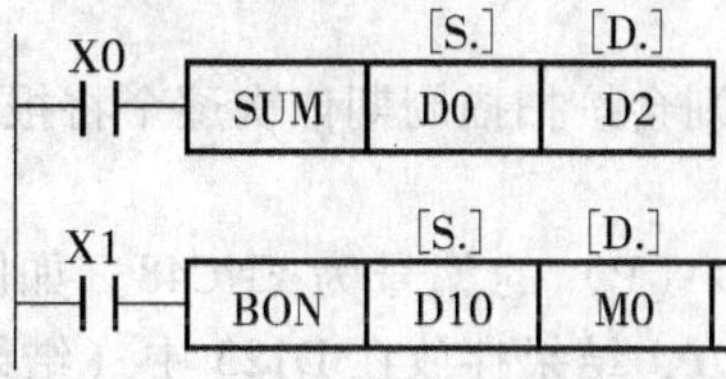

图 5－43　ON 位数统计和 ON 位判别指令的使用

使用 SUM 指令时应注意如下问题。

①源操作数可取所有数据类型，目标操作数可取 KnY、KnM、KnS、T、C、D、V 和 Z。

②16 位运算时占 5 个程序步，32 位运算时占 9 个程序步。

（2）ON 位判别指令 BON

（D）BON（P）指令的编号为 FNC44，它的功能是检测指定元件中的指定位是否为 1。如图 5－43 所示，当 X1 为有效时，执行 BON 指令，由 K4 决定检测的是源操作数 D10 的第 4 位，当检测结果为 1 时，则目标操作数 M0＝1，否则 M0＝0。

使用 BON 指令时应注意如下问题。

①源操作数可取所有数据类型，目标操作数可取 Y、M 和 S。

②进行 16 位运算，占 7 程序步，$n = 0 \sim 15$；32 位运算时占 13 个程序步，$n = 0 \sim 31$。

4. 平均值指令

平均值指令（D）MEAN（P）的编号为 FNC45，其作用是将 n 个源数据的平均值送到指定目标（余数省略）。若程序中指定的 n 值超出 1 ~ 64 的范围将会出错。

5. 报警器置位与复位指令

报警器置位指令 ANS（P）和报警器复位指令 ANR（P）的编号分别为 FNC46 和 FNC47。如图 5－44 所示，若 X0 和 X1 同时为 ON 时超过 1s，则 S900 置 1；当 X0 或 X1 变为 OFF，虽定时器复位，但 S900 仍保持 1 不变；若在 1s 内 X0 或 X1 再次变为 OFF 则定时器复位。当 X2 接通时，则将 S900 ~ S999 之间被置 1 的报警器复位。若有多于 1 个的报警器被置 1，则元件号最低的那个报警器被复位。

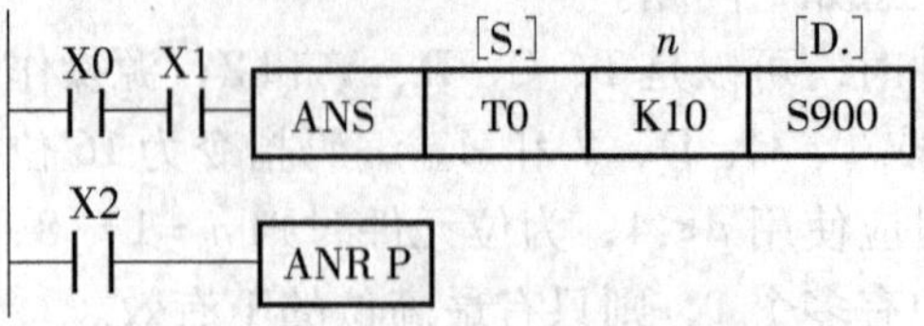

图 5－44　报警器置位与复位指令的使用

使用报警器置位与复位指令时应注意如下问题。

①ANS 指令的源操作数为 T0 ~ T199，目标操作数为 S900 ~ S999，$n=1\sim32\ 767$；ANR 指令无操作数。

②ANS 为 16 位运算指令，占 7 个程序步；ANR 指令为 16 位运算指令，占 1 个程序步。

③ANR 指令如果连续执行，则会按扫描周期依次逐个将报警器复位。

6. 二进制平方根指令

二进制平方根指令（D）SQR（P）的编号为 FNC48。如图 5－45 所示，当 X0 有效时，则将存放在 D45 中的数开平方，结果存放在 D123 中（结果只取整数）。

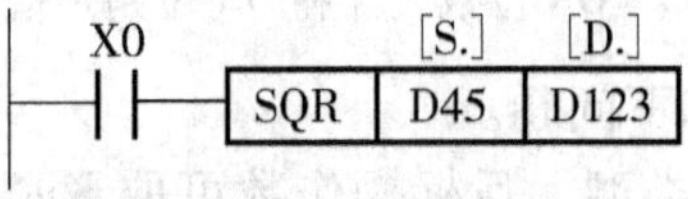

图 5－45　二进制平方根指令的使用

使用 SQR 指令时应注意如下问题。

①源操作数可取 K、H、D，数据需大于 0，目标操作数为 D。

②16 位运算占 5 个程序步，32 位运算占 9 个程序步。

7. 二进制整数→二进制浮点数转换指令

二进制整数→二进制浮点数转换指令（D）FLT（P）的编号为 FNC49。如图 5－46 所示，当 X1 有效时，将存入 D10 中的数据转换成浮点数并存入 D12 中。

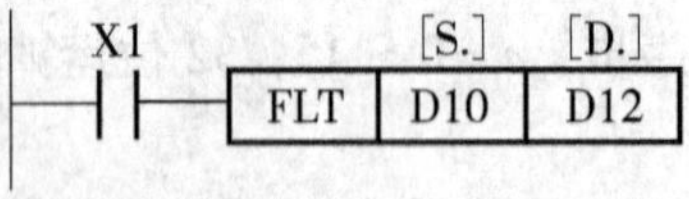

图 5－46　二进制整数→二进制浮点数转换指令的使用

使用 FLT 指令时应注意如下问题。

①源操作数和目标操作数均为 D。

②16 位操作占 5 个程序步，32 位操作占 9 个程序步。

任务实施

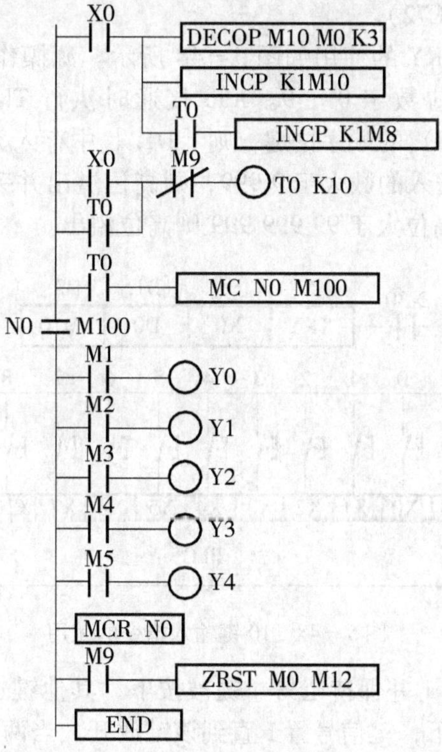

图 5－47　单按钮实现 5 盏彩灯的开关控制程序

任务七　数码管循环点亮控制系统

任务目标

（1）掌握外部设备 I/O 指令的应用；

（2）掌握触点比较指令的应用。

相关知识

一、应用指令介绍五——外部设备 I/O 指令（FNC50 ~ FNC59）

外部 I/O 设备指令是 FX 系列与外围设备传递信息的指令，共有 10 条，分别是：10 键输入指令 TKY（FNC70）、16 键输入指令 HKY（FNC71）、数字开关输入指令 DSW（FNC72）、七段译码指令 SEGD（FNC73）、带锁存的七段显示指令 SEGL（FNC74）、方向开关指令 ARWS（FNC75）、ASCII 码转换指令 ASC（FNC76）、ASCII 打印指令 PR（FNC77）、特殊功能模块读出指令 FROM（FNC78）和特殊功能模块写指令TO（FNC79）等。

1. 数据输入指令

数据输入指令有10键输入指令TKY（FNC70）、16键输入指令HKY（FNC71）和数字开关输入指令DSW（FNC72）。

10键输入指令（D）TKY的使用如图5－48所示。源操作数［S.］用X0为首元件，10个键X0～X11分别对应数字0～9。X30接通时执行TKY指令，如果以X2（2）、X10（8）、X3（3）、X0（0）的顺序按键，则［D1.］中存入数据为2830，实现了将按键变成十进制的数字量。当送入的数大于9 999，则高位溢出并丢失。使用32位指令DTKY时，D1和D2组合使用，高位大于99 999 999则高位溢出。

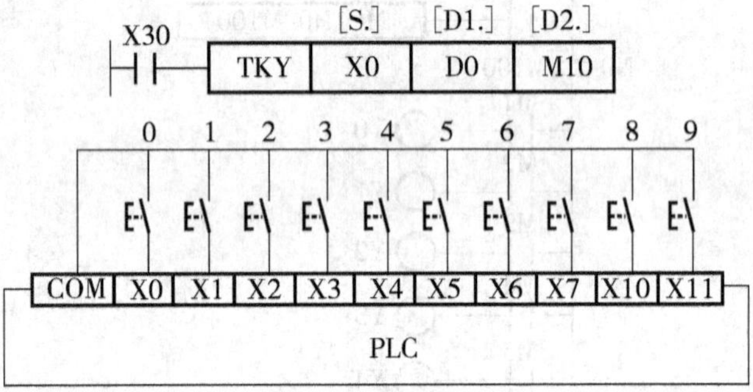

图5－48　10键输入指令的使用

当按下X2后，M12置1并保持至另一键被按下，其他键也一样。M10～M19动作对应于X0～X11。任一键按下，键信号置1直到该键放开。当两个或更多的键被按下时，则首先按下的键有效。X30变为OFF时，D0中的数据保持不变，但M10～M20全部为OFF。此指令的源操作数可取X、Y、M和S，目标操作数［D1.］可取K*n*Y、K*n*M、K*n*S、T、C、D、V和Z，［D2.］可取Y、M、S。16位运算占7个程序步，32位运算占13个程序步，该指令在程序中只能使用1次。

16键输入指令HKY的作用是通过对键盘上的数字键和功能键输入的内容实现输入的复合运算。如图5－49所示，［S.］指定4个输入元件，［D1.］指定4个扫描输出点，［D2.］为键输入的存储元件，［D3.］指示读出元件。16键中0～9为数字键，A～F为功能键，HKY指令输入的数字范围为0～9 999，以二进制的方式存放在D0中，如果大于9 999则溢出。DHKY指令可在D0和D1中存放最大为99 999 999的数据。功能键A～F与M0～M5对应，按下A键，M0置1并保持。按下D键M0置0，M3置1并保持。其余类推。如果同时按下多个键则先按下的有效。

该指令源操作数为X，目标操作数［D1.］为Y。［D2.］可以取T、C、D、V和Z，［D3.］可取Y、M和S。16位运算时占9个程序步，32位运算时占17个程序步。扫描全部16键需8个扫描周期。HKY指令在程序中只能使用1次。

数字开关输入指令DSW的功能是读入1组或2组4位数字开关的设置值。如图5－50所示，源操作数［S.］为X，用来指定输入点。目标操作数［D1.］为Y，用来指定选通点。［D2.］指定数据存储单元，它可取T、C、D、V和Z。［*n*］指定数字开关组数。该指令只有16位运算，占9个程序步，可使用2次。图中，$n=1$指有1组BCD码数字开关。输入开关为 X10 ~ X13，按 Y10 ~ Y13 的顺序选通读入。数据以二进制数的形式存放在 D0 中。若 $n=2$，则有 2 组开关，第 2 组开关接到 X14 ~ X17 上，仍由 Y10 ~ Y13 顺序选通读入，数据以二进制的形式存放在 D1 中，第 2 组数据只有在 $n=2$ 时才有效。当 X1 保持为 ON 时，Y10 ~ Y13 依次为 ON。一个周期完成后标志位 M8029 置 1。

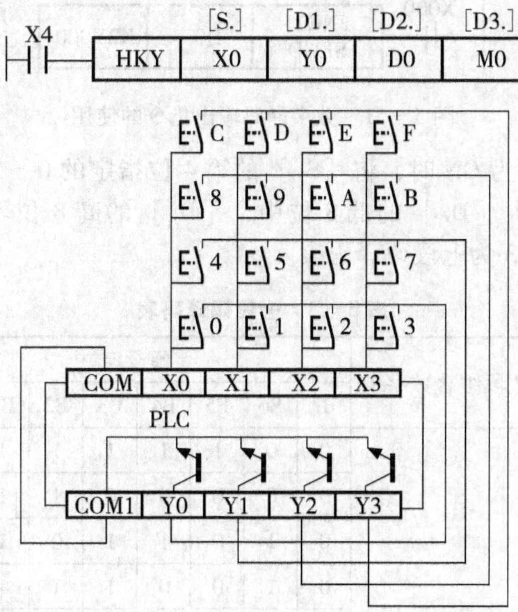

图 5－49　16 键输入指令的使用

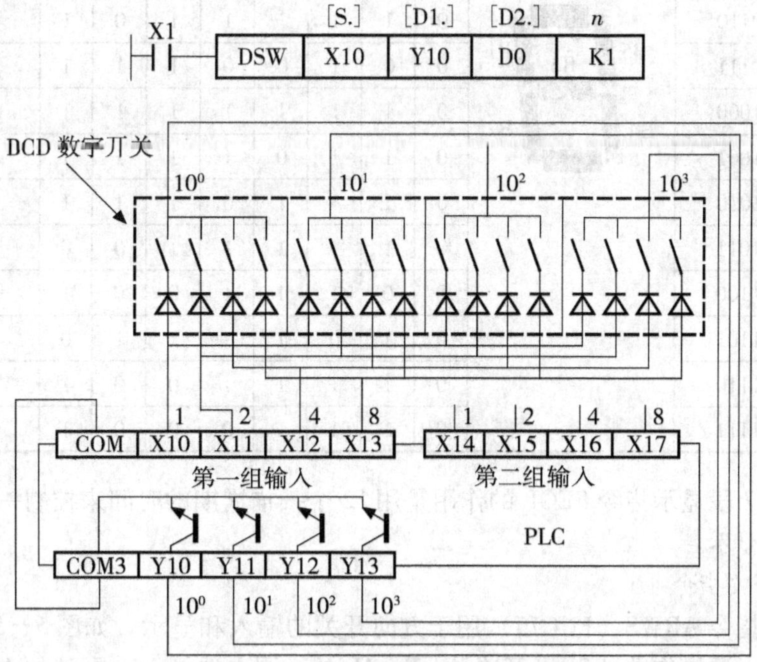

图 5－50　数字开关输入指令的使用

2. 数字译码输出指令

数字译码输出指令有七段译码指令 SEGD（FNC73）和带锁存的七段显示指令 SEGL（FNC74)两条。SEGD 指令的使用说明如图 5－51 所示。

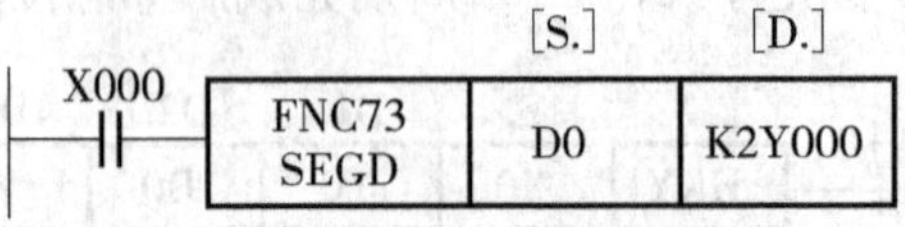

图 5－51 数字译码输出指令的使用

指令的作用是在 X0 为 ON 时，将［S.］的第 4 位指定的 0 ~ F（16 进制）的数据译成七段码显示的数据存入［D.］的低 8 位中，［D.］的高 8 位不变；当 X0 为 OFF 后，［D.］输出不变。表 5－3 为七段码译码表。

表 5－3 七段码译码表

源		7 段组合数字	预设定								表示的数字
16 进制数	位组合格式		B7	B6	B5	B4	B3	B2	B1	B0	
0	0000		0	0	1	1	1	1	1	1	0
1	0001		0	0	0	0	0	1	1	0	1
2	0010		0	1	0	1	1	0	1	1	2
3	0011		0	1	0	0	1	1	1	1	3
4	0100		0	1	1	0	0	1	1	0	4
5	0101		0	1	1	0	1	1	0	1	5
6	0110	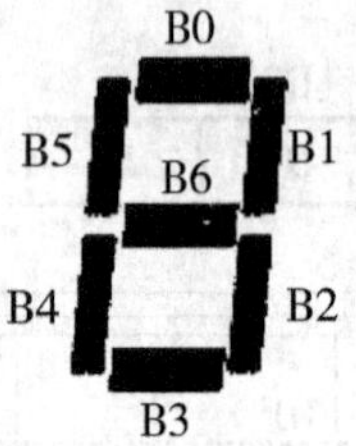	0	1	1	1	1	1	0	1	6
7	0111		0	0	1	0	0	1	1	1	7
8	1000		0	1	1	1	1	1	1	1	8
9	1001		0	1	1	0	1	1	1	1	9
A	1010		0	1	1	1	0	1	1	1	A
B	1011		0	1	1	1	1	1	0	0	b
C	1100		0	0	1	1	1	0	0	1	C
D	1101		0	1	0	1	1	1	1	0	d
E	1110		0	1	1	1	1	0	0	1	E
F	1111		0	1	1	1	0	0	0	1	F

带锁存的 7 段显示指令 SEGL 的作用是用 12 个扫描周期的时间来控制一组或两组带锁存的 7 段译码显示。

3. 方向开关指令

方向开关指令 ARWS（FNC75）用于方向开关的输入和显示。如图 5－52 所示，该指令有 4 个参数，源操作数［S.］可选 X、Y、M、S。图中选择 X10 开始的 4 个按钮，位左移键和位右移键用来指定输入的位，增加键和减少键用来设定指定位的数值。X0 接通时指定的是最高位，按 1 次位右移键或位左移键可移动 1 位。指定位的数据可由增加键和减少键来修改，其值可显示在 7 段显示器上。目标操作数［D1.］为输入的数据，由 7 段显示器监视其中的值（操作数可用 T、C、D、V 和 Z），［D2.］只能用 Y 做操作数，$n=0\sim3$其确定的方法与 SEGL 指令相同。ARWS 指令只能使用 1 次，而且必须用晶体管输出型的 PLC。

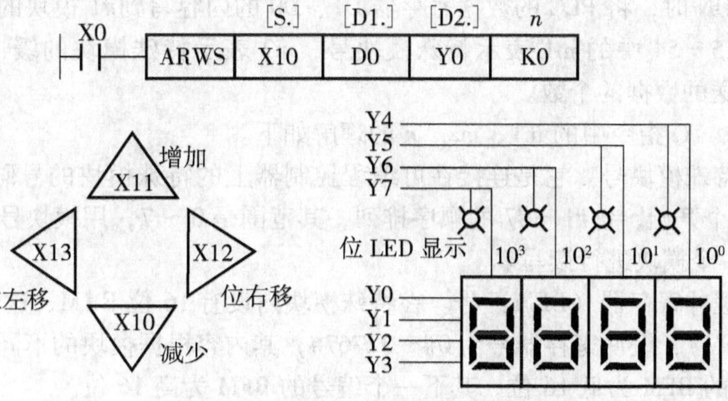

图 5－52　方向开关指令的使用

4. BFM 读出指令 FROM

BFM 读出指令的表现形式有 FROM、FROMP、DFROM、DFROMP，16 位指令占用 9 个程序步，32 位指令占用 17 个程序步。

FROM（FNC78）指令是将特殊模块中缓冲寄存器（BFM）的内容读到可编程控制器的指令，其使用说明如图 5－53 所示。

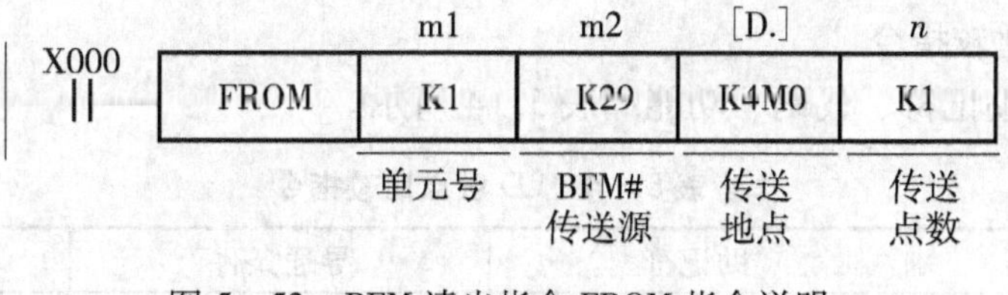

图 5－53　BFM 读出指令 FROM 指令说明

当 X0 为 ON 时，将 1#模块的#29 号缓冲寄存器（BFM）的内容读出传送到可编程控制器的 K4M0。

5. BFM 写入指令 TO

BFM 写入指令的表现形式有 TO、TOP、DTO、DTOP，16 位指令占用 9 个程序步，32 位指令占用 17 个程序步。

TO 指令是将可编程控制器的数据写入特殊模块的缓冲寄存器（BFM）的指令，其使用说明如图 5－54 所示。

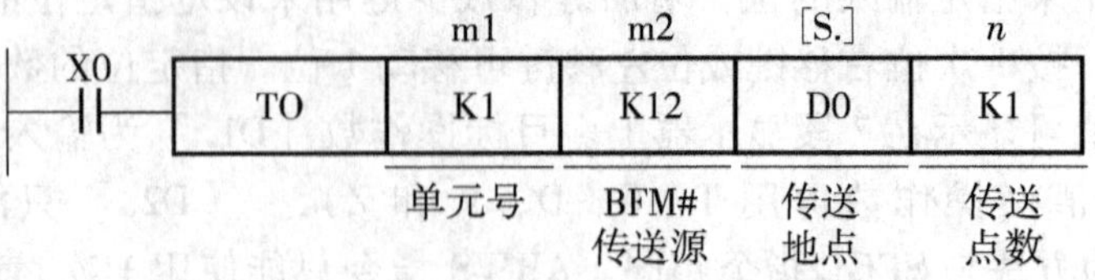

图 5－54　BFM 写入指令 TO 指令说明

当 X0 为 ON 时，将 PLC 的数据寄存器 D1、D0 的内容写到#1 模块的#13、#12 号缓冲寄存器中。图 5－54 中的 m1 表示特殊模块号，m2 表示特殊模块的缓冲寄存器（BFM）号，n 表示传送的数据的个数。

对 FROM、TO 指令中的 m1、m2、n 的理解如下。

（1）m1 特殊模块号。它是连接在可编程控制器上的特殊模块的号码，模块号是从最基本单元的那个开始，按#1 ~#7 的顺序排列，其范围是 0 ~ 7，用模块号可以指定 FROM、TO 指令对哪一个模块进行读写。

（2）m2 缓冲寄存器（BFM）号。在特殊模块内设有 16 位 RAM，这些 RAM 就叫做缓冲寄存器（BFM），缓冲寄存器号为 0#~ 32767#，其内容根据模块的不同来决定。对于 32 位操作，指定的 BFM 为低 16 位，其下一个编号的 BFM 为高 16 位。

（3）n 传送数据个数。用 n 指定传送数据的个数，16 位操作时 $n=2$ 和 32 位操作时 $n=1$ 的含义相同。在特殊辅助继电器 M8164（FROM/TO 指令传送数据个数可变模式）位 ON 时，特殊数据寄存器 D8164（为 FROM/TO 指令传送数据个数指定的数据寄存器）的内容作为传送数据个数 n 进行处理。

二、应用指令介绍六——触点比较指令（FNC224 ~ FNC246）

触点比较指令共有 18 条。

1. LD 触点比较指令

该类指令的助记符、代码、功能如表 5－4 所示。

表 5－4　LD 触点比较指令

功能指令代码	助记符	导通条件	非导通条件
FNC224	（D）LD =	[S1.] = [S2.]	[S1.] ≠ [S2.]
FNC225	（D）LD >	[S1.] > [S2.]	[S1.] ≤ [S2.]
FNC226	（D）LD <	[S1.] < [S2.]	[S1.] ≥ [S2.]
FNC228	（D）LD < >	[S1.] ≠ [S2.]	[S1.] = [S2.]
FNC229	（D）LD≤	[S1.] ≤ [S2.]	[S1.] > [S2.]
FNC230	（D）LD≥	[S1.] ≥ [S2.]	[S1.] < [S2.]

如图 5－55 所示为 LD = 指令的使用，当计数器 C10 的当前值为 200 时驱动 Y10。其他 LD 触点比较指令不在此一一说明。

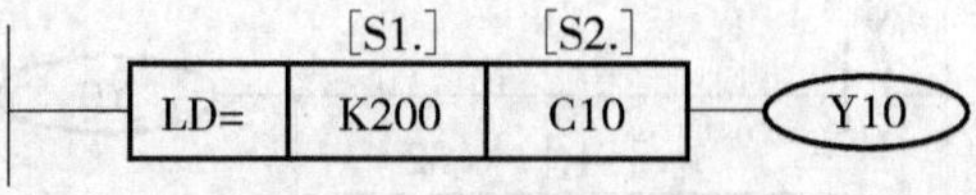

图 5－55　LD = 指令的使用

2. AND 触点比较指令

该类指令的助记符、代码、功能如表 5－5 所示。

表 5－5　AND 触点比较指令

功能指令代码	助记符	导通条件	非导通条件
FNC232	(D) AND =	[S1.] = [S2.]	[S1.] ≠ [S2.]
FNC233	(D) AND >	[S1.] > [S2.]	[S1.] ≤ [S2.]
FNC234	(D) AND <	[S1.] < [S2.]	[S1.] ≥ [S2.]
FNC236	(D) AND < >	[S1.] ≠ [S2.]	[S1.] = [S2.]
FNC237	(D) AND≤	[S1.] ≤ [S2.]	[S1.] > [S2.]
FNC238	(D) AND≥	[S1.] ≥ [S2.]	[S1.] < [S2.]

如图 5－56 所示为 AND = 指令的使用，当 X0 为 ON 且计数器 C10 的当前值为 200 时，驱动 Y10。

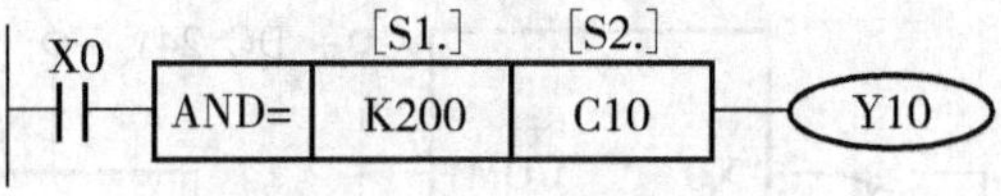

图 5－56　AND = 指令的使用

3. OR 触点比较指令

该类指令的助记符、代码、功能列于表 5－6 中。

表 5－6　OR 触点比较指令

功能指令代码	助记符	导通条件	非导通条件
FNC240	(D) OR =	[S1.] = [S2.]	[S1.] ≠ [S2.]
FNC241	(D) OR >	[S1.] > [S2.]	[S1.] ≤ [S2.]
FNC242	(D) OR <	[S1.] < [S2.]	[S1.] ≥ [S2.]
FNC244	(D) OR < >	[S1.] ≠ [S2.]	[S1.] = [S2.]
FNC245	(D) OR≤	[S1.] ≤ [S2.]	[S1.] > [S2.]
FNC246	(D) OR≥	[S1.] ≥ [S2.]	[S1.] < [S2.]

OR = 指令的使用如图 5－57 所示，当 X1 处于 ON 或计数器的当前值为 200 时，驱动 Y0。

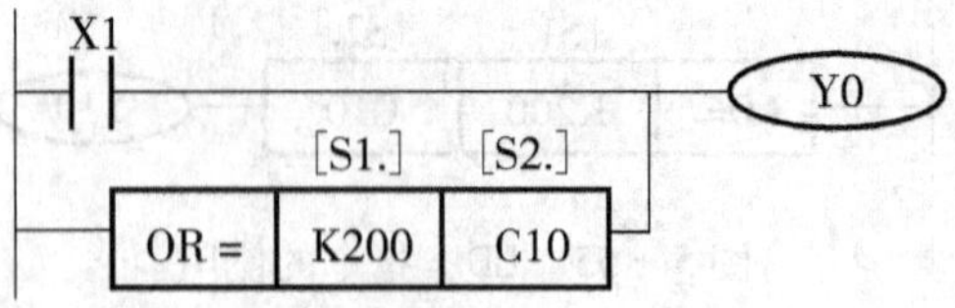

图 5－57　OR = 指令的使用

触点比较指令源操作数可取任意数据格式。16 位运算占 5 个程序步，32 位运算占 9 个程序步。

任务要求

用功能指令设计一个数码管循环点亮的控制系统，其控制要求有以下几点。

（1）手动时，每按一下数码管显示数值加 1，由 0 ~ 9 依次点亮，并实现循环；

（2）自动时，每隔 1s 数码管显示数值加 1，由 0 ~ 9 依次点亮，并实现循环。

任务实施

（1）根据控制要求，其 I/O 分配为：X0——手动/自动开关；Y0 ~ Y6——数码管 a、b、c、d、e、f、g。

（2）根据系统要求，PLC 接线如图 5－58 所示。

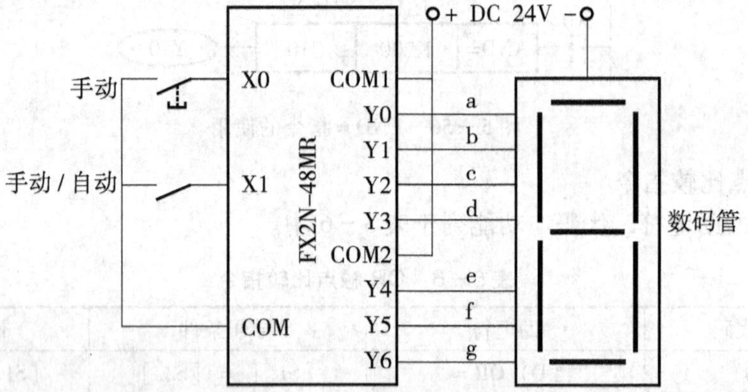

图 5－58　七段数码管接线图

（3）根据系统控制要求，数码管由 0 ~ 9 依次点亮，可用 INC 指令实现；数码管的循环点亮，可用 CMP 比较指令实现；数码管由 0 ~ 9 显示，可用 SEGD 指令实现。程序如图 5－59 所示。

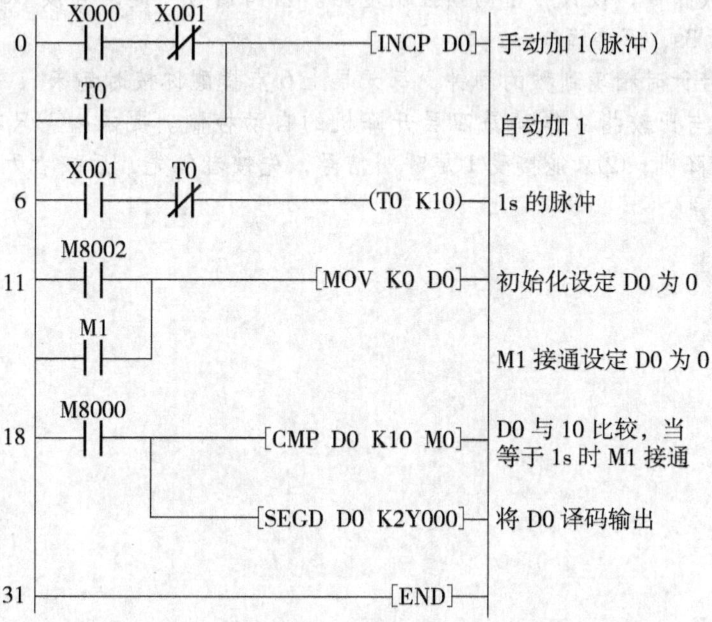

图5－59　数码管循环点亮程序及说明

习　题

1. 试问如下软元件为何类型软元件？由几位组成？

X001、D20、S20、K4X000、V2、X010、K2Y000、M019

2. 功能指令在梯形图中采用怎样的结构表达形式？有什么优点？

3. 功能指令有哪些使用要素？请叙述它们的使用意义。

4. 在如图5－60所示的功能指令表形式中，X0、(D)、(P)、D10、D14分别表示什么？该指令有什么功能？程序为几步？13FX系列PLC中有几类功能指令？大致用于哪些场合？

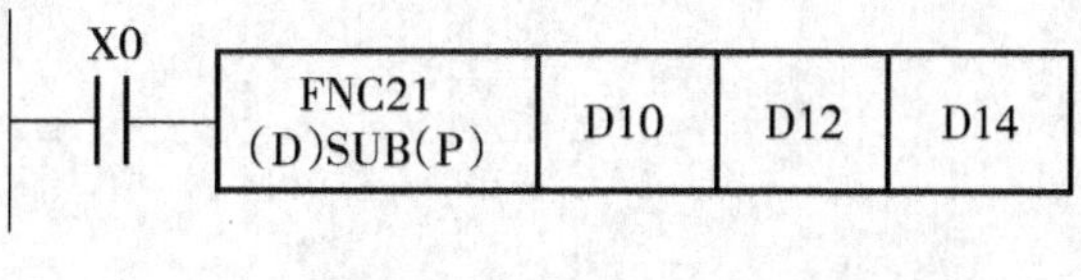

图5－60

5. FX2N系列PLC数据传送比较指令有哪些？简述这些指令的编号、功能、操作数范围。

6. 用CMP指令实现下面功能：X000为脉冲输入，当脉冲数大于5时，Y1为ON；反之，Y0为ON。编写梯形图。

7. 三电机相隔5s启动，各运行10s停止，循环往复。使用传送比较指令完成控制要求。

8. 试用比较指令，设计一密码锁控制电路。密码锁为4键，若按H65对后2s，开照明；按H87对后3s，开空调。

9. 设计1台计时精确到秒的闹钟，每天早上6点提醒你按时起床。

10. 用传送与比较指令作简易四层升降机的自动控制。要求：①只有在升降机停止时，才能呼叫升降机；②只能接受1层呼叫信号，先按者优先，后按者无效；③上升、下降、停止自动判别。

项目六　电梯平层控制

任务一　编码器的高速计数

目前，电梯的逻辑控制部分大多采用可编程序控制器（PLC）控制。电梯运行的关键问题是如何检测电梯在井道中的相对位置，以往都采用在井道中不同的位置设置干簧感应器来检测减速、平层位置。这样不但使 PLC 的输入点数增加，而且还增加了在井道中的安装作业强度。而利用旋转编码器将电梯的运动位置转化为脉冲，PLC 对此脉冲进行高速计数，通过相应的计算自动生成电梯位置的有关数据，控制电梯的减速、平层，对于层站数越多的电梯，越能体现出利用旋转编码器的优点。因此，旋转编码器简化了电梯的硬件电路，提高了电梯运行的可靠性。

旋转编码器是一个产生脉冲的装置，可将电梯在井道中移动的距离转化成为旋转编码器的脉冲输出个数。为了能直接反映电梯的运行情况，可将旋转编码器安装在曳引电机齿轮减速箱输出轴的轴端上，它随着曳引电机的转动而旋转，这样就可以从旋转编码器的脉冲输出端获得正比于电梯运行距离的脉冲个数，然后将此脉冲通过 PLC 内部高速计数器的脉冲输入端传送到 PLC 内部高速计数器的存储单元。光电编码器，如图 6－1 所示。

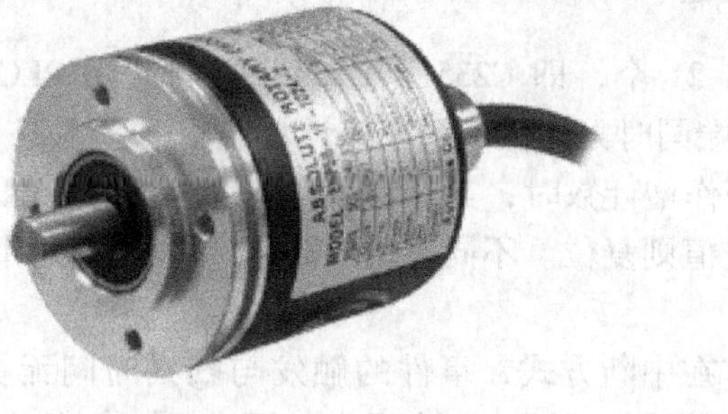

图 6－1　光电编码器

如 E6C－CWSC 型逆旋转编码器，每转动 1 周可产生 1 024 个脉冲，若已知曳引轮的直径为 0.7m，则根据计算可得到旋转编码器产生 1 个脉冲相当于电梯在井道中移动 0.21mm 左右的距离。PC 通过采集旋转编码器的脉冲个数，经过处理可得到电梯在井道中移动的距离，也就知道了电梯在井道的位置。

不同型号的旋转编码器，其输出脉冲的相数也不同，有的旋转编码器输出 A、B、Z 三相，有的只有 A、B 两相，最简单的只有 A 相。如图 6－2 所示是输出两相脉冲的旋转编码器与 FX 系列 PLC 的连接示意图。编码器有 5 条引线，其中 3 条是脉冲输出线，1 条是 COM 端线，1 条是电源线。编码器的电源可以是外接电源，也可直接使用 PLC 的

DC 24V电源。电源“-”端要与编码器的COM端连接，“+”与编码器的电源端连接。编码器的COM端与PLC输入COM端连接，A、B两相脉冲输出线直接与PLC的输入端连接，连接时要注意PLC输入的响应时间。有的旋转编码器还有一条屏蔽线，使用时要将屏蔽线接地。

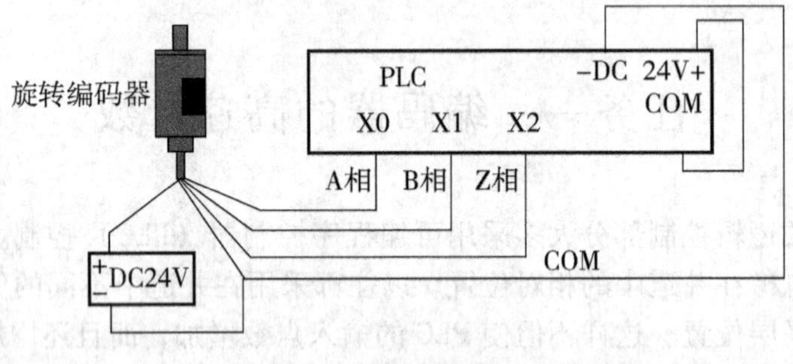

图6-2 编码器的接线图

根据PLC的工作特点，对用户程序进行循环扫描（其扫描周期为几百毫秒），PLC每次扫描都读取高速计数器的计数值，累加后与设定的脉冲数相比较。当选层信号有效后，电梯开始启动运行。放置编码器随之转动，其脉冲输出端输出脉冲，PC读高速计数器的计数值，经累加达到换速点脉冲数时，经过比较发出换速信号，电梯减速继续运行，达到平层位置时，经过比较再发出平层信号。

相关知识

一、高速计数器概述

高速计数器共有21个，即C235～C255，它们共用PLC的8个高速计数器输入端X0～X7，某一输入端同时只能供1个高速计数器使用。这21个计数器均为32位加/减计数器（表6-1），当作增计数时，当计数值达到设定值时，触点动作并保持；而作减计数时，小于计数器设定值则复位。不同类型的高速计数器可以同时使用，但是它们的高速计数器输入不能冲突。

高速计数器工作在中断方式，事件的触发与扫描时间无关。在对外部高速脉冲计数时，梯形图中高速计数器的线圈应一直通电，以表示与它有关的输入点已被使用，其他高速计数器的处理不能与之冲突。可用运行时一直为ON的M8000的常开触点来驱动高速计数器的线圈。表6-1中，U、D分别表示加、减计数输入，A、B分别表示A、B相输入，R为复位输入，S为启动输入（计数开始）。

表 6－1　FX2N 系列可编程控制器的高速计数器

类型		无启动无复位的单相单输入计数器						指定启动/复位的单相单输入计数器					单相双输入计数器					双相双输入计数器				
编号		C235	C236	C237	C238	C239	C240	C241	C242	C243	C244	C245	C246	C247	C248	C249	C250	C251	C252	C253	C254	C255
计数方式		M8235	M8236	M8237	M8238	M8239	M8240	M8241	M8242	M8243	M8244	M8245	M8246	M8247	M8248	M8249	M8250	M8251	M8252	M8253	M8254	M8255
输入	X000	U/D						U/D			U/D		U	U		U		A	A		A	
	X001		U/D					R			R		D	D		D		B	B		B	
	X002			U/D					U/D			U/D		R		R			R		R	
	X003				U/D				R			R			U		U			A		A
	X004					U/D				U/D					D		D			B		B
	X005						U/D			R					R		R			R		R
	X006										S					S					S	
	X007											S					S					S

单相单输入高速计数器的计数方式由特殊辅助继电器设定。特殊辅助继电器为 OFF 时是加法计数，为 ON 时是减法计数。

单相双输入高速计数器、双相双输入高速计数器对应的特殊辅助继电器用来监控计数方式，增计数时，相应的特殊辅助继电器为 OFF；减计数时，相应的特殊辅助继电器为 ON。

高速计数器的复位和启动可以用程序来实现，也可由 R（复位输入）和 S（启动输入）通过中断方式来实现。

二、高速计数器编程

1. 无启动无复位的单相单输入计数器

无启动无复位的单相单输入计数器的使用方式如图 6－3 所示。这种计数器的计数方式信号（M20）、启动信号（M22）和复位信号（M21）都由程序设定，而计数信号则来自接到 X0 的外部脉冲。当 M20＝0 时，增计数；当 M20＝1 时，减计数；当 M21＝1 时，C235 复位；当 M21＝0、M22＝1 时，C235 对由 X0 进入计数器的外部脉冲信号进行计数（上升沿计数）。当 C235 的当前值大于等于设定值时，线圈 Y020 通电；当 C235 的当前值小于设定值时，线圈 Y020 断开。

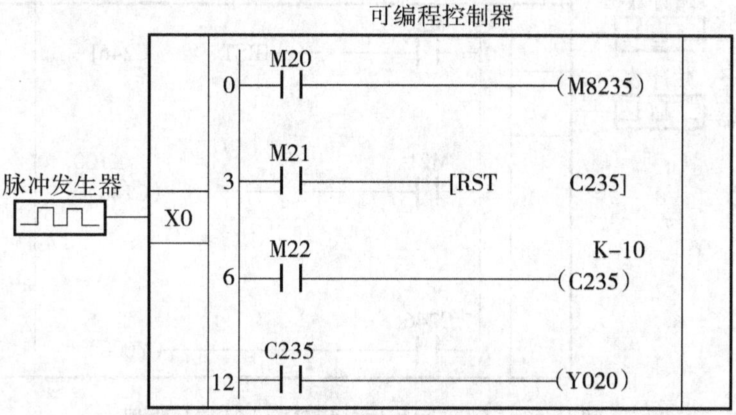

图 6－3　无启动无复位的单相单输入高速计数器

2．指定启动/复位的单相单输入计数器

指定启动/复位的单相单输入计数器的使用方式如图 6－4 所示。当 M20＝1 时，M8245＝1，计数器减计数；当 M20＝0 时，M8245＝0，计数器增计数。当 M21＝1 或 X003＝1 时，计数器复位；当 M22＝1 且 X007＝1 时，计数器对计数输入端 X2 上的高速脉冲信号进行计数（上升沿计数）。当 C245 的当前值不小于设定值时，线圈 Y020 通电；当 C245 的当前值小于设定值时，线圈 Y020 断开。

用作高速计数器外部计数信号输入端的输入继电器（如图 6－5 中的 X002、X004）的触点，不能出现在高速计数器的线圈电路上，因此图 6－5 的电路是错误的。

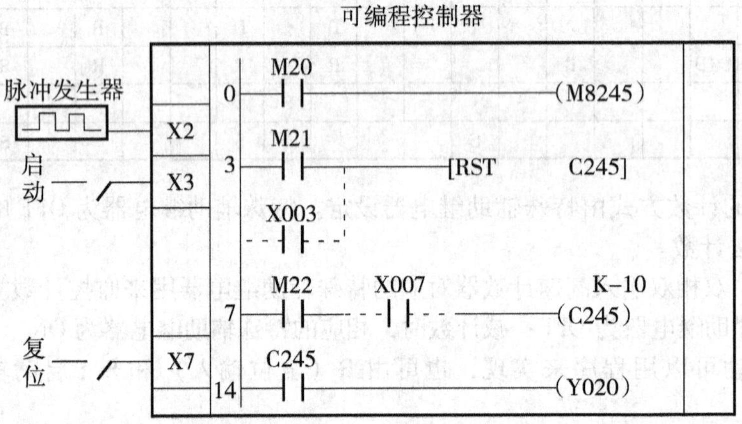

图 6－4　指定启动/复位单相单输入高速计数器

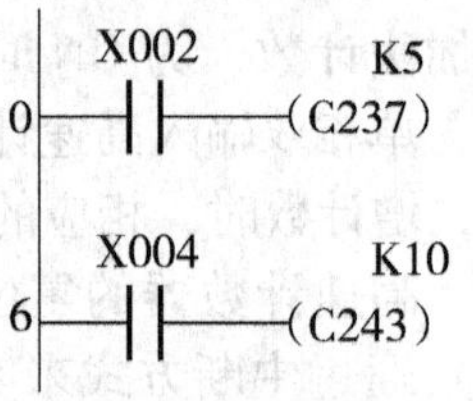

图 6－5　错误电路

3．单相双输入高速计数器

单相双输入高速计数器有两个计数输入端子，一个端子用来实现增计数，另一个端子用来实现减计数。有的计数器有外部复位端和外部启动端。

无启动/复位端的单相双输入高速计数器如图 6－6 所示。计数器的启动和复位由程序设定，当 M20＝1 时，C246 复位；当 M21＝1 时，C246 对经由 X0 或 X1 进入可编程控制器的外部脉冲信号进行计数（上升沿计数）。

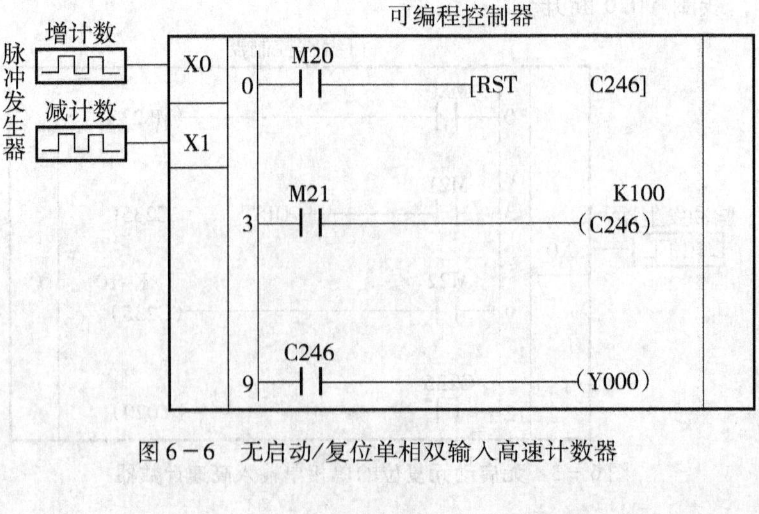

图 6－6　无启动/复位单相双输入高速计数器

有启动/复位端的单相双输入高速计数器如图 6－7 所示。计数器的复位可由程序控制，也可通过输入继电器的端子由外部信号控制，计数器的启动则由程序和外部信号共同控制。图中，当 M20＝1 或 X005＝1 时，C250 复位；当 M21＝1 且 X007＝1 时，C250 对经由输入继电器端子 X3 或 X4 进入可编程控制器的外部脉冲信号进行计数（上升沿计数）。

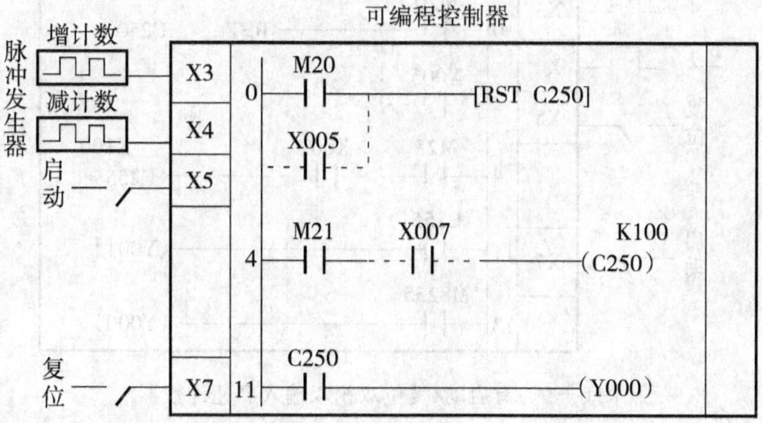

图 6－7　有启动/复位的单相双输入高速计数器

4．双相双输入高速计数器

双相双输入高速计数器有 A 相计数输入和 B 相计数输入，A 相计数输入和 B 相计数输入的相位差为 90°。A 相计数输入和 B 相计数输入的相位差决定是增计数还是减计数；当 A 相计数为 ON 时，B 相输入的上升沿来时进行增计数，而 B 相输入的下降沿来时进行减计数。

无启动/复位的双相双输入高速计数器如图 6－8 所示。高速计数器的启动和复位由程序设定，当 M20＝1 时，C251 复位；当 M21＝1 时，C251 进入计数状态。由图 6－8 知 A 相输入和 B 相输入的相位关系决定是增计数，M8251＝0，Y000＝0。

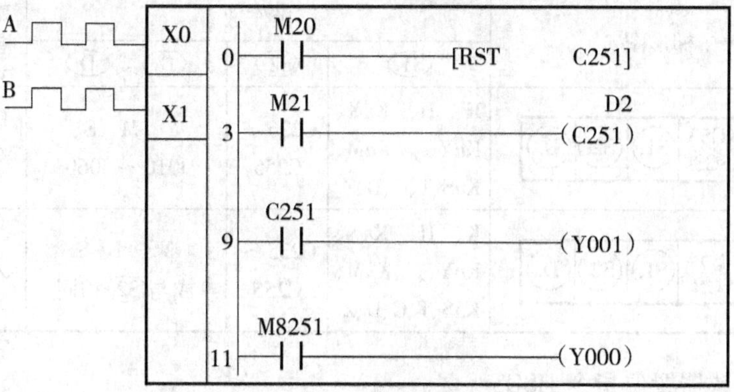

图 6－8　无启动/复位双相双输入高速计数器

有启动/复位的双相双输入高速计数器如图 6－9 所示。当 M20＝1 或 X005＝1 时，

C255 复位。C255 的启动（进入计数状态）由 M21 和 X007 决定，当 M21 = 1 且 X007 = 1 时，C255 进入计数状态。由图知 A 相输入和 B 相输入的相位关系决定是减计数，M8255 = 1，Y000 = 1。

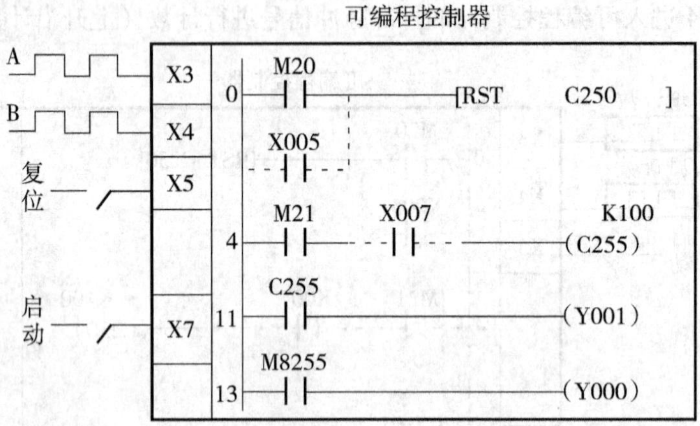

图 6－9 有启动/复位双相双输入高速计数器

注：图中虚线部分由系统程序实现，实际的用户程序中应去掉这一部分。

三、高速计数器指令

高速计数器指令只有 32 位指令，在程序中只能使用 DHSCS、DHSCR 和 DHSZ（表 6－2）。

表 6－2

名称	梯形图	操作数 S1.	操作数 S2.	操作数 S.	操作数 D.	D 指令	P 指令	功能说明
FNC55 HSZ	FNC55 HSZ (S1.) (S2.) (S.) (D.)	K、H、KnX、KnY、KnM、KnS、T、C、D、Z		C235 ~ C255	Y、M、S	✓		高速计数器区间比较

名称	梯形图	操作数 S1.	操作数 S2.	操作数 D. 或 D	D 指令	P 指令	功能说明
FNC53 HSCS	FNC53 HSCS (S1.) (S2.) (D.)	K、H、KnX、KnY、KnM、KnS、T、C、D、Z	C235 ~ C255	Y、M、S、I010 ~ I060	✓		高速计数器比较置位
FNC54 HSCR	FNC54 HSCR (S1.) (S2.) (D.)	K、H、KnX、KnY、KnM、KnS、T、C、D、Z	C235 ~ C255	Y、M、S 或与(S2.)相同	✓		高速计数器比较复位

1. 高速计数器置位指令 HSCS

HSCS 指令把(S1.)中的数和(S2.)指定的高速计数器的当前值比较，当两者相等时，立即置位(D.)指定的电器或产生中断，若(D.)是 Y 电器，则 Y 的置位结果立即输出，不受扫描周期的影响。图 6－10 是 HSCS 指令的应用示例。

图6－10a中，C240的当前值为1000时，Y000接通，但要执行END或FEND指令后才会输出。图6－10b中，C240的当前值由999变为1000或由1001变为1000时，Y000立即置位，并且立即输出。

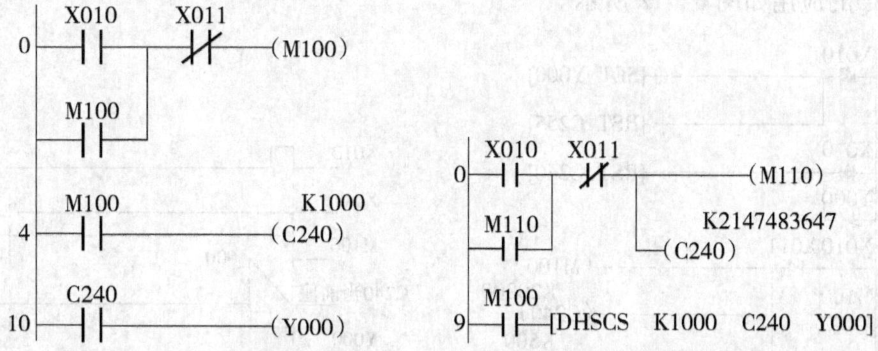

（a）高速计数器的普通用法　（b）高速计数器用HSCS指令

图6－10　HSCS指令的应用

执行HSCS指令时，若(S1.)中的数与高速计数器当前值相等时，要做很多处理，则可把这些处理编制成中断程序，如图6－11所示。当C240启动计数后，其当前值等于1000时，开始执行I10作为开始标记的中断程序，立即输出Y002和Y003。中断程序执行完后，返回主程序继续执行断点以后的程序。

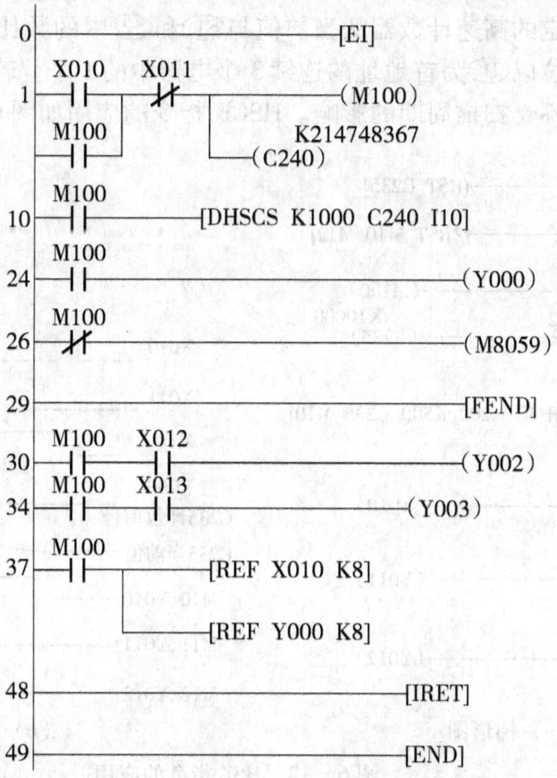

图6－11　高速计数器中断

2. 高速计数器复位指令 HSCR

HSCR 指令把(S1.)中的数和(S2.)指定的高速计数器的当前值比较，若两者相等，则复位(D.)指定的电器。若(D.)是 Y 电器，则 Y 的复位结果立即输出，不受扫描周期的影响。HSCR 指令的应用如图 6－12 所示。

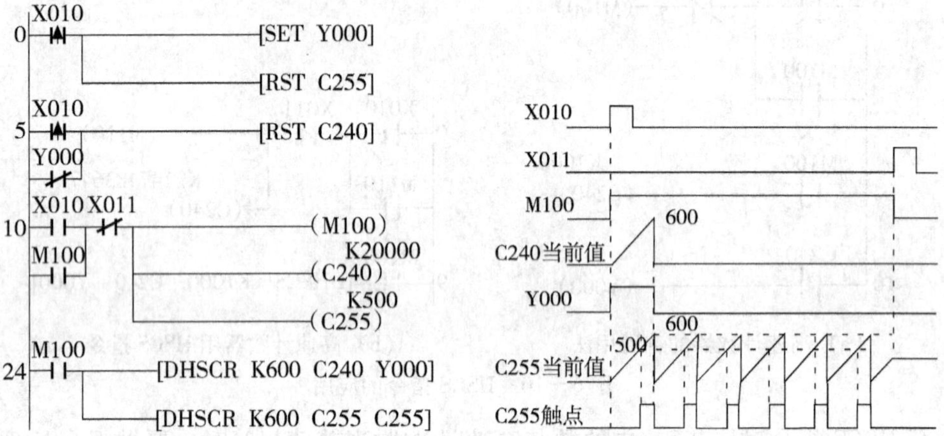

（a）梯形图　　（b）时序图

图 6－12　HSCR 指令的应用

3. 高速计数器区间比较指令 HSZ

HSZ 指令把指定的高速计数器的当前值与(S1.)和(S2.)中的数比较（应有(S1.)≤(S2.)），根据比较结果立即置位以(D.)为首地址的连续 3 个电器中的 1 个。若(D.)是 Y 电器，则 Y 的置位结果立即输出，不受扫描周期的影响。HSCR 指令的应用如图 6－13 所示。

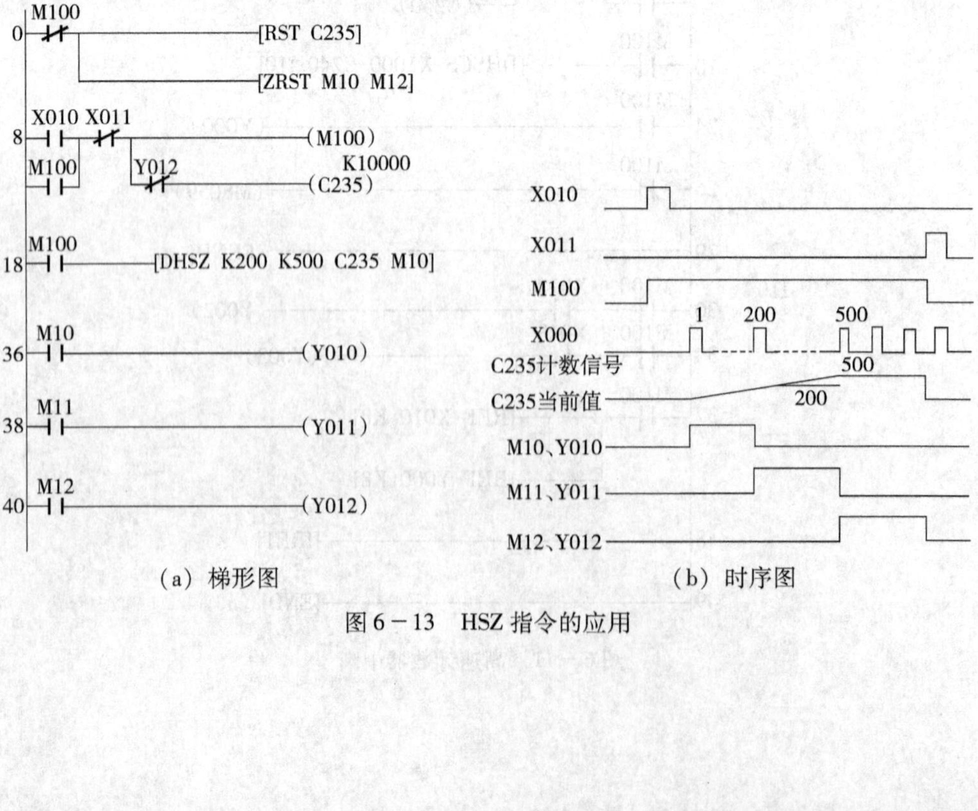

（a）梯形图　　（b）时序图

图 6－13　HSZ 指令的应用

任务实施

一、楼层高度自学习程序

楼层高度自学习程序见图 6－14。自学习信号产生后首先将换速距离脉冲数存入数据寄存器 D500 中，为以后换速部分的程序作准备。图中的 D200 为记录层楼数的数据寄存器，电梯在一楼，自学习信号产生后，将 D200 内容置为 0，在电梯每次出平层域时就会产生 1 个脉冲使 D200 加 1，记录层楼数。图中 Z 为 32 位变址寄存器，其内部数据为层楼数乘 2 后的结果。

若电梯在自学习运行状态，由 1 楼上升至 2 楼，将（C237－D230）结果送 D202，出 1 楼平层时 D200 加 1，1×2 结果送 D260（D260 内容 2），将 D260 的内容 2 送变址寄存器 Z，C237 计数数值送 D232。

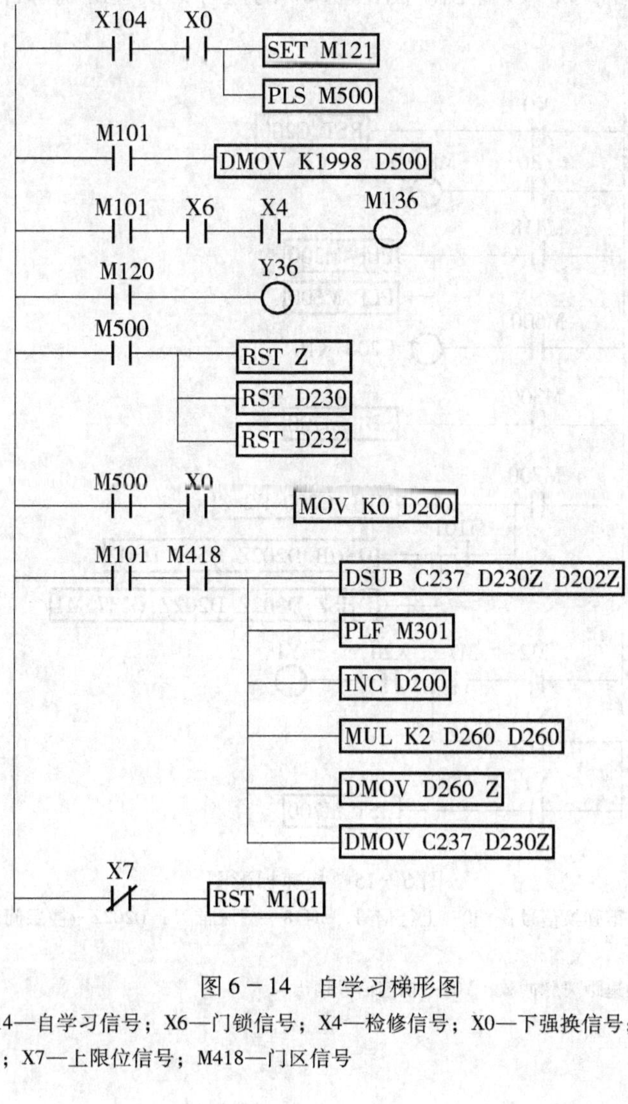

图 6－14　自学习梯形图

X14—自学习信号；X6—门锁信号；X4—检修信号；X0—下强换信号；Y30—上行信号；X7—上限位信号；M418—门区信号

2楼上升至3楼，将（C237－D232）结果送D204，出2楼平层区时D200加1，D200的内容为2，2×2结果送D260，D260内容赋值给变址寄存器Z，Z＝4，将C237计数数值送D234□□，运行至顶楼，压住上限位开关，电梯退出自学习状态。程序中的D202、D204□□记录楼层间距脉冲数。D232、D234□□记录累计脉冲数，D232为1～2楼脉冲数，D234为1～3楼脉冲数，以此类推。这样利用变址寄存器和各项算术指令相结合，设计程序就可以不受层楼数影响。

二、换速点产生程序

换速点产生程序见图6－15，图中C200记录层楼数，通过驱动PLC内部的特殊辅助继电器，可使其成为增计数或减计数。电梯在1楼时使其复位，电梯在正常快速运行中，出平层区以后就会产生一个脉冲，使存在预定通道内的数据，通过算术运算，当得出的差值进入D302和D202Z的比较区间时M02置位，表示进入快速换速区间。若本层有选层信号，则PLC发生换速信号，Y1输出。图中D500的内容为换速距离脉冲数，D202Z为层楼间距脉冲数。

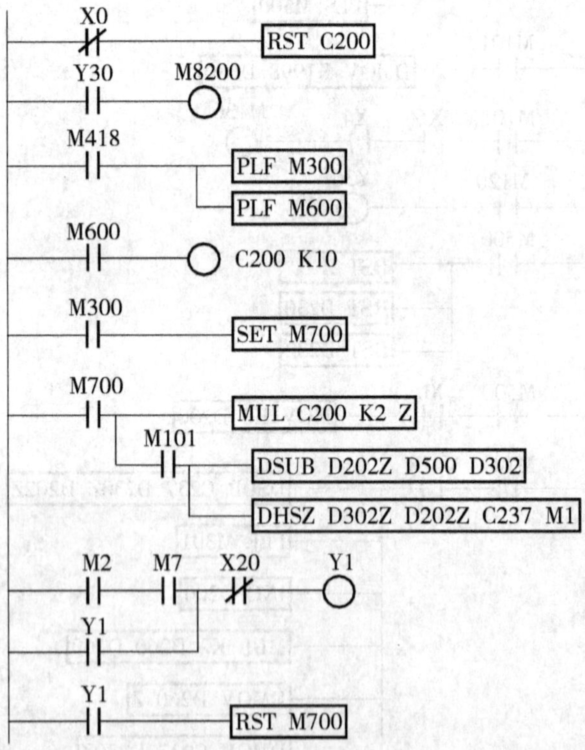

图6－15 换速梯形图

X0—下强换信号；Y30—上行信号；M418—门区信号；D202Z—楼层间距脉冲数；

D500—换速距离脉冲数；Y01—换速信号输出

任务二　技能训练：高速计数器

一、实训目的

认识研究高速计数器指令的功能，熟悉指令的作用和使用方法。

通过应用实例的编程训练，掌握编程的方法和技巧，学会分析指令执行的过程以及程序运行调试的方法。

熟悉指令的具体应用，训练应用 PLC 实现对一般控制对象控制的能力。

二、实训器材

FX2N－32MRPLC 一台；外部复位按钮 SB1、启动按钮 SB2 一个；计数增减开关 SA1 一只；计数开始开关 SA2 一只。

三、实训要求

用内部高速计数器 C244 接收外部高速计数的输入信号，并保存、比较。

四、程序设计

采用 C244 计数器，其为一相脉冲输入，带启动/复位端。按规定，X000 为计数输入端，X001 为外部复位端，X006 为外部启动端。高速计数器应用的梯形图如图 6－16 所示。

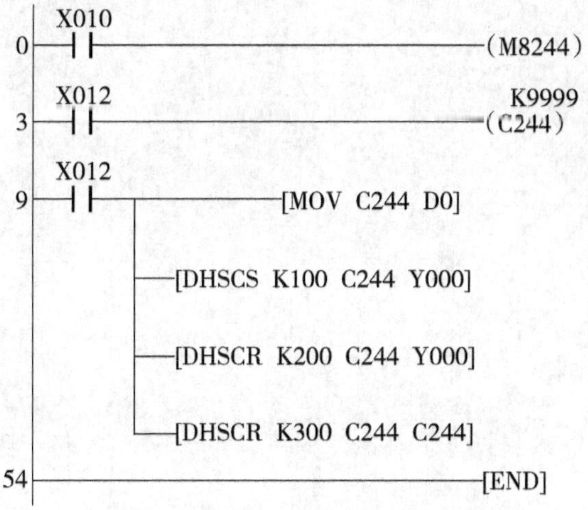

0	LD	X010		
1	OUT	M8244		
3	LD	X012		
4	OUT	C244	K9999	
9	LD	X012		
10	MOV	C244	D0	
15	DHSCS	K100	C244	Y000
28	DHSCR	K200	C244	Y000
41	DHSCR	K300	C244	C244
54	END			

图 6－16　高速计数器应用的梯形图及指令表

使 X010 为 OFF 时，C244 为增计数器；当 X012 为 ON 时，C244 开始对 X000 端输入的高速脉冲进行计数。当 C244 当前值为 100 时，Y000 为 ON；当 C244 当前值为 200 时，Y000 复位；当 C244 当前值为 300 时，C244 复位；当 X001 为 ON 时，C244 复位。

五、系统接线和调试

1. 系统接线（图 6－17）

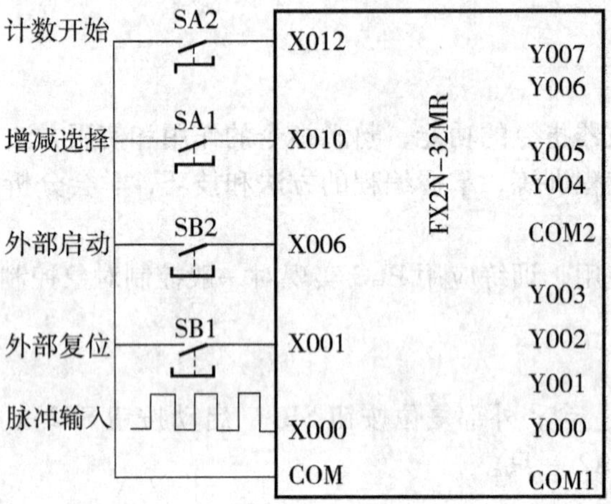

图 6－17　PLC 外部接线图

2. 系统调试

运行程序，接通 X012，进行脉冲输入计数。观察 C244 当前值变化以及 Y000 的变化。当 C244 当前值为 100 时，Y000 怎样变化？当 C244 当前值为 200 时，Y000 怎样变化？当 C244 当前值为 300 时，Y000 又怎样变化？

上述过程中，如发现程序运行与控制要求不符，应仔细分析，找出原因，重新修改，直到程序运行与控制要求相符为止。

项目七　模拟量处理

FX系列PLC常用的模拟量控制设备有模拟量扩展板（FX1N－2AD－BD、FX1N－1DA－BD）、普通模拟量输入模块（FX2N－2AD、FX2N－4AD、FX2NC－4AD、FX2N－8AD）、模拟量输出模块（FX2N－2DA、FX2N－4DA、FX2NC－4DA）、模拟量输入输出混合模块（FX0N－3A）、温度传感器用输入模块（FX2N－4AD－PT、FX2N－4AD－TC、FX2N－8AD）和温度调节模块（FX2N－2LC）等。

任务一　FX2N－4AD模块应用

相关知识

一、FX2N－4AD概述

FX2N－4AD模拟量输入模块为4通道12位A/D转换模块，根据外部连接方法及PLC指令，可选择电压输入或电流输入，是一种具有高精度的输入模块。通过简易的调整或根据可编程控制器的指令可改变模拟量输入的范围。瞬时值和设定值等数据的读出和写入用FROM/TO指令进行。FX2N－4AD的技术指标如表7－1所示。

表7－1　FX2N－4AD的技术指标

项目	输入电压	输入电流
模拟量输入范围	－10～＋10V（输入电阻200kΩ）	－20～20mA（输入电阻250Ω）
数字输出	12位，最大值＋2 047，最小值－2 048	
分辨率	5mV	20μA
总体精度	±1%	±1%
转换速度	15ms（6ms高速）	
隔离	模数电路之间采用光电隔离	
电源规格	主单元提供5V/30mA直流，外部提供24V/55mA直流	
占用I/O点数	占用8个I/O点，可分配为输入或输出	
适用PLC	FX1N，FX2N，FX2NC	

二、接线

1. 接线图

FX2N－4AD的接线如图7－1所示。

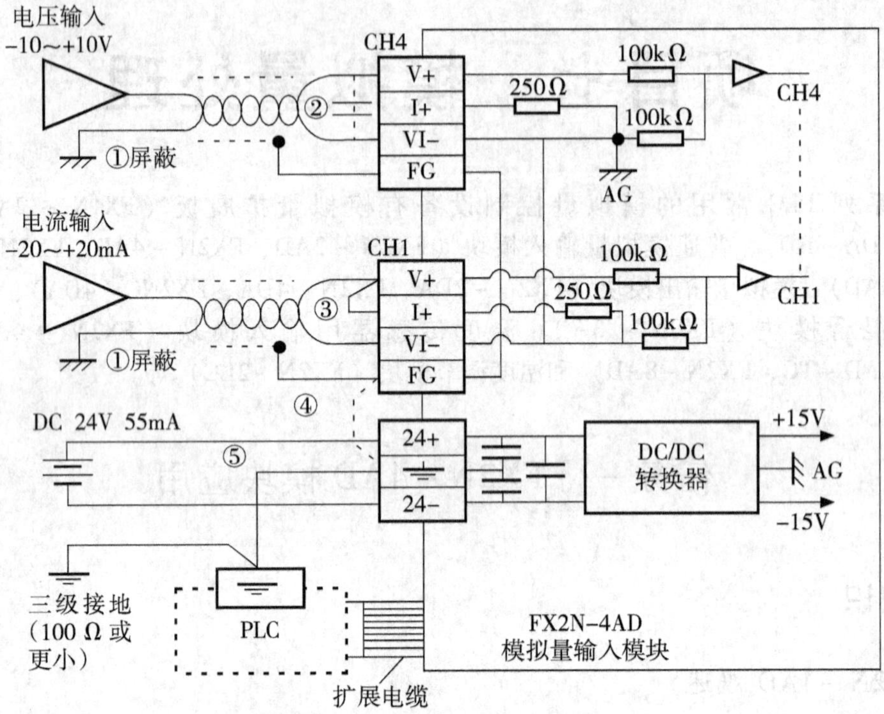

图 7－1　FX2N－4AD 接线图

2. 注意事项

①FX2N－4AD 通过双绞屏蔽电缆来连接，电缆应远离电源线或其他可能产生电气干扰的电线。

②如果输入有电压波动，或在外部接线中有电气干扰，可以接一个平滑电容器(0.1μF～0.47μF/25V)。

③如果使用电流输入，则须连接 V＋和 I＋端子。

④如果存在过多的电气干扰，需将电缆屏蔽层与 FG 端连接，并连接到 FX2N－4AD 的接地端。

⑤连接 FX2N－4AD 的接地端与主单元的接地端。可行的话，在主单元使用三级接地。

三、缓冲存储器（BFM）分配

FX2N－4AD 共有 32 个缓冲存储器（BFM），每个 BFM 均为 16 位，BFM 的分配如表 7－2所示。

表 7－2　FX2N－4AD 的 BFM 分配表

<table>
<tr><th>BFM</th><th colspan="9">内　容</th><th>说　明</th></tr>
<tr><td>*#0</td><td colspan="9">通道初始化，默认值 = H0000</td><td rowspan="27">①带 * 号的缓冲存储器（BFM）可以使用 TO 指令由 PLC 写入；
②不带 * 号的缓冲存储器的数据可以使用 FROM 指令读入 PLC；
③在从模拟特殊功能模块读出数据之前，确保这些设置已经送入模拟特殊功能模块中，否则，将使用模块里面以前保存的数值；
④BFM 提供了利用软件调整偏移和增益的手段；
⑤偏移（截距）：当数字输出为 0 时的模拟输入值；
⑥增益（斜率）：当数字输出为 + 1000 时的模拟输入值</td></tr>
<tr><td>*#1</td><td>通道 1</td><td colspan="8" rowspan="4">平均值采样次数（1 ~ 4 096），用于得到平均结果，默认值为 8（正常速度，高速操作可选择 1）</td></tr>
<tr><td>*#2</td><td>通道 2</td></tr>
<tr><td>*#3</td><td>通道 3</td></tr>
<tr><td>*#4</td><td>通道 4</td></tr>
<tr><td>#5</td><td>通道 1</td><td colspan="8" rowspan="4">这些缓冲区为输入的平均值</td></tr>
<tr><td>#6</td><td>通道 2</td></tr>
<tr><td>#7</td><td>通道 3</td></tr>
<tr><td>#8</td><td>通道 4</td></tr>
<tr><td>#9</td><td>通道 1</td><td colspan="8" rowspan="4">这些缓冲区为输入的当前值</td></tr>
<tr><td>#10</td><td>通道 2</td></tr>
<tr><td>#11</td><td>通道 3</td></tr>
<tr><td>#12</td><td>通道 4</td></tr>
<tr><td>#13、#14</td><td colspan="9">保留</td></tr>
<tr><td rowspan="2">#15</td><td rowspan="2">选择 A/D 转换速度</td><td colspan="8">如设为 0，则选择正常速度，15ms/通道（默认）</td></tr>
<tr><td colspan="8">如设为 1，则选择高速，6ms/通道</td></tr>
<tr><td>BFM</td><td></td><td>b7</td><td>b6</td><td>b5</td><td>b4</td><td>b3</td><td>b2</td><td>b1</td><td>b0</td></tr>
<tr><td>#16 ~ #19</td><td colspan="9">保留</td></tr>
<tr><td>*#20</td><td colspan="9">复位到默认值和预设。默认值 = 0</td></tr>
<tr><td>*#21</td><td colspan="9">调整增益（图 7－2）、偏移（图 7－3）选择。（b1，b0）为（0，1）时允许，为（1，0）时禁止</td></tr>
<tr><td>*#22</td><td>增益、偏移调整</td><td>G4</td><td>O4</td><td>G3</td><td>O3</td><td>G2</td><td>O2</td><td>G1</td><td>O1</td></tr>
<tr><td>*#23</td><td colspan="9">偏移值，默认值 = 0</td></tr>
<tr><td>*#24</td><td colspan="9">增益值，默认值 = 5000（mV）</td></tr>
<tr><td>#25 ~ #19</td><td colspan="9">保留</td></tr>
<tr><td>#29</td><td colspan="9">错误状态</td></tr>
<tr><td>#30</td><td colspan="9">识别码 K2010</td></tr>
<tr><td>#31</td><td colspan="9">禁用</td></tr>
</table>

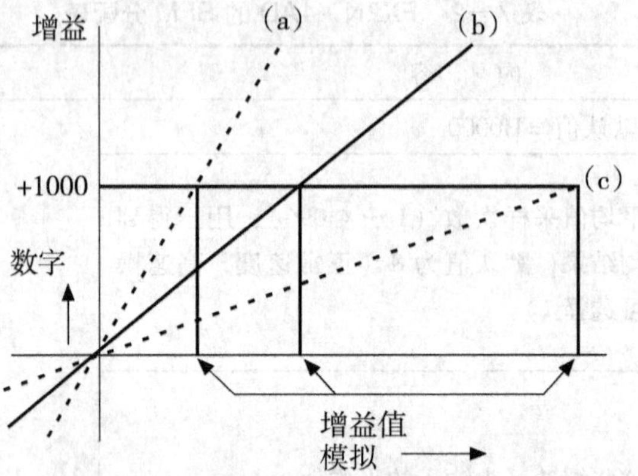

图 7－2 增益示意图

增益决定了校正线的角度或者斜率，由数字值 1 000 标识。（a）小增益读取数字值间隔大；（b）零增益默认：5V 或 20mA；（c）大增益读取数字值间隔小。

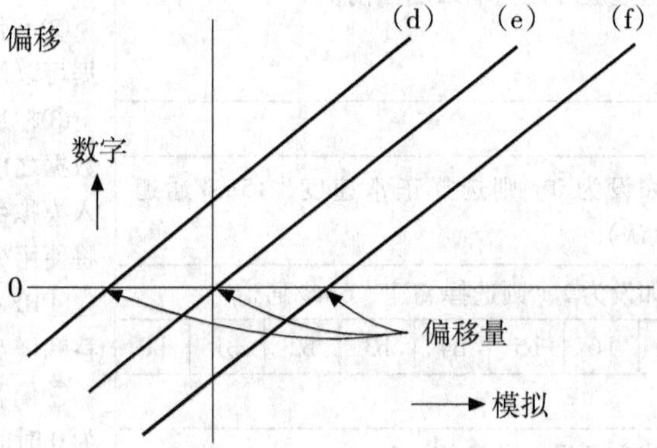

图 7－3 偏移示意图

偏移是校正线的“位置”，由数字值 0 标识。（d）负偏移数字值为 0 时模拟值为负；（e）零偏移数字值等于 0 时模拟值等于 0；（f）正偏移数字值为 0 时模拟值为正。

偏移和增益可以独立或一起设置。合理的偏移范围是 －5 ～ ＋5V 或 －20 ～ 20mA，而合理的增益值是 1 ～ 15V 或 4 ～ 32mA。增益和偏移都可以用 PLC 的程序调整。调整增益/偏移时，应该将增益/偏移 BFM#21 的位 b1、b0 设置为 0、1，以允许调整。一旦调整完毕，这些位元件应该设为 1、0，以防止进一步的变化。

任务实施

一、基本程序

FX2N －4AD 模块连接在特殊功能模块的 0 号位置，通道 CH1 和 CH2 用作电压输入。平均采样次数设为 4，并且用 PLC 的数据寄存器 D0 和 D1 接收输入的数字值。其基本程序如图 7－4 所示。

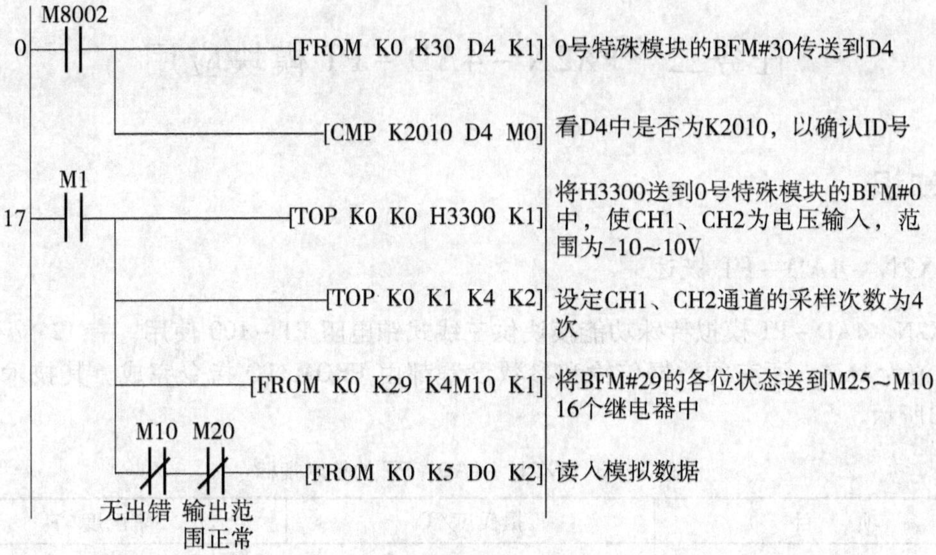

图 7－4　FX2N－4AD 基本程序

二、FX2N－4AD 增益和偏移的调整程序

通过软件设置调整偏移/增益量，其程序如图 7－5 所示。

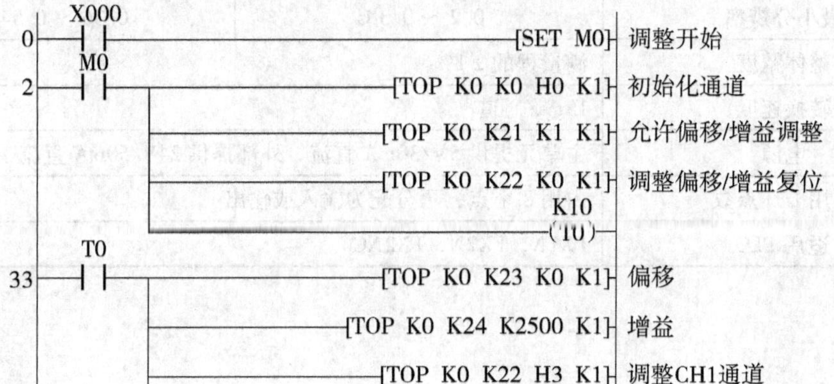

图 7－5　偏移量调整程序

任务二　FX2N－4AD－PT 模块应用

相关知识

一、FX2N－4AD－PT 概述

FX2N－4AD－PT 模拟特殊功能模块供三线式铂电阻 PT－100 使用，有 12 位 4 通道，驱动电流为 1mA，所有的数据传输和参数设置都由 FROM/TO 指令完成。其技术指标如表 7－3所示。

表 7－3　FX2N－4AD－PT 的技术指标

项　目	摄氏度/℃	华氏度/℉
模拟量输入信号	箔温度 PT100 传感器，3 线，4 通道	
传感器电流	PT100 传感器 100W 时 1mA	
补偿范围	－100 ～ 600℃	－148 ～ 1 112 ℉
数字输出	－1 000 ～ 6 000℃	－1 480 ～ 11 120 ℉
	12 转换（11 个数据位＋1 个符号位）	
最小分辨率	0.2 ～ 0.3℃	0.36 ～ 0.54 ℉
整体精度	满量程的 ±1%	
转换速度	15ms/通道	
电源	主单元提供 5V/30mA 直流，外部提供 24V/50mA 直流	
占用 I/O 点数	占用 8 个点，可分配为输入或输出	
适用 PLC	FX1N，FX2N，FX2NC	

二、接线

1. 接线图

FX2N－4AD－PT 的接线图如图 7－6 所示。

2. 注意事项

（1）FX2N－4AD－PT 应使用 PT100 传感器的电缆或双绞屏蔽电缆作为模拟输入电缆，并且和电源线或其他可能产生电气干扰的电线隔开。

（2）可以采用压降补偿的方式来提高传感器的精度。如果存在电气干扰，将电缆屏蔽层与外壳地线端子（FG）连接到 FX2N－4AD－PT 的接地端和主单元的接地端。如可行的话，可在主单元使用三级接地。

（3）FX2N－4AD－PT 可以使用可编程控制器的外部或内部的 24V 电源。

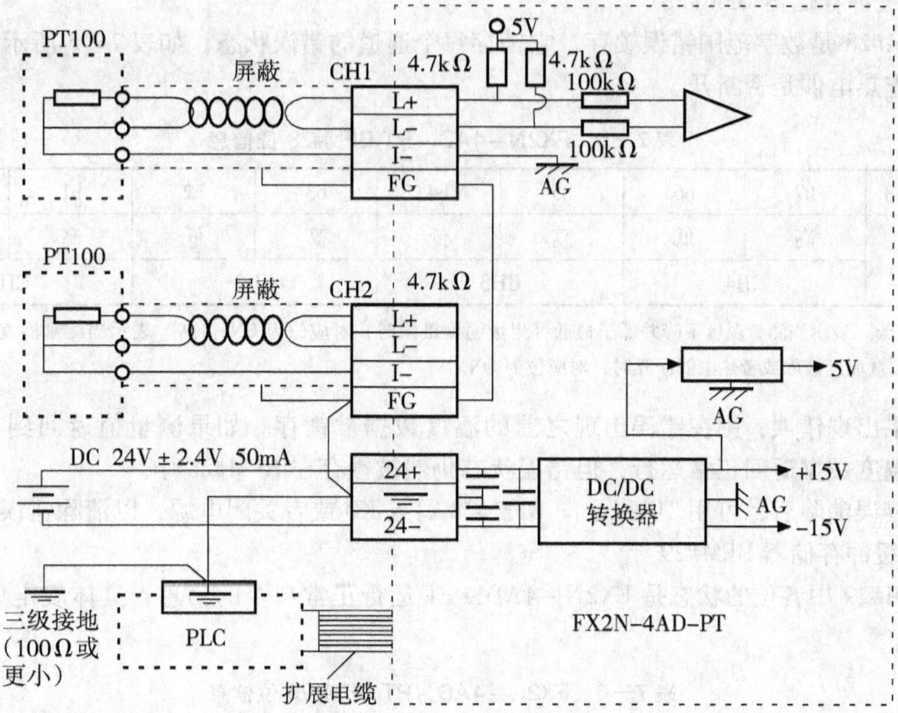

图 7－6　FX2N－4AD－PT 接线图

三、缓冲存储器（BFM）的分配

FX2N－4AD－PT 的 BFM 分配如表 7－4 所示。

表 7－4　BFM 分配表

BFM	内　容	说　明
＊#1 ～#4	CH1 ～ CH4 的平均温度值的采样次数（1 ～4 096），默认值＝8	①平均温度的采样次数被分配给 BFM#1～#4。只有 1～4 096的范围是有效的，溢出的值将被忽略，默认值为 8；②最近转换的一些可读值被平均后，给出一个平均后的可读值。平均数据保存在 BFM 的#5～#8和#13～#16 中；③BFM#9～#12 和#17～#20 保存输入数据的当前值。这个数值以 0.1℃或 0.1 ℉为单位，不过可用的分辨率为 0.2～ 0.3℃或者 0.36 ～ 0.54 ℉
＊#5 ～#8	CH1 ～ CH4 在 0.1℃单位下的平均温度	
＊#9 ～#12	CH1 ～ CH4 在 0.1℃单位下的当前温度	
＊#13 ～#16	CH1 ～ CH4 在 0.1 ℉单位下的平均温度	
＊#17 ～#20	CH1 ～ CH4 在 0.1 ℉单位下的当前温度	
＊#21 ～#27	保留	
＊#28	数字范围错误锁存	
#29	错误状态	
#30	识别号 K2040	
#31	保留	

1. 缓冲存储器 BFM#28

BFM#28 是数字范围错误锁存，它锁存每个通道的错误状态，如表 7－5 所示。据此可用于检查热电偶是否断开。

表 7－5 FX2N－4AD－PT BFM#28 位信息

b15 ~ b8	b7	b6	b5	b4	b3	b2	b1	b0
未用	高	低	高	低	高	低	高	低
	CH4		CH3		CH2		CH1	

注：“低”表示当测量温度下降并低于最低可测量温度极限时，对应位为 ON；“高”表示当测量温度升高，并高于最高可测量温度极限或者热电偶断开时，对应位为 ON。

如果出现错误，则在错误出现之前的温度数据被锁存。如果测量值返回到有效范围内，则温度数据返回正常运行，但错误状态仍然被锁存在 BFM#28 中。

当错误消除后，可用 TO 指令向 BFM#28 写入 K0 或者关闭电源，以清除错误锁存。

2. 缓冲存储器 BFM#29

BFM#29 中各位的状态是 FX2N－4AD－PT 运行正常与否的信息，具体规定如表 7－6 所示。

表 7－6 FX2N－4AD－PT BFM#29 位信息

BFM#29 各位的功能	ON（1）	OFF（0）
b0：错误	如果 b1 ~ b3 中任何一个为 ON，出错通道的 A/D 转换停止	无错误
b1：保留	保留	保留
b2：电源故障	DC24V 电源故障	电源正常
b3：硬件错误	A/D 转换器或其他硬件故障	硬件正常
b4 ~ b9：保留	保留	保留
b10：数字范围错误	数字输出/模拟输入值超出指定范围	数字输出值正常
b11：平均值的采样次数错误	采样次数超出范围，参考 BFM#1 ~#4	正常（1 ~ 4 096）
b12 ~ b15：保留	保留	保留

3. 缓冲存储器 BFM#30

FX2N－4AD－PT 的识别码为 K2040，存放在缓冲存储器 BFM#30 中。在传输/接收数据之前，可以使用 FROM 指令读出特殊功能模块的识别码（或 ID），以确认正在对此特殊功能模块进行操作。

任务实施

在图 7－7 所示的程序中，FX2N－4AD－PT 模块占用特殊模块 0 的位置（即紧靠可编程控制器），平均采样次数是 4，输入通道 CH1 ~ CH4 以℃表示的平均温度值分别保存在数据寄存器 D0 ~ D3 中。

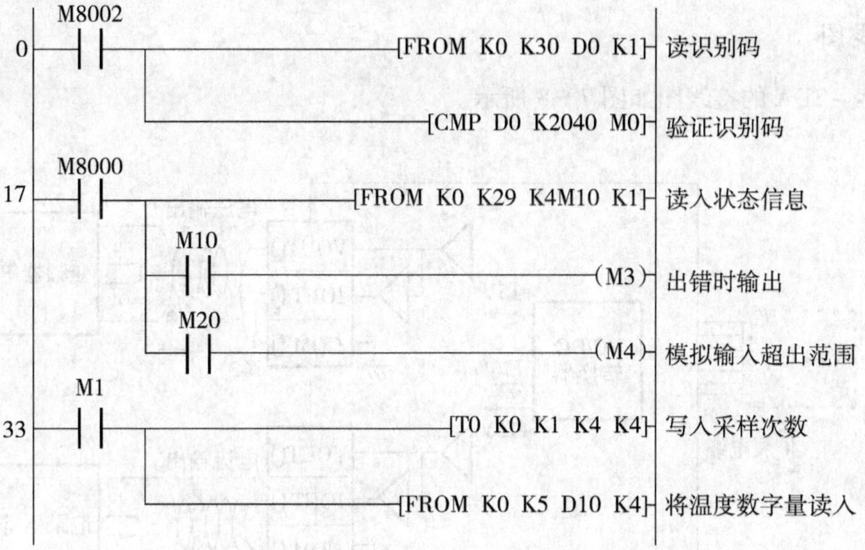

图 7－7　FX2N－4AD－PT 基本程序

任务三　FX2N－2DA 模块应用

相关知识

一、FX2N－2DA 概述

FX2N－2DA 为 2 通道 12 位 D/A 转换模块，是一种具有高精度的输出模块。通过简易的调整或根据可编程控制器的指令可改变模拟量输出的范围，瞬时值和设定值等数据的读出和写入用 FROM/TO 指令进行。FX2N－2DA 的技术指标如表 7－7 所示。

表 7－7　FX2N－2DA 的技术指标

项　目	输出电压	输出电流
模拟量输出范围	0 ～ 10V 直流，0 ～ 5V 直流	4 ～ 20mA
数字输出	12 位	
分辨率	2. 5mV（10V/4 000） 1. 25mV（5V/4 000）	4mA（20mA/4 000）
总体精度	满量程 1%	
转换速度	4ms/通道	
电源规格	主单元提供 5V/30mA 和 24V/85mA	
占用 I/O 点数	占用 8 个 I/O 点，可分配为输入或输出	
适用的 PLC	FX1N，FX2N，FX2NC	

二、接线图

FX2N－2DA 的接线图如图 7－8 所示。

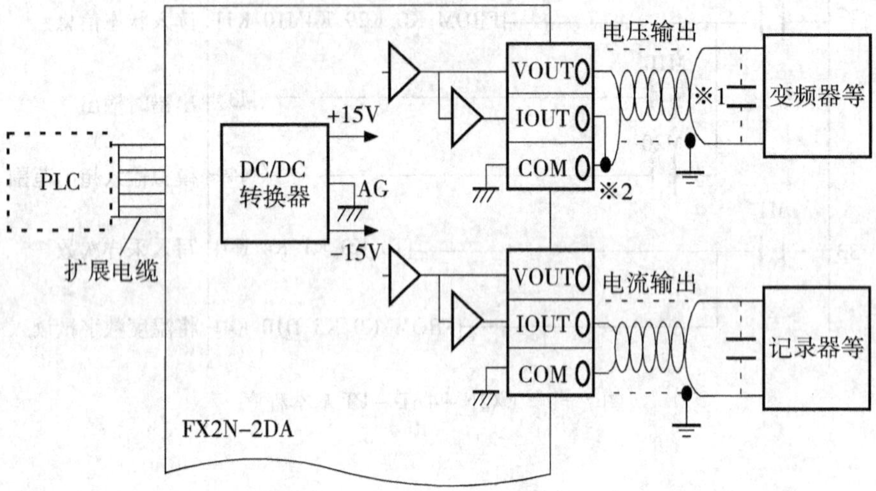

图 7－8 FX2N－2DA 接线图

注：①当电压输出存在波动或有大量噪声时，在图中位置处连接 0.1 ～ 0.47mF 25V DC 的电容。②对于电压输出，须将 IOUT 和 COM 进行短路。

FX2N－2DA 的缓冲存储器（BFM）分配如表 7－8 所示。

表 7－8 FX2N－2DA 的 BFM 分配

BFM 编号	b15 ～ b8	b7 ～ b3	b2	b1	b0
#0 ～#15	保留				
#16	保留	输出数据的当前值（8 位数据）			
#17	保留		D/A 低 8 位数据保持	通道 1 的 D/A 转换开始	通道 2 的 D/A 转换开始
#18 或更大	保留				

BFM#16 存放由 BFM#17（数字值）指定通道的 D/A 转换数据。D/A 数据以二进制形式出现，并以低 8 位和高 4 位两部分顺序进行存放和转换。

BFM#17 b0：通过将 1 变成 0，通道 2 的 D/A 转换开始。b1：通过将 1 变成 0，通道 1 的 D/A 转换开始。b2：通过将 1 变成 0，D/A 转换的低 8 位数据保持。

三、偏移和增益的调整

FX2N－2DA 的偏移和增益的调整程序如图 7－9 所示。

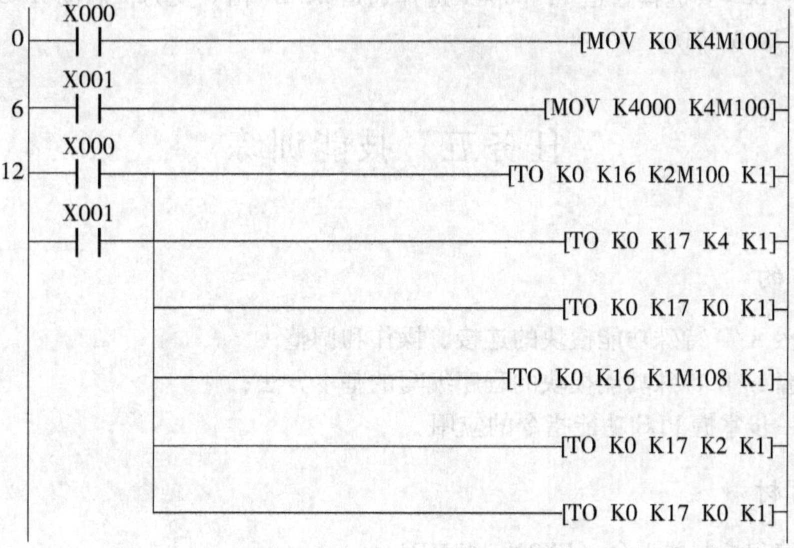

图 7－9　偏移和增益调整程序

D/A 输出为 CH1 通道，在调整偏移时将 X0 置 ON，在调整增益时将 X1 置 ON，偏移和增益的调整方法有：①当调整偏移/增益时，应按照偏移调整和增益调整的顺序进行；②通过 GAIN 和 OFFSET 旋钮对通道 1 进行增益调整和偏移调整；③反复交替调整偏移值和增益值，直到获得稳定的数值。

任务四　模拟量输入/输出模块 FX0N－3A

相关知识

FX0N－3A 有 2 个模拟输入通道和 1 个模拟输出通道，输入通道将现场的模拟信号转换为数字量送给 PLC 处理，输出通道将 PLC 中的数字量转换为模拟信号输出给现场设备。

一、FX0N－3A 的 BFM 分配

FX0N－3A 的 BFM 分配如表 7－9 所示。

表 7－9　FX0N－3A 的 BFM 分配

BFM	b15 ～ b8	b7	b6	b5	b4	b3	b2	b1	b0
#0	保留	存放 A/D 通道的当前值输入数据（8 位）							
#16		存放 D/A 通道的当前值输出数据（8 位）							
#17	保留						D/A 启动	A/D 启动	A/D 通道
#1 ～ 5，#18 ～ 31	保留								

BFM#17：b0 = 0 选择通道 1，b0 = 1 选择通道 2；b1 由 0 变为 1 启动 A/D 转换，b2 由 1 变为 0 启动 D/A 转换。

任务五　技能训练

一、实训目的

（1）熟悉 A/D 特殊功能模块的连接、操作和调整；

（2）掌握 A/D 特殊功能模块的程序编写的基本方法；

（3）进一步掌握 PLC 功能指令的应用。

二、实训器材

（1）可编程控制器 1 台（FX2N - 48MR）；

（2）FX2N - 4AD 模块 1 个；

（3）指示灯 5 个；

（4）12V 可调开关电源 2 个；

（5）按钮模块 1 块；

（6）24V 电源 1 个；

（7）计算机 1 台（已安装 GPP 软件）；

（8）导线若干。

三、实训要求

FX2N - 4A/D 的应用，其控制要求如下。

（1）将 4A/D 的 CH1、CH2 通道分别通过两个 12V 可调开关电源装置输入两个模拟电压（0 ~ 10V），改变通道的输入电压值；

（2）当 CH1 通道的电压小于 CH2 通道的电压时，输出指示灯 L1 亮；

（3）当 CH1 通道的电压大于 CH2 通道的电压 1V 时，输出指示灯 L2 亮；

（4）当 CH1 通道的电压大于 CH2 通道的电压 2V 时，输出指示灯 L3 亮；

（5）当 CH1 通道的电压大于 CH2 通道的电压 3V 时，输出指示灯 L4 亮；

（6）当 CH1 通道和 CH2 通道的电压都大于 5V 时，输出指示灯 L5 亮。

四、程序设计

（1）I/O 分配

X0：启动，X1：停止；Y0：L1 指示灯；Y1：L2 指示灯；Y2：L3 指示灯；Y3：L4 指示灯；Y4：L5 指示灯。

（2）系统程序（图 7 - 10）

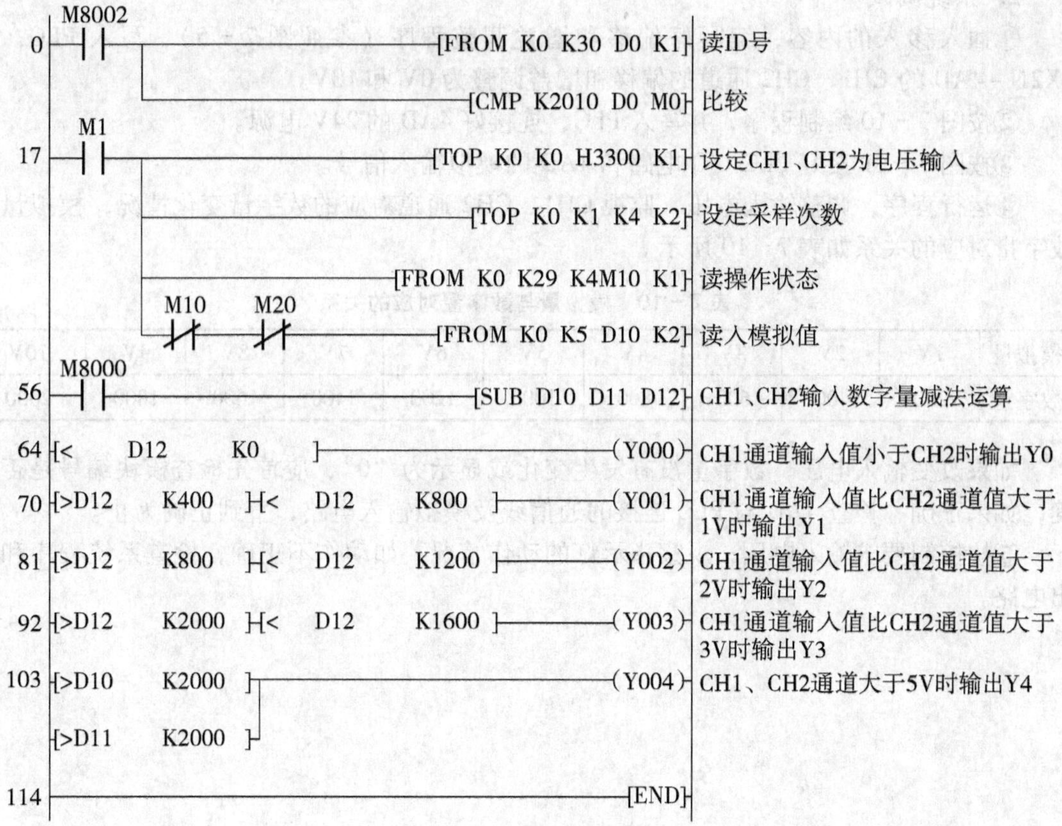

图 7－10　系统程序

五、系统接线和调试

1．系统接线（图 7－11）

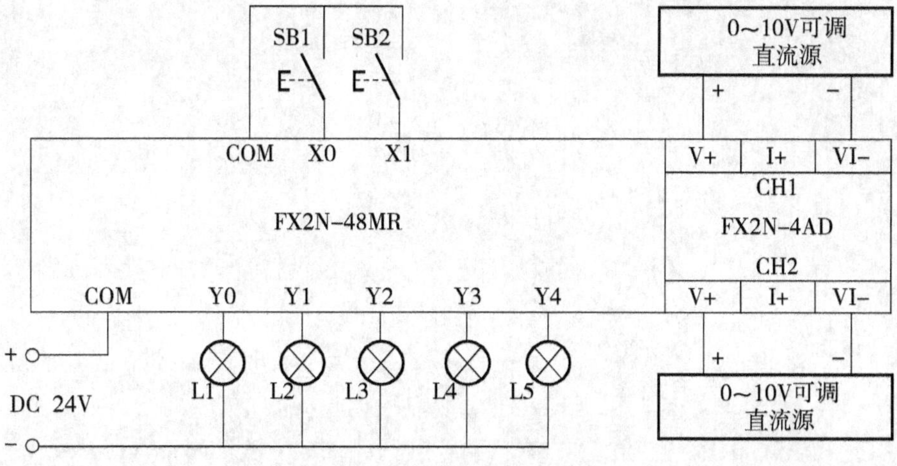

图 7－11　系统接线图

2. 系统调试

①插入移入的内容，编写好偏移和增益调整程序（参照图 7－5）、写入 PLC，将 FX2N－4AD 的 CH1、CH2 通道的偏移和增益调整为 0V 和 10V。

②按图 7－10 编制程序，并写入 PLC，连接好 4AD 的 24V 电源。

③按图 7－11 接好 PLC I/O 电路和 4AD 的模拟输入信号。

④运行程序，调整输入电压，监视 CH1、CH2 通道对应的数字量变化情况，模拟量与数字量对应的关系如表 7－10 所示。

表 7－10 模拟量与数字量对应的关系

模拟量	1V	2V	3V	4V	5V	6V	7V	8V	9V	10V
数字量	200	400	600	800	1000	1200	1400	1600	1800	2000

如果改变输入电压，数字量没有发生变化或显示为“0”，应首先检查模块编号是否正确，如果正确，检查 4AD 与 PLC 连接的通信线及模拟输入电路，直到正确为止。

⑤按控制要求输入电压，观察指示灯的动作情况，如动作不正确，检查系统程序和输出电路。

项目八　PLC 通信与编程

可编程控制器的通信指的是可编程控制器之间、可编程控制器与计算机、可编程控制器与现场设备之间的信息交换。在信息化、自动化、智能化的今天，可编程控制器通信是实现工厂自动化的重要途径。为了适应多层次工厂自动化系统的客观要求，现在的可编程控制器生产厂家都不同程度地为自己的产品增加通信功能，开发自己的通信接口和通信模块，使可编程控制器的控制向高速化、多层次、大信息量、高可靠性和开放性的方向发展。要想更好地应用可编程控制器，就必须了解可编程控制器的通信实现方法。

可编程控制通信的任务就是把地理位置不同的可编程控制器、计算机、各种现场设备用通信介质连接起来，按照规定的通信协议，以某种特定的通信方式高效率地完成数据的传送、交换和处理。FX 系列可编程控制器支持 N:N 网络通信、并行链接通信、计算机链接、无协议通信、可选编程端口等 5 种类型的通信。

任务一　N:N 网络通信解决方案

相关知识

一、概述

N:N 网络是在 FX2N 系列可编程控制器之间进行数据交换的网络。在这个网络中，通过特定的字软元件和位软元件在各可编程控制器之间执行数据通信，并且可以在所有的可编程控制器中监控这些软元件。使用 N:N 网络，可以实现小规模系统的数据连接以及机械之间的信息交换，如图 8－1 所示。表 8－1 为 N:N 通信解决方案。

FX 系列可编程控制器可以同时最多 8 台联网，在被连接的站点中位元件（0 ~ 64 点）和字元件（4 ~ 8 点）可以被自动连接，每一个站可以监控其他站的共享数据的数字状态。

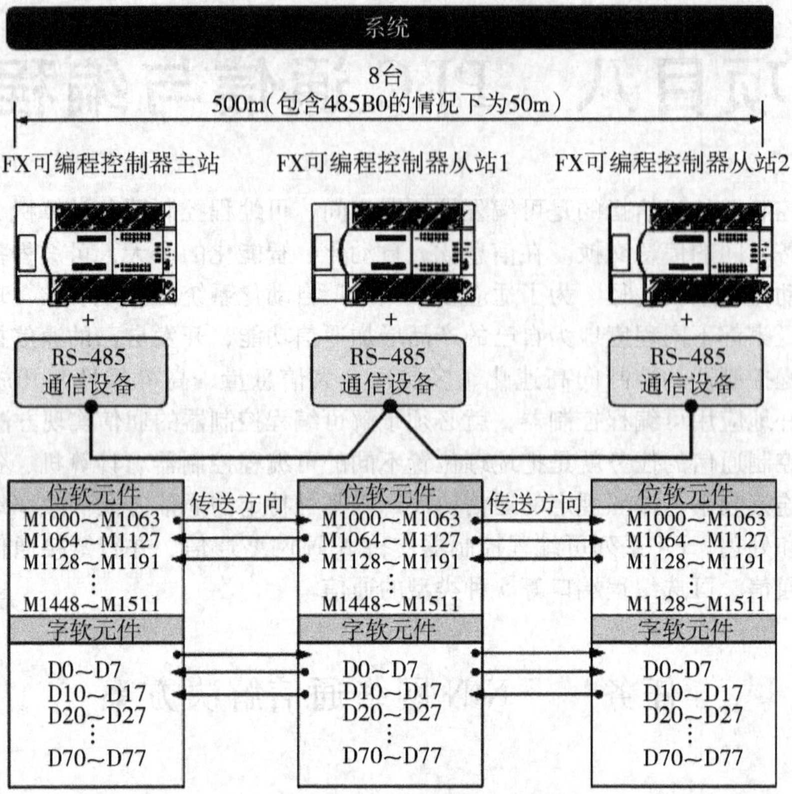

图 8－1　N:N 网络系统结构图

表 8－1　N:N 通信解决方案

项　目		规　格
传输标准		与 RS－485 相一致
最大传扩展输距离		每一个网络单元都使用 FX0N－485ADP 时：500m 混有 485－BD 时：50m
通信方式		半双工双向
波特率（b/s）		38 400b/s
可连接站点数		最多 8 个站
刷新范围	模式 0	位元件：0 点，字元件：4 点（FX1S/FX1N/FX2N/FX2NC） 如果一系统中使用了一个 FX0N/FX1S，只能用模式 0
	模式 1	位元件：32 点，字元件：4 点
	模式 2	位元件：64 点，字元件：8 点
连接设备	FX2N 系列	FX1N－485－BD 或者 FX1N－CNV－BD 以及专用适配器 FX0N－485ADP
	FX2NC 系列	FX0N－485ADP

二、相关标志和数据寄存器

对于 FX2N 类可编程控制器，使用 N:N 网络通信辅助继电器，其中：M8038 用来设置网络参数；M8183 在主站点的通信错误时为 ON，M8184 ~ M8190 在从站点产生错误时为 ON（第 1 个从站点 M8184，第 7 个从站点 M8190）；M8191 在与其他站点通信时为 ON；数据寄存器 D8176 设置站点号，主站的（D8176）=0，从站的设定值是 1 ~ 7，从站 1 的（D8176）=1；D8177 设定从站点的总数，设定值 1 为 1 个从站点，2 为 2 个从站点；D8178 设定刷新范围，0 为模式 0（默认值），1 为模式 1，2 为模式 2；D8179 主站设定通信重试次数，设定值为 0 ~ 10；D8180 设定主站点和从站点间的通信驻留时间，设定值为 5 ~ 255，对应时间为 50 ~ 2 550ms。

在不同模式下，各站点中的公用软元件号如表 8－2 所示，更新各链结软元件的链结时间如表 8－3 所示。

表 8－2 3 种模式下各站点中的公用软元件号

站号		模式 0		模式 1		模式 2	
		位软元件（M）	字软元件（D）	位软元件（M）	字软元件（D）	位软元件（M）	字软元件（D）
		0 点	各站 4 点	各站 32 点	各站 4 点	各站 64 点	各站 8 点
主站	站号 0	—	D0 ~ D3	M1000 ~ M1031	D0 ~ D3	M1000 ~ M1063	D0 ~ D7
从站	站号 1	—	D10 ~ D13	M1064 ~ M1095	D10 ~ D13	M1064 ~ M1127	D10 ~ D17
	站号 2	—	D20 ~ D23	M1128 ~ M1159	D20 ~ D23	M1128 ~ M1191	D20 ~ D27
	站号 3	—	D30 ~ D33	M1192 ~ M1223	D30 ~ D33	M1192 ~ M1255	D30 ~ D37
	站号 4	—	D40 ~ D43	M1256 ~ M1287	D40 ~ D43	M1256 ~ M1319	D40 ~ D47
	站号 5	—	D50 ~ D53	M1320 ~ M1351	D50 ~ D53	M1320 ~ H1383	D50 ~ D57
	站号 6	—	D60 ~ D63	M1384 ~ M1415	D60 ~ D63	M1384 ~ M1447	D60 ~ D67
	站号 7	—	D70 ~ D73	M1448 ~ M1479	D70 ~ D73	M1448 ~ M1511	D70 ~ D77

表 8－3 3 种模式下更新各链结软元件的链结时间 单位：ms

链结台数	模式 0	模式 1	模式 2
	位软元件 0 点 字软元件 4 点	位软元件 32 点 字软元件 4 点	位软元件 64 点 字软元件 8 点
2	18	22	34
3	26	32	50
4	33	42	66
5	41	52	83
6	49	62	99
7	57	72	115
8	65	82	131

三、判断 N:N 网络出错的元件

判断 N:N 网络出错的元件用于判断 N:N 网络出错点，可以将链结出错输出到外部，并在顺控程序的互锁中使用。表 8－4 为判断 N:N 网络出错用元件列表。

表 8－4 不同 PLC 判断 N:N 网络出错用元件列表

软元件		名　称	内　容
FXON，FX1S	FX1N，FX2N，FX3U FX1NC，FX2NC，FX3UC		
M504	M8183	主站的数据传送序列出错	当主站中发生数据传送序列出错时置 ON
M505 ~ M511[※1]	M8184 ~ M8190[※1]	从站的数据传送序列出错	当各从站中发生数据传送序列出错时置 ON
M503	M8191	正在执行数据传送序列	执行 N:N 网络时置 ON

注：※1. FX0N、FX1S 可编程控制器的场合　站号 1：M505，站号 2：M506，站号 3：M507，……站号 7：M511。FX1N、FX2N、FX3U、FX1NC、FX2NC、FX3UC 可编程控制器的场合　站号 1：M8184，站号 2：M8185，站号 3：M8186，……站号 7：8190。

任务实施

了解了相关标志位的设定和各站点的软元件的编号后，N:N 网络中的程序编制就很容易实现了。参看图 8－2 的一个例子。

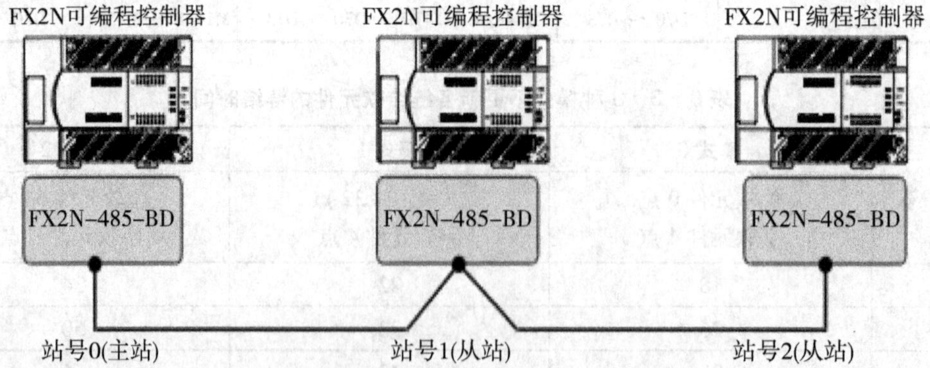

图 8－2　3:3 通信

该系统有 3 个站点，其中 1 个主站，2 个从站，每个站点的可编程控制器都连接 1 个 FX2N－485－BD 通信板，通信板之间用单根双绞线连接。刷新范围选择模式 1，重试次数选择 3，通信超时选 50ms，系统要求：①主站点的输入点 X0 ~ X3 输出到从站点 1 和 2 的输出点 Y10 ~ Y13；②从站点 1 的输入点 X0 ~ X3 输出到主站和从站点 2 的输出点 Y14 ~ Y17；③从站点 2 的输入点 X0 ~ X3 输出到主站和从站点 1 的输出点 Y20 ~ Y23。

根据系统要求，主站点的梯形图编制如图 8－3 所示。

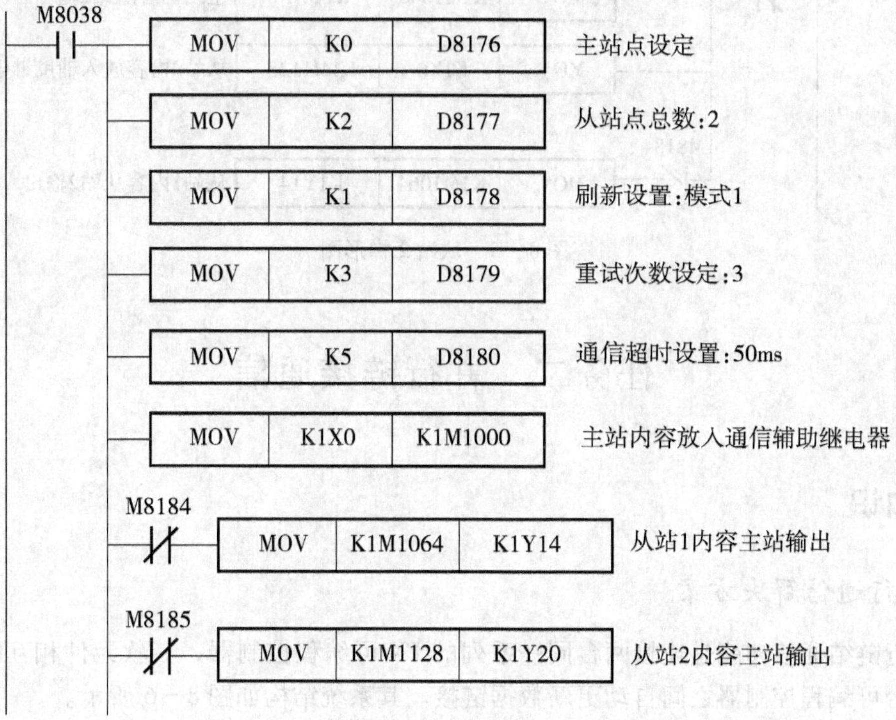

图 8－3　主站梯形图

从站点 1 的梯形图编制如图 8－4 所示。

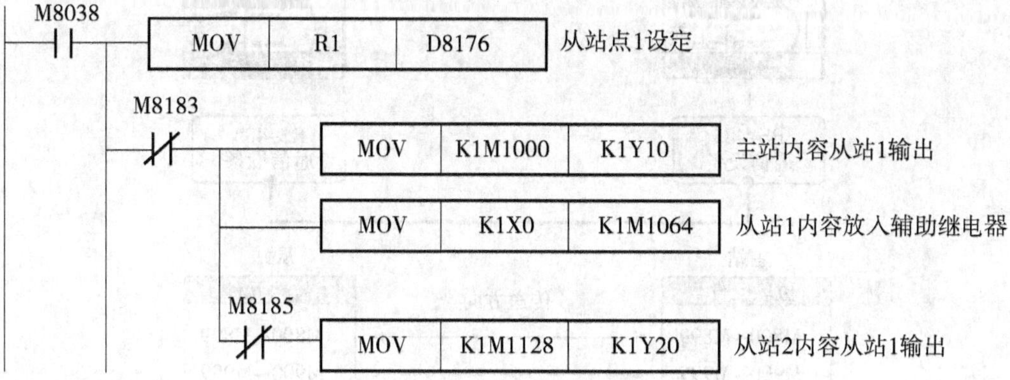

图 8－4　从站 1 梯形图

从站点 2 的梯形图编制如图 8－5 所示。

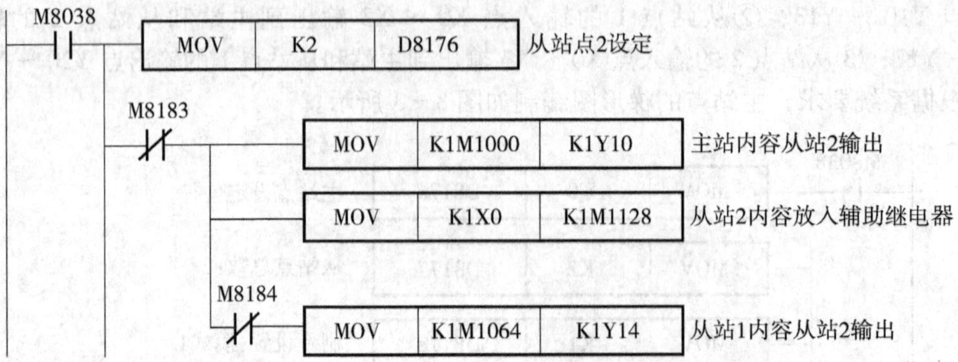

图 8－5　从站 2 梯形图

任务二　并行链接通信

相关知识

一、并行通信解决方案

并行链结通信功能是连接两台同一系列的 FX 可编程控制器，其软元件相互链接，可以在两台可编程控制器之间自动更新数据链接。其系统结构如图 8－6 所示。

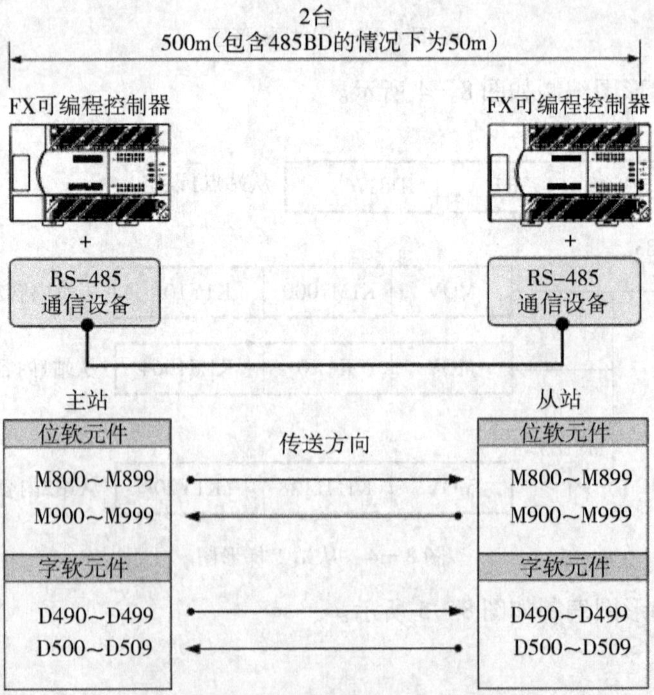

图 8－6　并行链接通信功能系统结构图

用 FX2N 可编程控制器进行数据传输时，是采用 100 个辅助继电器和 10 个数据寄存在 1:1 的基础上来完成。FX1S 和 FX0N 的数据传输是采用 50 个辅助继电器和 10 个数据寄存器进行的，见表 8－5。

表 8－5 并行通信解决方案

项目		规格
传输标准		与 RS－485 以及 RS－422 相一致
最大传输扩展距离		每一个网络单元都使用 FX0N－485ADP 时：500m 混有 485－BD 时：50m
通信方式		半双工
波特率		19 200b/s
可连接站点数		1:1
刷新范围	FX1S 系列 PLC	［主站到从站］位元件：50 点，字元件：10 点 ［从站到主站］位元件：50 点，字元件：10 点
刷新范围	FX1N/FX2N/ FX2NC 系列	［主站到从站］位元件：100 点，字元件：10 点 ［从站到主站］位元件：100 点，字元件：10 点
通信时间/ms		正常模式：包括交换数据＋主站运行周期＋从站运行周期 70ms 高速模式：包括交换数据＋主站运行周期＋从站运行周期 20ms
连接设备	FX1S 系列 FFX1N 系列	FX1N－485－BD 或者 FX1N－CNV－BD 和 FX0N－485ADP
连接设备	FX2N 系列	FXm－485－BD 或者 FFX1N－CNV－BD 和 FX0N－485ADP
连接设备	FX2NC 系列	FX0N485ADP 专用适配器

二、使用方法

当两个 FX 系列的可编程控制器的主单元分别安装一块通信模块后，用单根双绞线连接即可，编程时设定主站和从站，应用特殊继电器在两台可编程控制间进行自动的数据传送，很容易实现数据通信连接。主站和从站的设定由 M8070 和 M8071 设定，另外并行链结有一般和高速两种模式，由 M8162 的通断识别。图 8－7 为两台 FX2N 主单元用两块 FX2N－485－DD 连接模块通信的配置图。

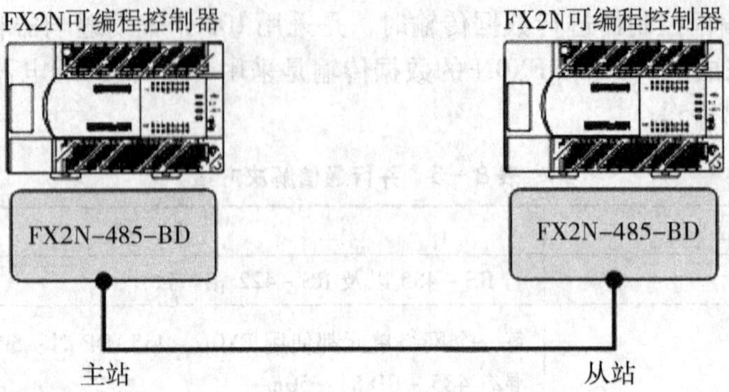

图 8－7 并行通信

链结元件编号及点数见表 8－6。

表 8－6 链结元件编号及点数

模式	普通并联链结模式		高速并联链结模式	
	位软元件（M）	字软元件（D）	位软元件（M）	字软元件（D）
站号	各站 100 点	各站 10 点	0 点	各站 2 点
主站	M800 ~ M899	D490 ~ D499	—	D490，D491
从站	M900 ~ M999	D500 ~ D509	—	D500，D501

1. 普通并联链结模式

该配置选用一般模式（特殊辅助继电器 M8162 = OFF）时，主从站的设定和通信用辅助继电器和数据寄存器如下。

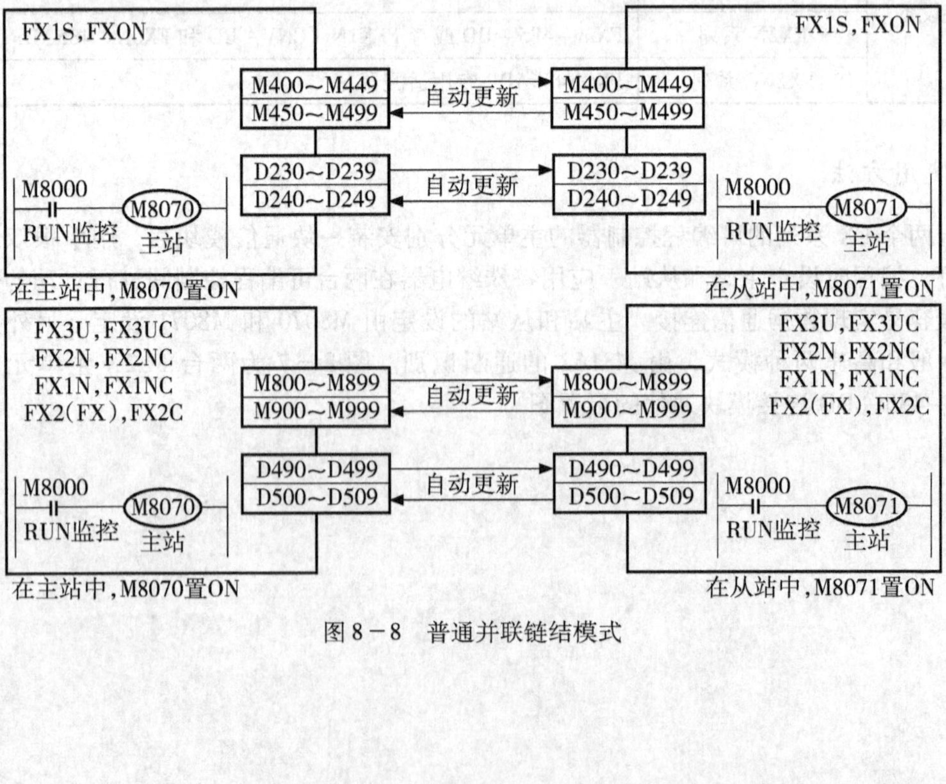

图 8－8 普通并联链结模式

2. 高速并联链结模式

高速模式（特殊辅助继电器 M8162 = ON）仅有两个数据字读写，主从站的设定和通信用数据寄存器如图 8－9 所示。

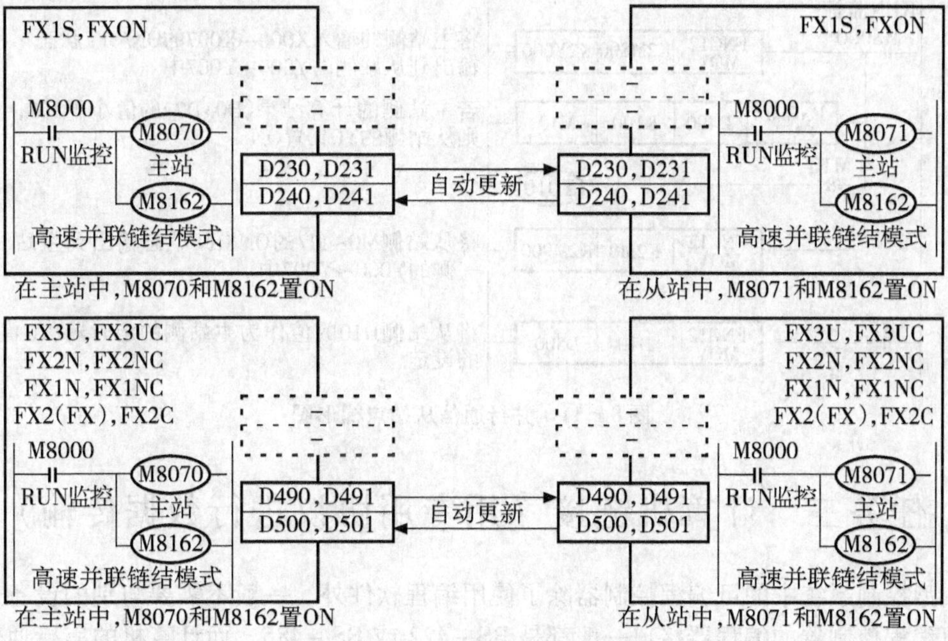

图 8－9　高速并联链结模式

3. 通信实例

在图 8－6 并行通信系统中，当需要较多点链接软元件时，使用普通并联链结模式，其控制要求有：①主站点输入 X0 ~ X7 的 ON/OFF 状态输出到从站点的 Y0 ~ Y7；②当主站点的计算结果（D0 + D2）大于100 时，从站的 Y10 通；③从站点的 M0 ~ M7 的ON/OFF状态输出到主站点的 Y0 ~ Y7；④从站点中 D10 的值被用来设置主站点中的定时器。

根据控制要求，主站点梯形图如图 8－10 所示。

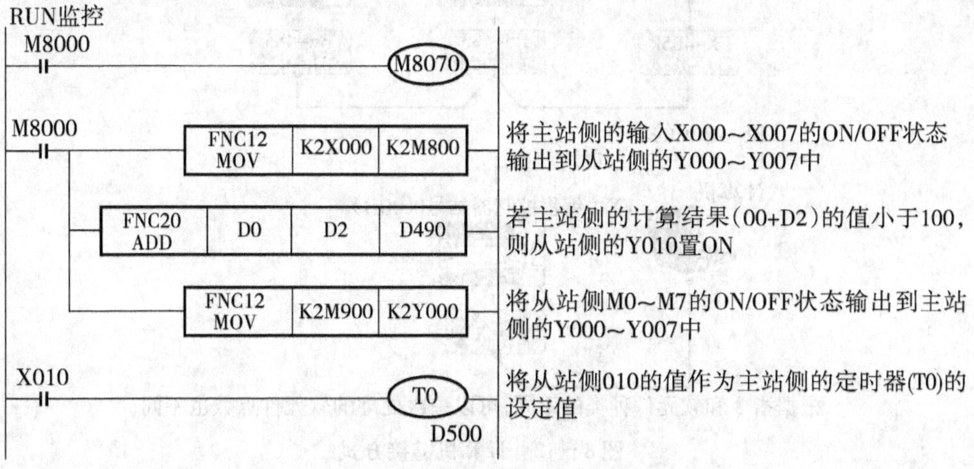

图 8－10　并行通信主站点梯形图

从站点梯形图如图 8 - 11 所示。

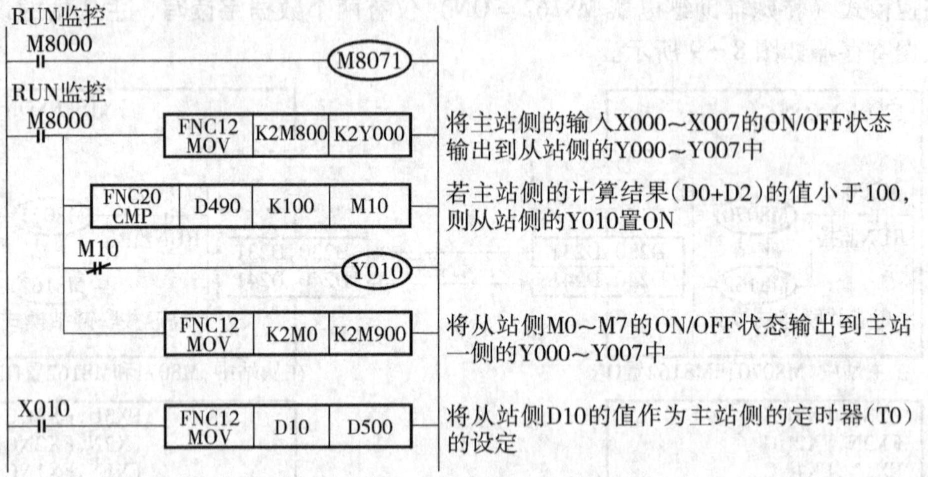

图 8 - 11　并行通信从站点梯形图

任务三　计算机链接（用专用协议进行数据传输）

小型控制系统中的可编程控制器除了使用编程软件外，一般不需要与别的设备通信连接。可编程控制器的编程器接口一般都是 RS - 422 或 RS - 485，而计算机的串行通信接口是 RS - 232C，编程软件与可编程控制器交换信息时，需要配接专用的带转接电路的编程电缆或通信适配器。例如，为了实现编程软件与 FX 系列 PLC 之间的程序传送，需要使用 SC - 09 编程电缆。系统结构如图 8 - 12 所示。

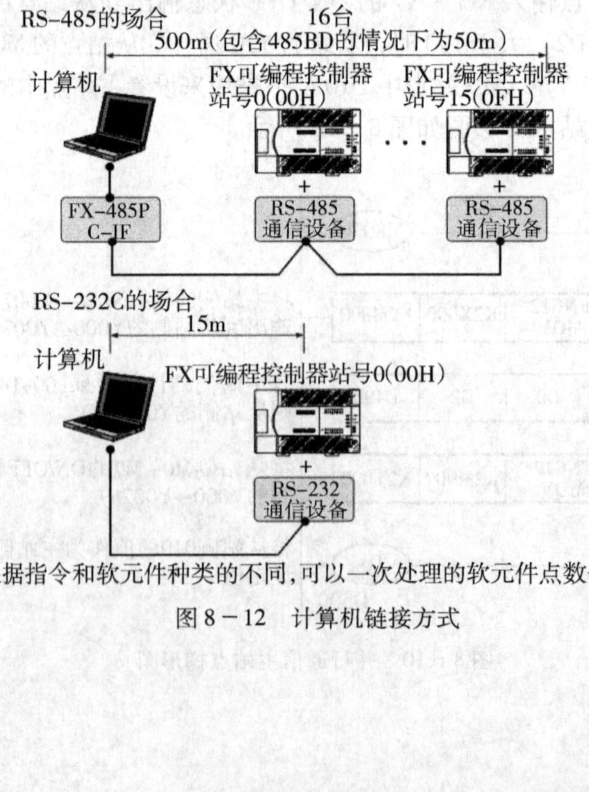

图 8 - 12　计算机链接方式

选择连接方法

使用计算机链接功能时，可以以 RS－232C 通信或是 RS－485 （RS422） 通信两种方式中的任意一种进行连接。

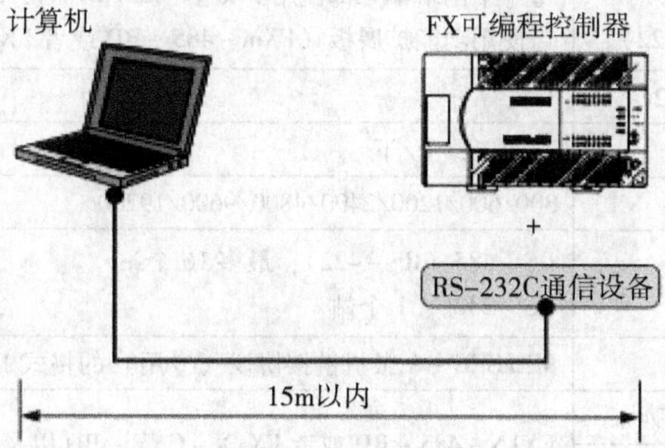

图 8－13 RS－232C 通信的场合 （1:1）

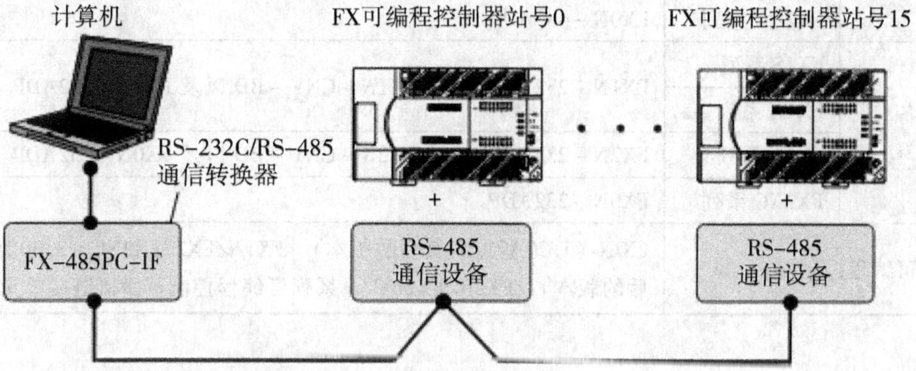

图 8－14 RS－485 （RS422） 通信的场合 （1:N）

三菱公司的计算机链接功能可用于一台计算机与一台或最多 16 台 PLC 的通信，进行数据链结的功能。该链结由计算机发出读写可编程控制器中的数据的命令帧，可编程控制器收到后返回响应帧。用户不需要对可编程控制器编程，响应帧是可编程控制器自动生成的，但是上位机的程序仍需用户编写。

如果上位计算机使用组态软件，后者可提供常见可编程控制器的通信驱动程序，用户只需在组态软件中做一些简单的设置，可编程控制器侧和计算机侧都不需要用户设计。

可编程控制器与计算机通信的解决方案汇总后，如表 8－7 所示。

表 8－7 通信解决方案

项目		规格
传输标准		与 RS－485（RS422）或者 RS－232C 相一致
最大扩展距离	RS－485（RS－422）	每一个网络单元都使用 FX0N－485ADP 时：500m 当使用功能扩展板（FXm－485－BD 或者 FX2N－485－BD）时：50m
	RS－232C	15m
通信方式		半双工，上/下
波特率/(b/s)		300/600/1200/2400/4800/9600/19200
可连接站点数		RS－485（RS－422）：最多 16 个站 RS－232C：1 个站
通信协议格式		MELSEC－A 微机链接协议（专用）的格式 1 和格式 4
连接设备 RS－485（RS－422）	FX1S 系列	FX1N－485－BD 或者 FX1N－CNV－BD 以及 FX0S－485ADP
	FX1N 系列	
	FX2N 系列	FX2N－485－BD 或者 FX2N－CNV－BD 以及 FX0N－485ADP
	FX2NC 系列	FX0N－485ADP
连接设备 RS－232C	FX1S 系列	FX1N－232－BD 或者 FX1N－CNV－BD 以及 FX0N－232ADP
	FX1N 系列	
	FX2N 系列	FX2N－232－BD 或者 FX2N－CNV－BD 以及 FX0N－232ADP
	FX2NC 系列	FX0N－232ADP
可用的可编程控制器		FXlN（1.20 版或者其后的版本）/FX1N/FX2/FX2NC（3.30 版或者其后的版本）/PX2N/FX2NC/A 系列可编程控制器微机链接单元

任务四 无协议通信（用 RS 指令进行数据传输）

大多数可编程控制器都有一种串行口无协议通信指令，如 FX 系列 PLC 的 RS 指令，它们用于可编程控制器与上位计算机或其他 RS－232C 设备的通信。这种通信方式最为灵活，可编程控制器与 RS－232C 设备之间可以使用用户自定义的通信规定，但是可编程控制器的编程工作量较大，对编程人员的要求较高。如果不同厂家的设备使用的通信规定不同，即使物理接口都是 RS－485，也不能将它们接在同一网络内，在这种情况下 1 台设备要占用可编程控制器的一个通信接口。

对各种 RS－232C 单元，包括个人计算机，条形码阅读器和打印机等的数据通信，都可通过无协议通信完成。此通信使用 RS 指令或 1 个 FX2N－2321F 特殊功能模块完成。

①通信数据的点数允许最多发送 4 096 点数据，最多接收 4 096 点数据。但是，发送数据和接收数据的合计点数不能超过 8 000 点。

②采用无协议方式，连接支持串行通信的设备，可以实现数据的交换通信。

③RS－232C 通信的场合，总延长距离最大可达 15m；RS－485 通信的场合，最大可达 500m。

一、使用 RS 指令的无协议通信功能中使用的软元件

1. 位软元件（表 8－8）

表 8－8　位软元件　　R：读出　W：写入

软元件编号	名　称	内　容	属性
M8063	串行通信出错（通道 1）	发生通信出错时置 ON 当串行通信出错（M8063）为 ON 时，在 D8063 中保存出错代码	R
M8120	保持通信设定用	保持通信设定状态（FX0N 可编程控制器用）	W
M8121	等待发送标志位	等待发送时置 ON	R
M8122	发送请求	设置发送请求后，开始发送	R/W
M8123	接收结束标志位	接收结束时置 ON。当接收结束标志位（M8123）为 ON 时，不能再接收数据	R/W
M8124	载波检测的标志位	与 CD 信号同步置 ON	R
M8129	判断超时的标志位	当接收数据中断，在超时时间设定（D8129）中设定的时间内，没有收到要接收的数据时置 ON	R/W
M8161	8 位处理模式	在 16 位数据和 8 位数据之间切换发送接收数据 ON：8 位模式 OFF：16 位模式	W

2. 字软元件（表 8－9）

表 8－9　字软元件　　R：读出　W：写入

软元件编号	名　称	内　容	属性
D8063	显示出错代码	当串行通信出错（M8063）为 ON 时，在 D8063 中保存出错代码	R/W
D8120	通信格式的设定	可以设定通信格式	R/W
D8122	发送数据剩余点数	保存发送数据的剩余点数	R
D8123	接收点数的监控	保存已接收的数据的点数	R
D8124	报头	设定报头初始值：STX（H02）	R/W
D8125	报尾	设定报尾初始值：ETX（H03）	R/W
D8129	超时时间的设定	设定超时时间	R/W
D8045	显示通信参数	保存可编程控制器中设定的通信参数	R
D8419	显示运行模式	保存正在执行的通信功能	R

3. RS 指令的使用方法

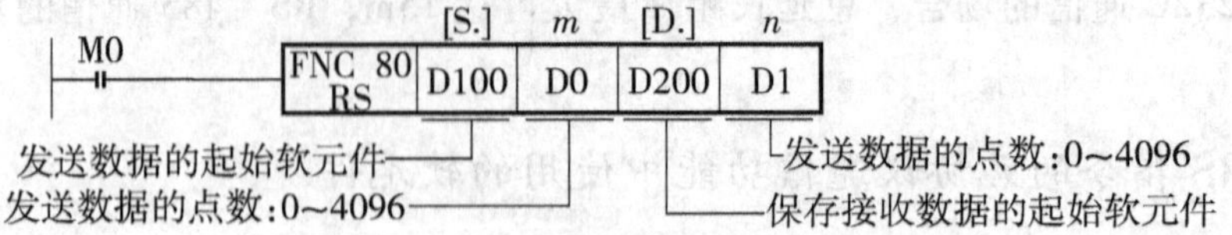

图 8－15 RS 指令的使用方法

任务实施

利用打印机打印从 PLC 发送的数据。

1. 系统构成（图 8－16）

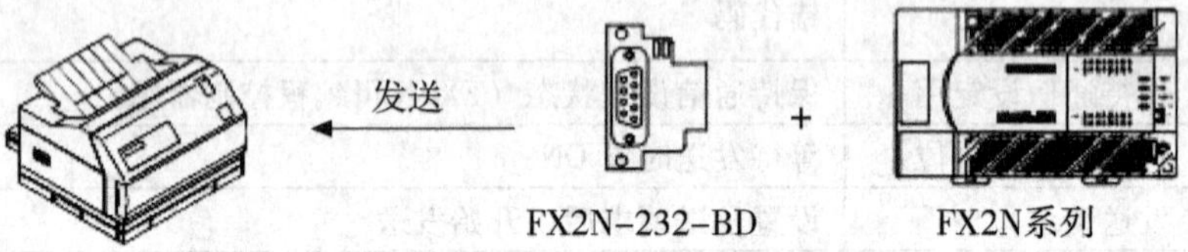

图 8－16 打印机打印 PLC 发送数据的系统图

2. 程序编制（图 8－17）

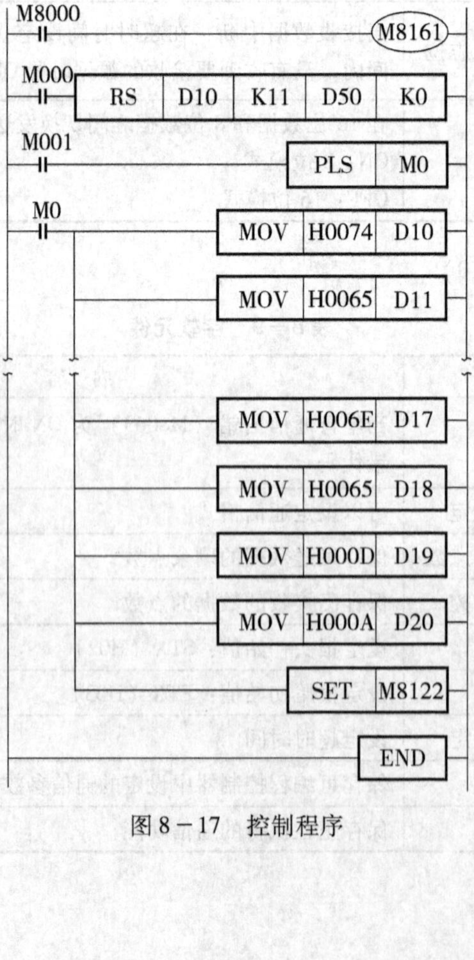

图 8－17 控制程序

3．程序流程（图 8－18）

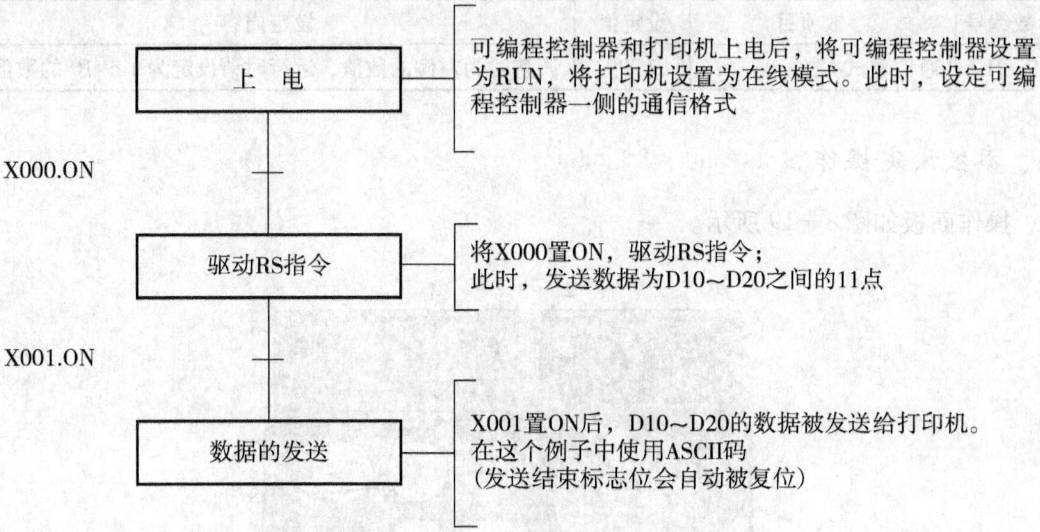

图 8－18　控制流程

任务五　变频器通信

变频器通信功能，是以 RS－485 通信方式链接 FX 系列 PLC 和变频器，最多可以对 8 台变频器进行运行监控、各种指令以及参数的读出/写入的功能。

一、变频器的通信设定

连接到 PLC 之前，需要用变频器的 PU（参数设定单元）设定与通信有关的参数。

1．通信的设定内容

参数编号	参数项目	设定值	设定内容
Pr117	变频器站号	00 ～ 31	最多可以连接 8 台
Pr118	波特率	48	4 800bps
		96	9 600bps（标准）
		192	19 200bps
Pr119	数据长度/停止位	10	数据长度：7 位/停止位：1 位
Pr120	奇偶校验	2	2：偶校验
Pr123	设定等待时间	9 999	在通信数据中设定
Pr124	有无 CR，LF 指令	1	CR：有，LF：无
Pr79	运行模式	0	上电时外部运行模式
Pr122	通信检查的时间间隔	9 999	通信检查中止

2．试运行时以及运行时需要调整数值的参数

参数编号	参数项目	设定值	设定内容
Pr121	通信重试次数	9 999	调整时为左侧的数值，运行时请设定为1～10的数值

二、参数设定操作

操作面板如图8－19所示。

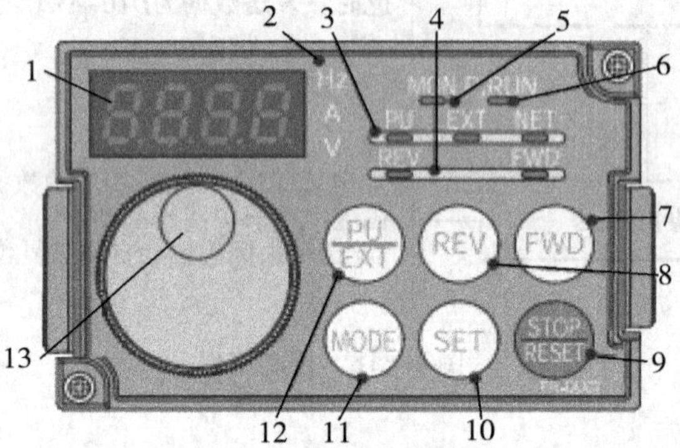

图8－19 PU操作面板

1—监视器。4位LED，显示频率、参数编号等。2—单位显示。Hz—显示频率时灯亮；A—显示电流时灯亮；V—显示电压时灯亮。3—运行模式显示。PU—PU运行模式时亮灯；EXT—外部运行模式时亮灯；NET—网络运行模式时亮灯。4—显示转动方向。FWD：正转时亮灯；REV：反转时灯亮；灯亮：正在正转或反转；闪烁：有正转或反转指令，但无频率指令的情况。5—监视器显示。监视器模式时灯亮。6—无功能。运行时灯亮。7—正转指令按钮。8—反转指令按钮。9—停止按钮，也可复位报警。10—确定各类设置，如果在运行中按下，监视器将循环显示频率—输出电流—输出电压。11—模式切换。切换各设定模式。12—运行模式切换。PU进行与外部运行模式间的切换。外部运行模式（用另行设置的频率和启动信号启动）的情况下，按此键，使运行模式显示的EXT灯亮。13——M旋钮，设置频率，改变参数的设定值。

下面介绍如何用PU面板将Pr118波特率设置成19 200bps。

1．确认运行的显示以及运行模式的显示

确认是否停止运行（显示运行状态的LED灯灭）。

2．设定为参数设定模式

按MODE键，设置为参数设定模式（图8－20）。

图8－20 设定模式

3．读出参数Pr118（图8－21）

旋转M旋钮调节到Pr118。

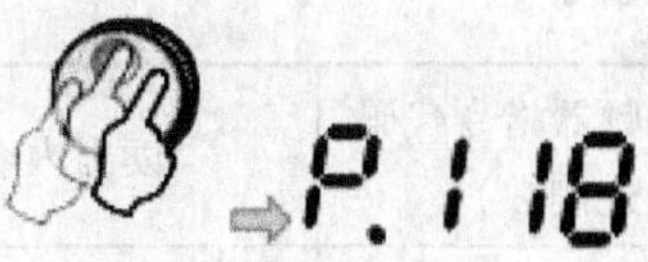

图 8－21　读出参数

图 8－22　设定参数值

4. 将 Pr118 的设定值设定为“192”

192 表示波特率为 19 200bps。按下 SET 键，读出当前设定的设定值，然后使用 M 旋钮调节到 192，按下 SET 键，当 LED 在参数 Pr118 与 Pr192 之间闪烁时，表示参数设置完毕，如图 8－22 所示。

5. 重复步骤 3、4 进行其他参数的设定

三、通信程序设计

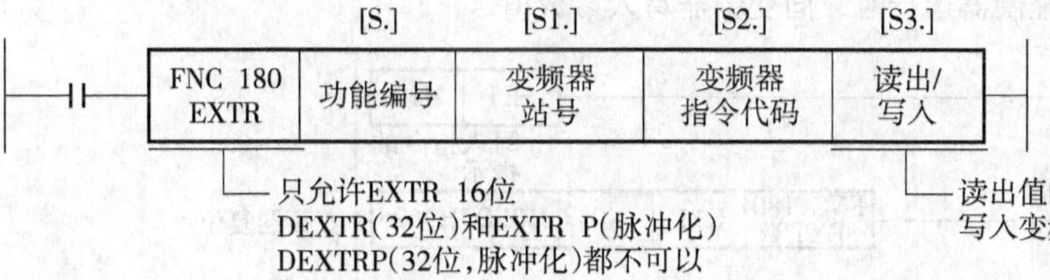

图 8－23　EXTR 指令形式

指　令	功能编号（S）	功　能	控制方向
EXTR（FNC 180）	K10	变频器的运行监视	可编程控制器←INV
	K11	变频器的运行控制	可编程控制器→INV
	K12	读出变频器的参数	可编程控制器←INV
	K13	写入变频器的参数	可编程控制器→INV

1. 变频器的运行监视功能（K10）下的变频器指令代码

［S2.］变频器指令代码（16 进制数）	读出内容	［S2.］变频器指令代码（16 进制数）	读出内容
H7B	运行模式	H75	异常内容
H6F	输出频率［转数］	H76	异常内容
H70	输出电流	H77	异常内容
H71	输出电压	H7A	变频器状态监控
H72	特殊监控	H6E	读出设定频率（E2PPOM）
H73	特殊监控的选择编号	H6D	读出设定频率（RAM）
H74	异常内容		

2．变频器的运行控制功能（K11）下的变频器指令代码

[S2.] 变频器指令代码（16 进制数）	读出内容	[S2.] 变频器指令代码（16 进制数）	读出内容
HFB	运行模式	HFD	变频器复位
HF3	特殊监控的选择 No.	HF4	异常内容的成批清除
HFA	运行指令	HFC	异常内容
HEE	写入设定频率（EEPROM）	HFC	异常内容
HED	写入设定频率（RAM）		

变频器的参数读出和写入指令代码请参考相关手册。

四、变频器的运行监视、运行控制以及参数写入程序实例

1．在可编程控制器运行时，向变频器写入参数值

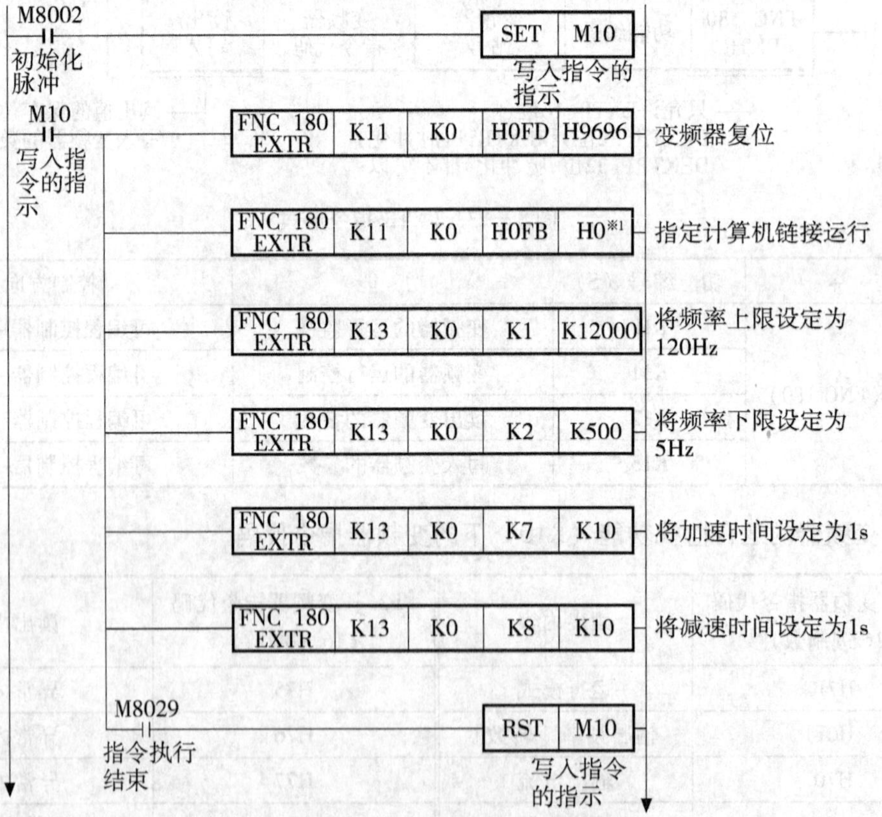

图 8－24 写入参数程序段

2．通过顺控程序更改速度

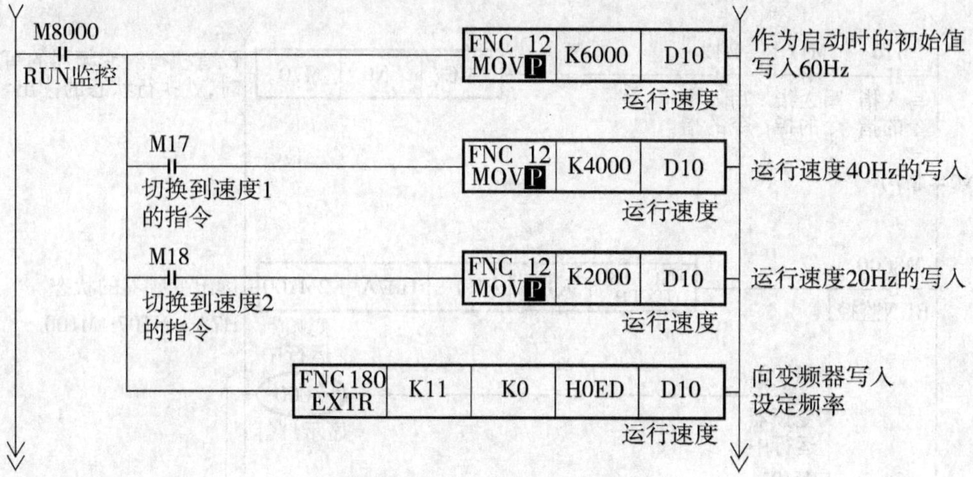

图 8－25　设定频率段程序

3．变频器的运行控制

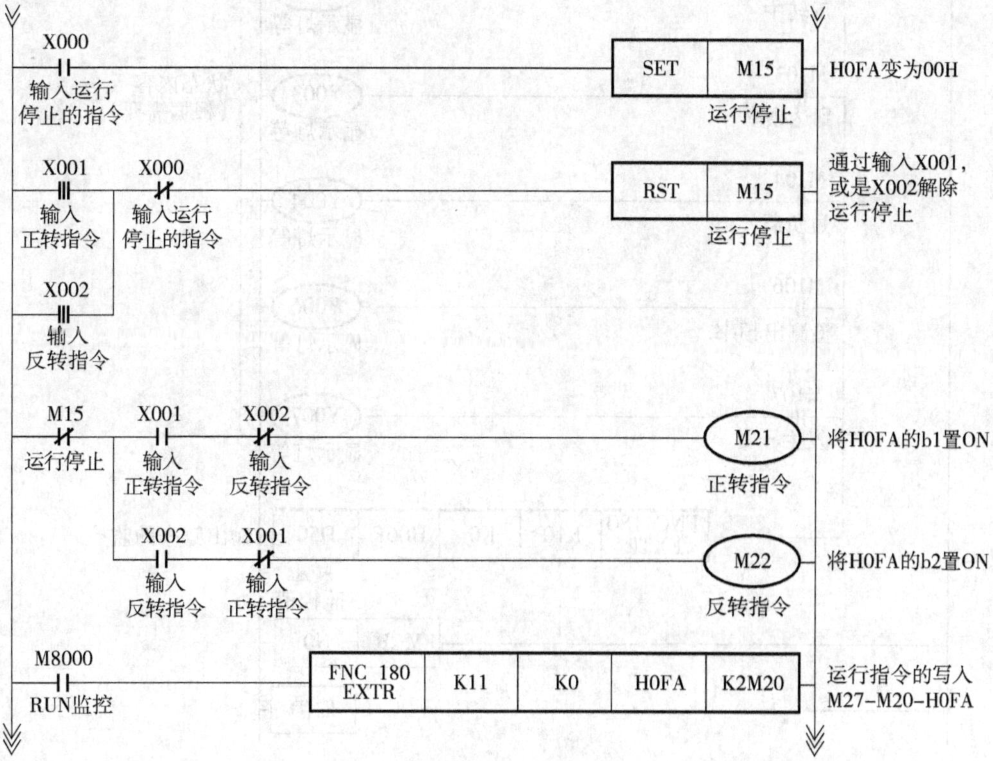

图 8－26　运行变频器程序

4. 变频器的运行监视

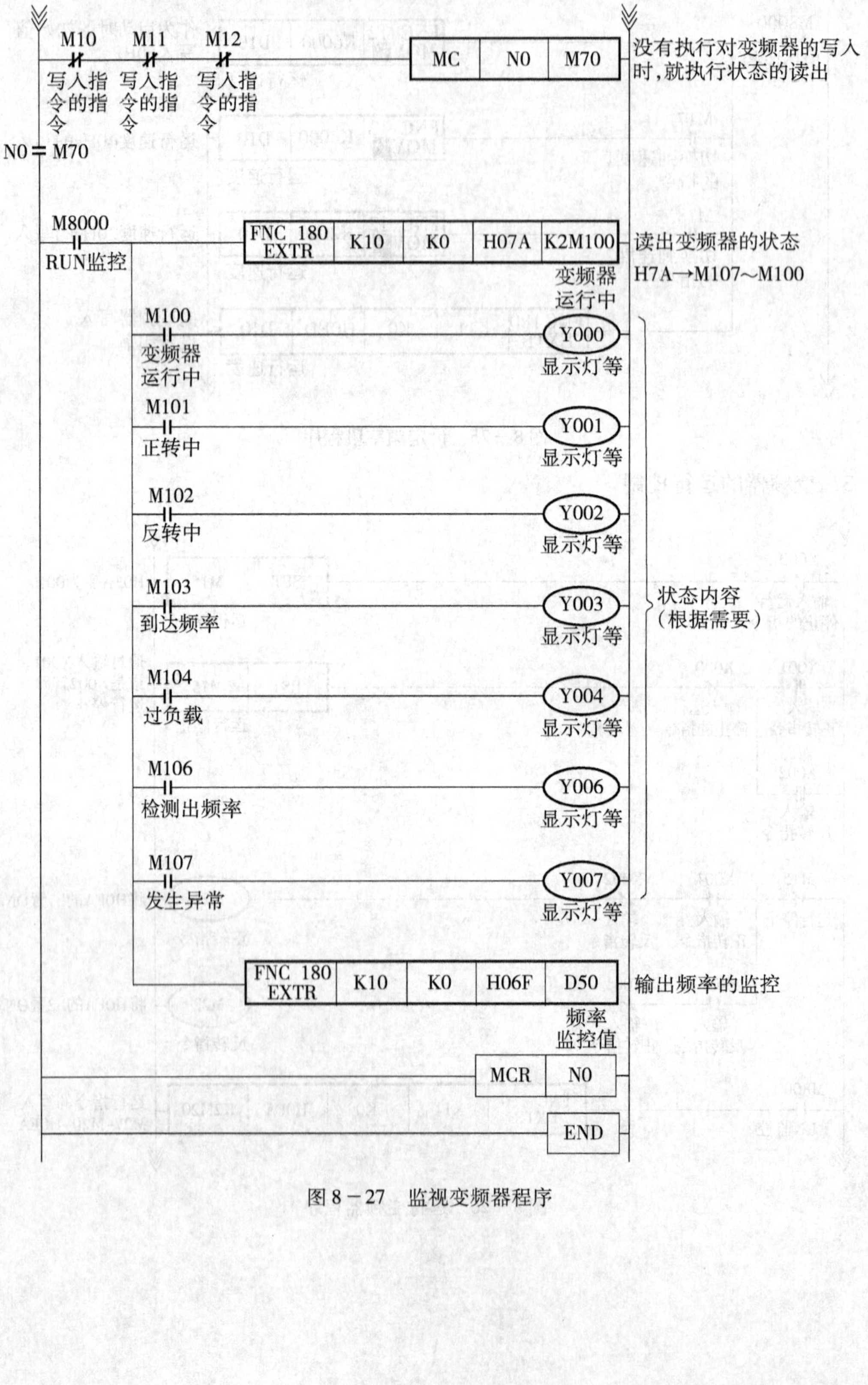

图8－27 监视变频器程序

项目九　恒压供水系统的设计

生产及生活都离不开水，但如果水源离用水的场所较远，就需要管路输送。而将水送到较远或较高的地方，管路中就需要有一定的水压，水压高了，才能将水送到远处或较高的楼层。

产生水压的设备是水泵，水泵转动得越快，产生的水压就越高。传统的维持管路水压的方法是建造水塔，水泵开着时将水打到水塔中，水泵停机时，借助水塔的水位继续供水。水塔中的水位变化相对水塔的高度来说很小，也就是说水塔能维持供水管路中水压的基本恒定。

但是，建造水塔需花费财力，水塔还会造成水的二次污染。那么，可不可以不借助水塔来实现恒压供水呢？当然可以，但是要解决水压随用水量的大小而变化的问题。通常的办法是：用水量大时，增加水泵数量或提高水泵的转动速度以保持管网中的水压不变，用水量小时又需做出相反的调节。这就是恒压供水的基本思路。这在电动机速度调节技术不发达的年代是不可设想的，但今天办到这一点已变得很容易了，交流变频器的诞生为水泵转速的平滑连续调节提供了方便。交流变频器是改变交流电源频率的电力电子设备，输入三相工频交流电后，可以输出频率平滑变化的三相交流电。

任务一　恒压供水系统的基本构成

恒压供水泵站一般需设多台水泵及电动机，这比设单台水泵及电动机节能且可靠。配单台电动机及水泵时，它们的功率必须足够大，在用水量少时开一台大电动机肯定是浪费的，电动机选小了用水量大时供水会不足。而且水泵与电动机都有维修的时候，备用泵是必要的。恒压供水的主要目标是保持管网水压恒定，水泵电动机的转速要跟随用水量而变化，这就要用变频器为水泵电动机供电，这也有两种配置方案，一是为每台水泵电动机配一台变频器，这当然方便，电动机与变频器间不需切换，但购变频器的费用较高。另一种方案是数台电动机配一台变频器，变频器与电动机间可以切换，供水运行时，一台水泵变频运行，其余水泵工频运行，以满足不同用水量的需求。

图 9－1 为恒压供水系统的构成示意图。图中压力传感器用于检测管网中的水压，常装设在泵站的出水口。当用水量大时，水压降低；用水量小时，水压升高。水压传感器将水压的变化转变为电流或电压的变化送给调节器。

调节器是一种电子装置，在系统中具备以下几种功能。

①设定水管压力的给定值。恒压供水水压的高低依需要设定，供水距离越远，用水地点越高，系统所需的供水压力越大。给定值即是系统正常工作的恒压值。另外有些供水系统可能有多种用水目的，如将生活用水与消防用水共用一个泵站，水压的设定值可能不止

一个，一般消防用水的水压要高一些。调节器具有给定值设定功能，可以以数字量进行设定，也有的调节器以模拟量方式设定。

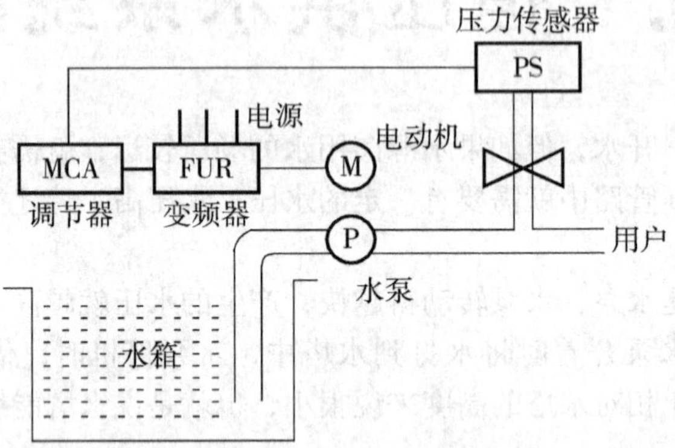

图 9－1　变频恒压供水系统的基本构成

②接收传感器送来的管网水压的实测值。管网实测水压回送到泵站控制装置称为反馈，调节器是反馈的接收点。

③根据给定值与实测值的综合，依一定的调节规律发出系统调节信号。调节器接收了水压的实测反馈信号后，将它与给定值比较，得到给定值与实测值之差。如给定值大于实测值，说明系统水压低于理想水压，要加大水泵电动机的转速，如水压高于理想水压，要降低水泵电动机的转速。这些都由调节器的输出信号控制。为了实现调节的快速性与系统的稳定性，调节器工作中还有个调节规律问题，传统调节器的调节规律多是比例－积分－微分调节，俗称 PID 调节器。调节器的调节参数，如 P、I、D 参数均是可以由使用者设定的，PID 调节过程视调节器的内部构成有数字式调节及模拟量调节两类，以微型计算机为核心的调节器多为数字式调节器。

调节器的输出信号一般是模拟信号，4～20mA 变化的电流信号或 0～10V 之间变化的电压信号。信号的量值与前边提到的差值成比例，用于驱动执行设备工作。在变频恒压供水系统中，执行设备就是变频器。

任务二　变频器及其控制

一、变频器的结构及工作原理

交流变频器是微型计算机及现代电力电子技术高度发展的结果。微型计算机是变频器的核心，电力电子器件构成了变频器的主电路。大家都知道，从发电厂送出的交流电的频率是恒定不变的，在我国是 50Hz。而交流电动机的同步转速及异步电动机转速均与送入电动机的电流频率成正比例或接近于正比例，也就是说，改变频率可以方便地改变电动机的运行速度，因此变频对于交流电动机的调速是十分合适的。

交流电动机的同步转速计算公式：

$$n_1 = \frac{60f}{p}$$

式中，n_1 为同步转速，r/min；f_1 为定子频率，Hz；p 为电动机的磁极对数。

异步电动机转速计算公式：

$$n = n_1(1 - s) = \frac{60f_1}{p}(1 - s)$$

式中，s 为异步电动机转差率，$s = (n_1 - n)/n_1$，一般小于3%。

1. 变频器的基本结构

从频率变换的形式来说，变频器分为交－交和交－直－交两种形式。交－交变频器可将工频交流电直接变换成频率、电压均可控制的交流电，称为直接式变频器。而交－直－交变频器则是先把工频交流电通过整流变成直流电，然后再把直流电变换成频率、电压均可控制的交流电，又称间接式变频器。市面上通常销售的变频器多是交－直－交变频器，其基本结构如图9－2所示，由主回路组成，包括整流器、直流中间电路、逆变器和控制电路。现将各部分的功能分述如下。

①整流器。电网侧的变流器是整流器，它的作用是把三相（也可以是单相）交流整流成直流。

②直流中间电路。直流中间电路的作用是对整流电路的输出进行平滑处理，以保证逆变电路及控制电源得到质量较高的直流电源。由于逆变器的负载多为异步电动机，属于感性负载。无论电动机是处于电动或发电状态，其功率因数总不会为1。因此，在中间直流环节和电动机之间总会有无功功率的交换。这种无功能量要靠中间直流环节的储能元件（电容器或电抗器）来缓冲，所以又常称直流中间环节为中间直流储能环节。

③逆变器。负载侧的变流器为逆变器。逆变器的主要作用是在控制电路的控制下将直流平滑输出电路的直流电源转换为频率及电压都可以任意调节的交流电源。逆变电路的输出就是变频器的输出。

④控制电路。变频器的控制电路包括主控制电路、信号检测电路、门极驱动电路、外部接口电路及保护电路等几个部分，其主要任务是完成对逆变器的开关控制，对整流器的电压控制及完成各种保护功能。控制电路是变频器的核心部分，性能的优劣决定了变频器的性能。

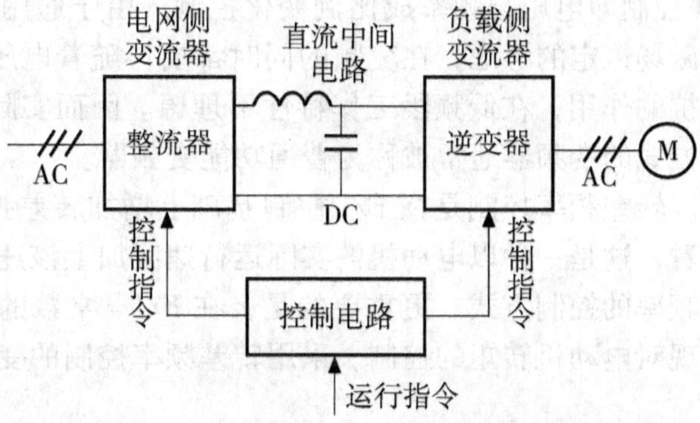

图9－2　交－直－交变频器的基本结构

一般三相变频器的整流电路由三相全波整流桥组成，直流中间电路的储能元件在整流电路是电压源时是大容量的电解电容，在整流电路是电流源时是大容量的电感。为了电动机制动的需要，中间电路中有时还包括制动电阻及一些辅助电路。逆变电路最常见的结构形式是利用6个半导体主开关器件组成的三桥式逆变电路。有规律的控制逆变器中主开关的通与断，可以得到任意频率的三相交流输出。现代变频器控制电路的核心器件是微型计算机，全数字化控制为变频器的优良性能提供了硬件保障。图9－3为电压型变频器和电流型变频器主电路基本结构示意图。

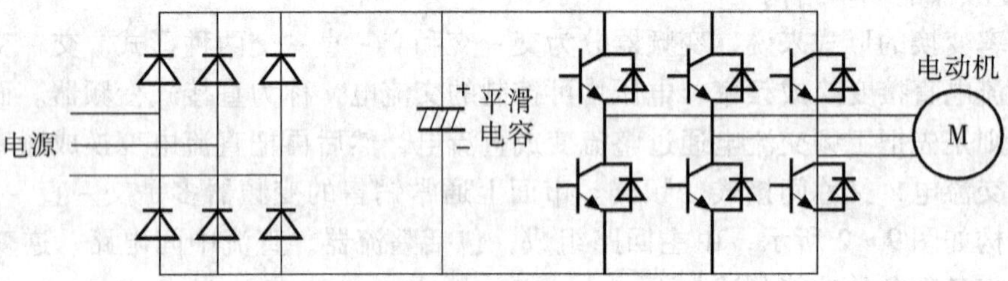

（a）电压型变频器主电路

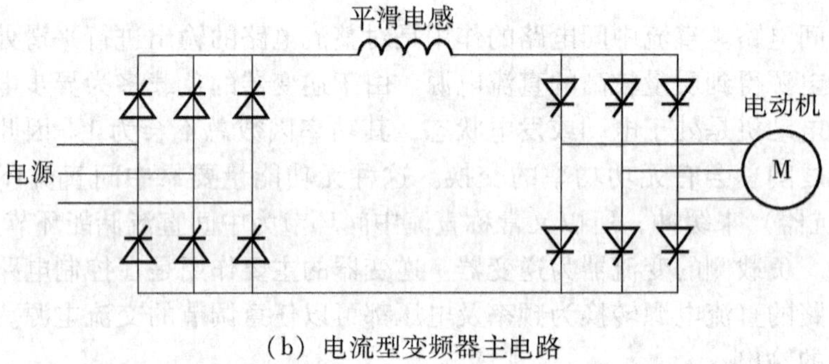

（b）电流型变频器主电路

图9－3 电压型变频器和电流型变频器主电路基本结构

2. 变频器的分类及工作原理

变频器较详细的工作原理与变频器的工作方式有关，通用变频器按工作方式分类如下。

①U/f 控制。U/f 控制即电压与频率成比例变化控制。由于通用变频器的负载主要是电动机，出于电动机磁场恒定的考虑，在变频的同时都要伴随着电压的调节。U/f 控制由于忽略了电动机漏阻抗的作用，在低频段工作特性不理想。因而实际变频器中常采用 E/f 控制。采用 U/f 控制方式的变频器通常被称为普通功能变频器。

②转差频率控制。转差频率控制是在 E/f 控制基础上增加转差控制的一种控制方式。从电动机的转速角度看，这是一种以电动机的实际运行速度加上该速度下电动机的转差频率确定变频器的输出频率的控制方式。更重要的是，在 E/f = 常数的条件下，通过对转差频率的控制，可以实现对电动机转矩的控制。采用转差频率控制的变频器通常属于多功能型变频器。

③矢量控制。矢量控制是受调速性能优良的直流电动机磁场电流及转矩电流可分别控

制启发而设计的一种控制方式。矢量控制将交流电动机的定子电流采用矢量分解的方法，计算出定子电流的磁场分量及转矩分量，并分别控制，从而大大提高了变频器对电动机转速及力矩控制的精度及性能。采用矢量控制的变频器通常称为高功能变频器。

通用变频器按工作方式分类的主要工程意义在于各类变频器对负载的适应性。普通功能型变频器适用于泵类负载及要求不高的反抗性负载，而高功能变频器可适用于位能性负载。

3. 变频器的操作方式及使用

和 PLC 一样，变频器是一种可编程的电气设备。在变频器接入电路工作前，要根据通用变频器的实际应用修订变频器的功能码。功能码一般有数十甚至上百条，涉及调速操作端口指定、频率变化范围、力矩控制、系统保护等各个方面。功能码在出厂时已按默认值存储。修订是为了使变频器的性能与实际工作任务更加匹配。变频器与外界交换信息的接口很多，除了主电路的输入与输出接线端外，控制电路还设有许多输入、输出端子，另有通信接口及一个操作面板，功能码的修订一般就通过操作面板完成。图 9-4 为操作面板图，图 9-5 为变频器的接线端子图。

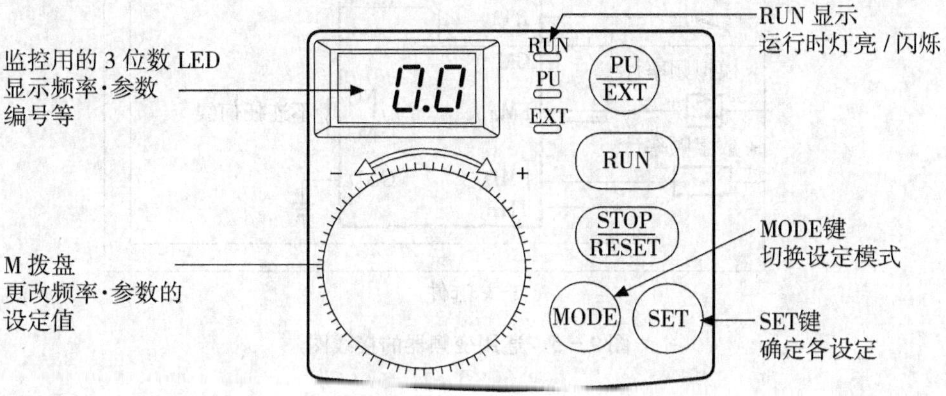

图 9-4　操作面板图

变频器的输出频率控制有以下几种方式。

①操作面板控制方式。这是通过操作面板上的按钮手动设置输出频率的一种操作方式。具体操作又有两种方法：一种是按面板上频率上升或频率下降的按钮来调节输出频率；另一种方法是通过直接设定频率数值调节输出频率。

②外输入端子数字量频率选择操作方式。变频器常设有多段频率选择功能，各段频率值通过功能码设定，频率段的选择通过外部端子选择。变频器通常在控制端子中设置一些控制端，如图 9-5 中的端子 X1、X2、X3，它们的 7 种组合可选定 7 种工作频率值。这些端子的接通组合可通过机外设备，如 PLC 控制实现。

③外输入端子模拟量频率选择操作方式。为了方便与输出量为模拟电流或电压的调节器、控制器的连接，变频器还设有模拟量输入端，如图 9-5 中的 L1、L2、L3 端为电流输入端，11、12、13 端为电压输入端，当接在这些端口上的电流或电压量在一定范围内平滑

变化时，变频器的输出频率将会在一定范围内平滑变化。

④通信数字量操作方式。为了方便与网络连接，变频器一般都设有网络接口，都可以通过通信方式接收频率控制指令。不少变频器生产厂家还为自己的变频器与 PLC 通信设计了专用的协议，如西门子公司的 USS 协议即是西门子 MM400 系列变频器的专用通信协议。

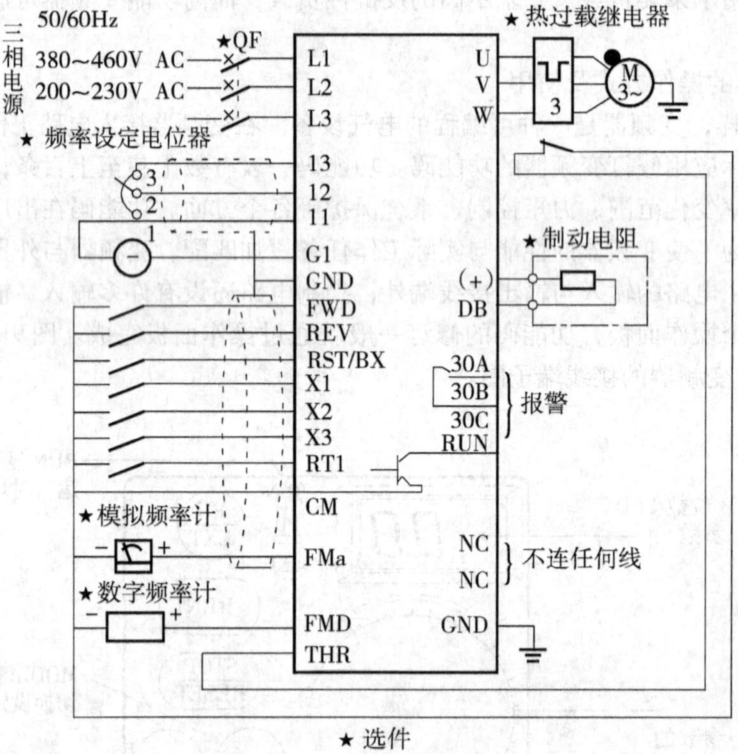

图 9－5 通用变频器的接线图

二、PLC 在恒压供水泵站中的主要任务

PLC 在恒压供水泵站中的主要任务有以下几个方面。

①代替调节器实现水压给定值与反馈值的综合与调节工作，实现数字式 PID 调节。一只传统调节器往往只能实现一路 PID 设置，用 PLC 作调节器可同时实现多路 PID 设置，在多功能供水泵站的各类工况中 PID 参数可能不一样，使用 PLC 作数字式调节器就十分方便。

②控制水泵的运行与切换。在多泵组恒压供水泵站中，为了使设备均匀地磨损，水泵及电动机是轮换工作的。在设单一变频器的多泵组泵站中，如与变频器相连接的泵为变频泵，变频泵也是轮换工作的。变频泵在运行且达到最高频率时，增加一台工频泵投入运行。PLC 则是泵组管理的执行设备。

③变频器的驱动控制。恒压供水泵站中变频器常采用模拟量控制方式，这需采用具有模拟量输入输出的 PLC 或采用 PLC 的模拟量扩展模块。水压传感器送来的模拟信号输入到 PLC 或模拟量扩展模块的模拟量输入端，而输出端送出经给定值与反馈值比较并经 PID 处理后得出的模拟量控制信号，并依此信号的变化改变变频器的输出频率。

④泵站的其他逻辑控制。除了泵组的运行管理工作外，泵站还有许多逻辑控制工作，如手动、自动操作转换，泵站的工作状态指示，泵站工作异常的报警，系统的自检等，这些都可以在 PLC 的控制程序中实现。

任务三　PLC 模拟量扩展模块的配置及应用

PLC 的普通输入输出端口为开关量处理端口，为了使 PLC 能完成模拟量的处理，常见的方法是为整体式 PLC 基本单元加配模拟量扩展模块。模拟量扩展模块可将外部模拟量转换为 PLC 可处理的数字量及将 PLC 内部运算结果转换为机外所需的模拟量。模拟量扩展模块有单独用于模/数转换的，也有单独用于数/模转换的，还有兼具模/数转换及数/模转换两种功能的。以下介绍三菱 FX2N 系列 PLC 的模拟量模块 FX2N - 4AD 及 FX2N - 2DA，它们分别具有 4 路模拟量输入及 2 路模拟量输出，可以用于恒压供水控制中。

（1）FX2N - 4AD 4 模拟量输入模块的功能及与 PLC 系统的连接

FX2N - 4AD 4 模拟量输入模块具有 4 个通道，可同时接收并处理 4 路模拟量输入信号，最大分辨率为 12 位。输入信号可以是 - 10 ~ + 10V 的电压信号（分辨率为 5mV），也可以是 4 ~ 20mA（分辨率为 16μA）或 - 20 ~ + 20mA（分辨率为 20μA）的电流信号。模拟量信号可通过双绞屏蔽电缆接入，连接方法如图 9 - 6 所示，当使用电流输入时，需将 V + 及 I + 端短接。

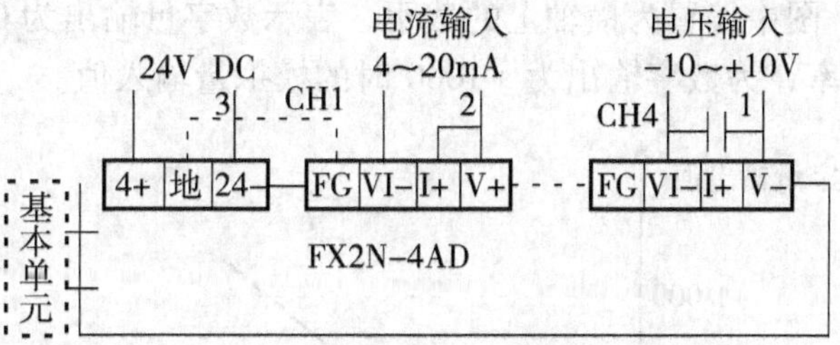

图 9 - 6　FX2N - 4AD 模块的连接方法

注：1—若输入电压波动，或存在外部干扰，可以接一个 0.1 ~ 0.47pF、25V 的电容器；2—若使用电流输入，需短接 V + 及 I + 端子；3—若存在过多的电气干扰，请连接 PC 和接地端。

FX2N - 4AD 的宽及高与 FX2N 相同，在安装时装在 FX2N 基本单元的右边，将总线连接器接入左侧单元的总线插孔中。FX 系列可编程控制器中，与 PLC 连接的特殊功能扩展模块位置从左至右依次编号（扩展单元不占编号），如图 9 - 7 所示。FX2N - 4AD 将消耗基本单元或电源扩展单元的 + 5V DC 电源（内部电源）30mA 电流， + 24V DC 电源（外部电源）55mA 电流。其通常转换速度为 15ms/通道，高速转换速度为 6ms/通道。

（2）FX2N - 4AD 4 模拟量输入模块缓冲存储器（BFM）的分配

为了能适用于多种规格的输入、输出量，模拟量处理模块都设计成可编程的。FX2N - 4AD模块利用缓冲存储器（简称“BFM”）的设置完成编程工作。FX2N - 4AD 模拟量输入模块共有 32 个缓冲存储器，但目前只使用了以下 21 个 BFM。

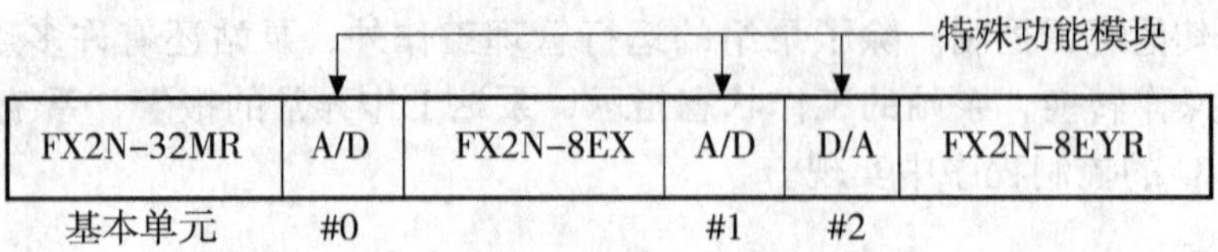

图 9－7 特殊功能模块的编号

①BFM#0。0 号 BFM 用于通道的选择。4 个通道的模拟输入信号范围用 4 位 16 进制数表示。具体地讲，16 进制数字“0～3”分别表示“－10～＋10V、4～20mA、－20～＋20mA、通道关闭”。例如：BFM#0 中的 4 位 16 进制数字为“H3310”则表示通道 CH4、CH3 关闭（未使用），2 号通道 CH2 的输入信号范围为 4～20mA，1 号通道 CH1 的输入信号范围为－10～＋10V。

②BFM#1～#4。1～4 通道的采样次数（设定范围为 1～4 096），默认值为 8。

③BFM#5～#8。1～4 通道的采样平均值。

④BFM#9～#12。1～4 通道的采样当前值。

⑤BFM#15。选择 A/D 转换的速度。若设为 0，则为正常转换速度，即 15ms/通道（默认值）；若设为 1，则选择高速转换，即 6ms/通道。

⑥BFM#20。若将 BFM#20 设为 1，则模块的所有设置都将复位成默认值。用它可以快速消除不希望的增益和偏置值。BFM#20 的默认值为 0。

⑦BFM#21。若 BFM#21 的 b1、b0 分别置为 1、0，则禁止调整增益和偏置；若 BFM#21的 b1、b0 分别置为 0、1（此为默认值），则可改变增益和偏置。增益和偏置的意义可由图 9－8 说明，图中偏置为横轴上的截距，表示数字量输出为 0 时的模拟量输入值。增益为输出曲线的斜率，为数字输出为＋1000 时的模拟量输入值。

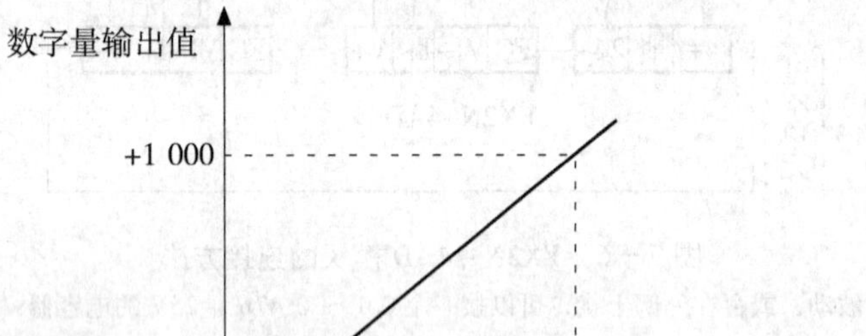

图 9－8 FX2N－4AD 的偏置和增益

⑧BFM#22。BFM#22 为增益与偏置调整的指定单元。BFM#22 的 b0～b7 由低到高，两两为一组，分别用于通道 1～4 的调整指定，当置 1 时调整，置 0 时不调整。两位中低位指定偏置，高位指定增益。通道的偏置及增益可分别调整。

⑨BFM#23、BFM#24。BFM#23、BFM#24 为偏置值与增益值存储单元，单位为 mV 或 μA。BFM#23（偏置）的默认值为 0，BFM#24（增益）的默认值为 5000。当 BFM#22 指定单元中的某些位置 1 时，偏置值及增益值会送入相应通道的增益和偏置寄存器中。

⑩BFM#29 中各位的状态是 FX2N－4AD 错误状态信息。其中，当 b0 为 ON 时，表示有错误；当 b1 为 ON 时，表示存在偏置及增益错误；当 b2 为 ON 时，表示存在电源故障；当 b3 为 ON 时，表示存在硬件错误等。

⑪BFM#30 中存的是模块的识别码 K2010。用户在程序中可以方便地利用这一识别码在传送数据前先确认该特殊功能模块。

（3）FX2N－2DA 模拟量输出模块的功能及与 PLC 系统的连接

FX2N－2DA 模块用来将 12 位数字信号转换成模拟量电压或电流输出。它具有 2 个模拟量输出通道。这两个通道都可以输出 0 ～ 10V DC（分辨率 2.5mV）、0 ～ 5V DC（分辨率 1.25mV）的电压信号或 4 ～ 20mA（分辨率 4μA）的电流信号。模拟量输出可通过双绞屏蔽电缆与驱动负载相连，连接方法如图 9－9 所示。当使用电压输出时，需将 IOUT 端和 COM 端短接。

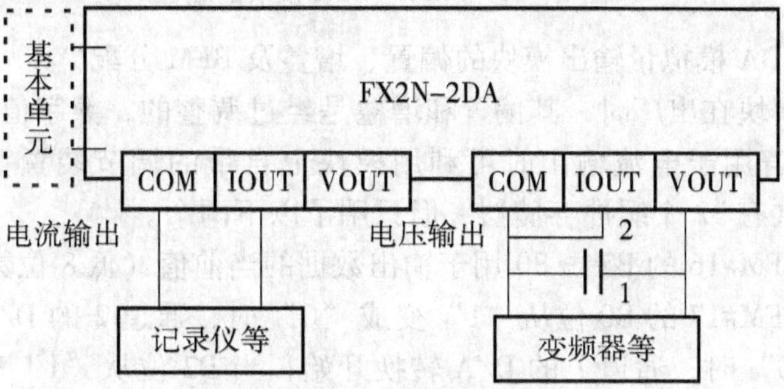

图 9－9　FX2N－2DA 模块的连接方法

注：1—若电压存在波动或有大量噪声时，可以接 1 个 0.1 ～ 0.47μF、25V 的电容器；2—若使用电压输出需短接 IOUT 和 COM。

FX2N－2DA 安装时装在 FX2N 基本单元的右边。FX2N－2DA 将消耗基本单元或电源扩展单元的 +5VDC 电源（内部电源）20mA 电流，+24VDC 电源 5mA 电流。D/A 转换时间为 4ms/通道。

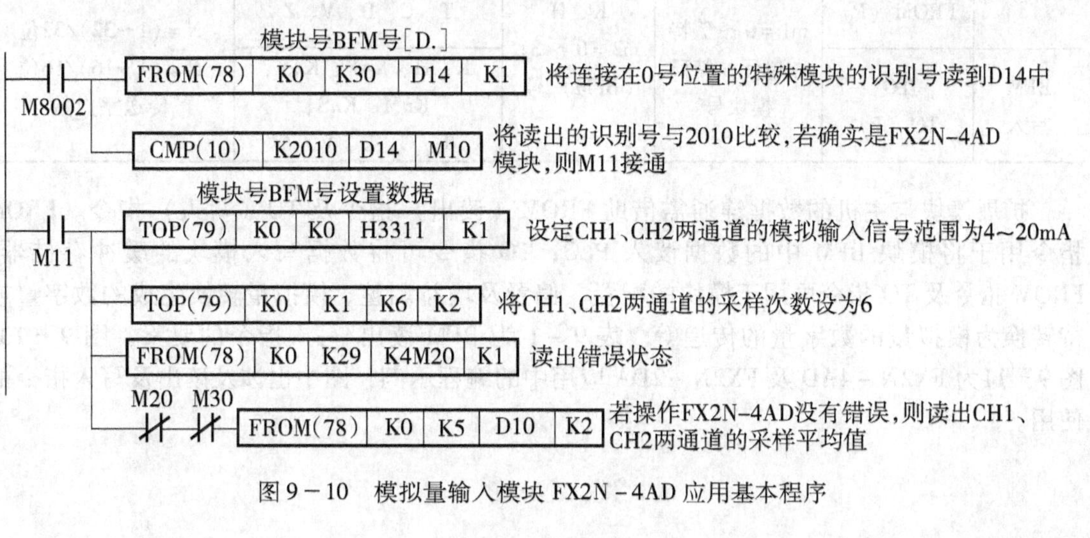

图 9－10　模拟量输入模块 FX2N－4AD 应用基本程序

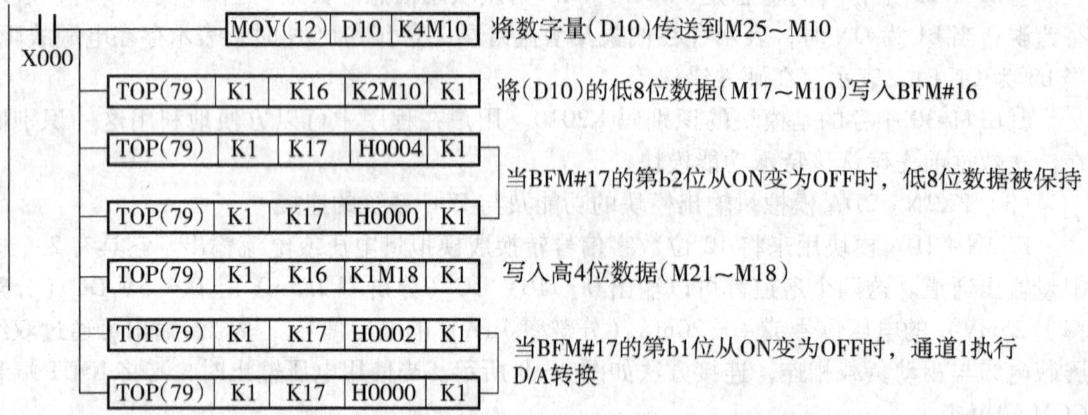

图 9－11 FX2N－2DA 模块的编程

（4）FX2N－2DA 模拟量输出模块的偏置、增益及 BFM 分配

FX2N－2DA 模块在出厂时，其偏置和增益是经过调整的，数字值为 0 ~ 4 000，电压输出为 0 ~ 10V。若用于电流输出时可利用模块上自带的调节装置重调偏置与增益值。FX2N－2DA 模块共有 32 个缓冲存储器，但只用了以下两个。

①BFM#16。BFM#16 的 B7 ~ B0 用于输出数据的当前值（低 8 位数据）。

②BFM#17。BFM#17 的 B0 位从“1”变成“0”时，通道 2 的 D/A 转换开始；当 B1 位从“1”变成“0”时，通道 1 的 D/A 转换开始；当 B2 位从“1”变为“0”时，D/A 转换的低 8 位数据被保持。其余各位没有意义。

表 9－1 BFM 读出/写入指令

指令名称	助记符	操作数			
		m1	m2	D（·）/S（·）	*n*
BFM 读出	FROM FROM（P）	K、H m1 = 0 ~ 7 特殊单元，特殊模块号	K、H m2 = 0 ~ 31（BFM）号	K*n*Y、K*n*M、K*n*S、T、C、D、V、Z	K、H N = (1~32)/32位 N = (1~16)/16位 传送字点数
BFM 写入	TO TO（P）			K、H、K*n*X、K*n*Y、K*n*M、K*n*S、T、C、D、V、Z	

扩展模块与主机的数据连通需借助 FROM（读出）指令及 TO（写入）指令。FROM 指令用于将模块 BFM 中的数据读入 PLC；TO 指令可将数据写入模块的缓冲存储器。FROM 指令及 TO 指令可用于模块的配置、偏置及增益调整、模拟量转换生成的数字量或待转换为模拟量的数字量的传递等。表 9－1 为 BFM 读出/写入指令的要素，图 9－10、图 9－11为 FX2N－4AD 及 FX2N－2DA 应用中的编程示例，图中也涉及读出及写入指令的使用。

任务四　PID 调节

比例、积分、微分调节（即 PID 调节）是闭环模拟量控制中的传统调节方式，它在改善控制系统品质、保证系统偏差 e［给定值（SP）和过程变量（PV）的差］达到预定指标、使系统实现稳定状态方面具有良好的效果。PID 调节控制的原理基于下面的方程式，它描述了输出 $M(t)$ 作为比例项、积分项和微分项的函数关系。

$$M(t) = K_C e + \int_0^1 e\mathrm{d}t + M_{\mathrm{initial}} + K_C \mathrm{d}e/\mathrm{d}t$$

即，输出 = 比例项 + 积分项 + 微分项。

式中，$M(t)$ 为 PID 回路的输出，是时间的函数；K_C 为 PID 回路的增益，也叫比例常数；e 为回路的误差（给定值与过程变量之差）；M_{initial} 为 PID 回路输出的初始值。

当然，在可编程控制器中进行上式相关的运算还需对上式进行许多处理，在此不再讨论。近年来，许多 PLC 厂商在自己的产品中增加了 PID 指令，以完成一些工业控制中的 PID 调节。三菱 FX 系列 PLC 的 PID 运算指令如表 9－2 所示。

表 9－2　PID 运算指令的要素

指令名称	助记符	操作数			
		S1	S2	S3	D
PID 运算	PID	D ［目标值(w)］	D ［测定值(PV)］	D0 ~ D975 ［参数］	D ［输出值(MV)］

PID 运算指令梯形图如图 9－12 所示。图中［S1］为设定调节目标值，［S2］为当前测定值，参数「S3」占用从 S3 开始的 25 个数据寄存器，其中［S3］~［S3］+6 为设定控制参数，执行 PID 运算的输出结果存于［D］中。对于［D］，最好选用非电池保持的数据寄存器，否则应在 PLC 开始运行时使用程序清空旧存的数据。

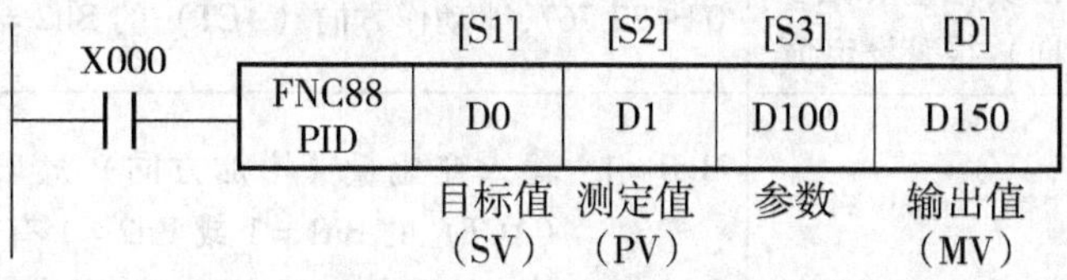

图 9－12　PID 指令

在使用 PID 指令前，需事先对目标值、测定值及控制参数进行设定。其中测定值是传感设备反馈量在 PLC 中产生的数字量值，因而目标值也是结合工程实际值、传感器测量范围、模数转换字长等参数的量值，它应当是控制系统稳定运行的期望值。控制参数则为 PID 运算相关的参数。表 9－3 给出了控制参数［S3］的 25 个数据寄存器的名称及参数的设定内容。

表 9－3　控制参数［S3］数据寄存器设定表

寄存器号数	参数名称或意义	设定值参考
［S3］	采样时间（T_S）	设定范围 1 ～ 32 767ms
［S3］+1	动作方向（ACT）	Bit0 =0，正向动作；Bit0 =1，反向动作 Bit1 =0，无输入变化量报警；Bit1 =1，输入变化量报警有效 Bit2 =0，无输出变化量报警；Bit2 =1，输出变化量报警有效 Bit3，不可设置参数； Bit4 =0，不执行自动调节；Bit4 =1，执行自动调节 Bit5 =0，不设定输出上下限；Bit5 =1，输出上下限设定有效 Bit6 ～ Bit15 不可使用 注：Bit2 及 Bit5 不能同时为 ON
［S3］+2	输入滤波常数（o）	0 ～ 99%，设定为 0 时无滤波
［S3］+3	比例增益（K_P）	1 ～ 32 767%
［S3］+4	积分时间（T_I）	0 ～ 32 767(×100ms)，设定为 0 时无积分处理
［S3］+5	微分增益（K_D）	0 ～ 100%，设定为 O 无微分增益
［S3］+6	微分时间（r_D）	0 ～ 32 767(×100ms)，设定为 0 时无微分处理
［S3］+7～ ［S3］+19		PID 运算内部占用
［S3］+20	输入变化量（增加方向）报警设定值	0 ～ 32 767，［动作方向（ACT）的 Bit1 =1 有效］
［S3］+21	输入变化量（减少方向）报警设定值	0 ～ 32 767，［动作方向（ACT）的 Bit1 =1 有效］
［S3］+22	输出变化量（增加方向）报警设定值	0 ～ 32 767，［动作方向（ACT）的 Bit2 =1，Bit5 =0 有效］
［S3］+23	输出变化量（减少方向）报警设定值	0 ～ 32 767，［动作方向（ACT）的 Bit2 =1，Bit5 =0 有效］
［S3］+24	报警输出	Bit0 =1，输入变化量（增加方向）溢出报警，［动作方向（ACT）的 Bit1 =1 或 Bit2 =1 有效］ Bit1 =1，输入变化量（减少方向）溢出报警 Bit2 =1，输出变化量（增加方向）溢出报警 Bit3 =1，输出变化量（减少方向）溢出报警

表 9－3 中［S3］+1 参数为 PID 调节方向设定，一般说来大多情况下 PID 调节为反方向，即测量值减少时应使 PID 调节的输出增加。正方向调节用得较少，即测量值减少时就使 PID 调节的输出值减少。［S3］+3～［S3］+6是涉及 PID 调节中比例、积分、微分调节强

弱的参数，是 PID 调节的关键参数。这些参数的设定直接影响系统的快速性及稳定性。一般在系统调试中经对系统测定后调节至合适值。

项目实施　PLC 控制的恒压供水泵站实例

如图 9－13 所示是 3 台泵组构成的生活/消防双恒压无塔供水泵站的实例。市网自来水用高低水位控制器 EQ 来控制注水阀 YV1，自动把水注满储水水池，只要水位低于高水位，则自动往水箱注水。水池的高/低水位信号也直接送给 PLC，作为高/低水位报警。为了保证供水的连续性，水位上下限传感器高低距离较小。生活用水和消防用水共用 3 台泵，平时电磁阀 YV2 处于失电状态，关闭消防管网，3 台泵根据生活用水的多少，按一定的控制逻辑运行，维持生活用水低恒压。当有火灾发生时，电磁阀 YV2 得电，关闭生活用水管网，3 台泵供消防用水使用，并维持消防用水的高恒压值。火灾结束后，3 台泵再改为生活供水使用。

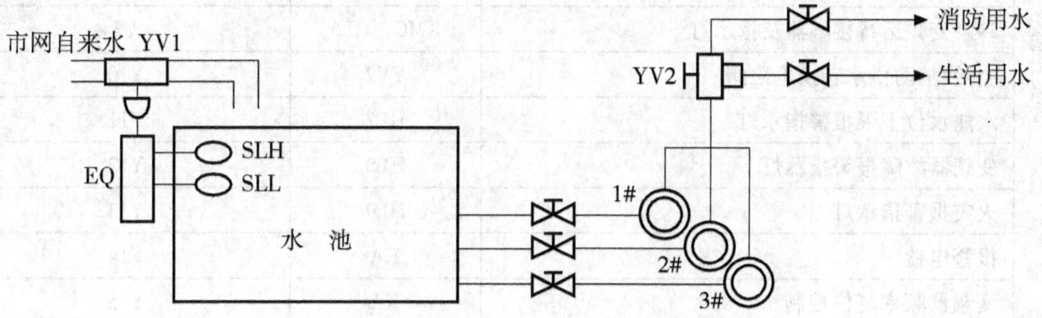

图 9－13　生活/消防双恒压供水系统构成图

1. 系统控制要求

对 3 泵生活/消防双恒压供水系统的基本要求是：

（1）生活供水时，系统低恒压值运行，消防供水时高恒压值运行；

（2）3 台泵根据恒压的需要，采取“先开先停”的原则接入和退出；

（3）在用水量小的情况下，如果一台泵连续运行时间超过 3h，则要切换下一台泵，即系统具有“倒泵功能”，避免某一台泵工作时间过长；

（4）3 台泵在启动时都要有软启动功能；

（5）要有完善的报警功能；

（6）对泵的操作要有手动控制功能，手动只在应急或检修时临时使用。

2. 控制系统的 I/O 点及地址分配

根据图 9－13 及以上控制要求统计控制系统的输入输出信号的名称、代码及地址编号如表 9－4 所示。水位上下限信号分别为 X001、X002，它们在水淹没时为 0，露出时为 1。

表 9－4　输入输出点代码及地址编号

	名　称	代码	地址编号
输入信号	手动和自动消防信号	SA1	X0
	水池水位下限信号	SL－L	X1
	水池水位上限信号	SL－H	X2
	变频器报警信号	SU	X3
	消铃按钮	SB9	X4
	试灯按钮	SB10	X5
	压力传感器模拟量电流值	U_P	模拟量输入模块 1 通道
输出信号	1#泵工频运行接触器及指示灯	KM1，HL1	Y0
	1#泵变频运行接触器及指示灯	KM2，HL2	Y1
	2#泵工频运行接触器及指示灯	KM3，HL3	Y2
	2#泵变频运行接触器及指示灯	KM4，HL4	Y3
	3#泵工频运行接触器及指示灯	KM5，HL5	Y4
	3#泵变频运行接触器及指示灯	KM6，HL6	Y5
	生活/消防供水转换电磁阀	YV2	Y10
	水池水位下限报警指示灯	HL7	Y11
	变频器故障报警指示灯	HL8	Y12
	火灾报警指示灯	HL9	Y13
	报警电铃	HA	Y14
	变频器频率复位控制	KA	Y15
	控制变频器频率用电压信号	V_F	模拟量输出模块电压通道

3．PLC 系统选型

从上面分析可以知道，系统共有开关量输入点 6 个、开关量输出点 12 个、模拟量输入点 1 个、模拟量输出点 1 个。选用三菱 FX2N－32MR 1 台、加上 1 台模拟量扩展模块 FX2N－4AD、1 台模拟量扩展模块 FXN2－2DA 构成系统。整个 PLC 系统的配置如图9－14 所示。

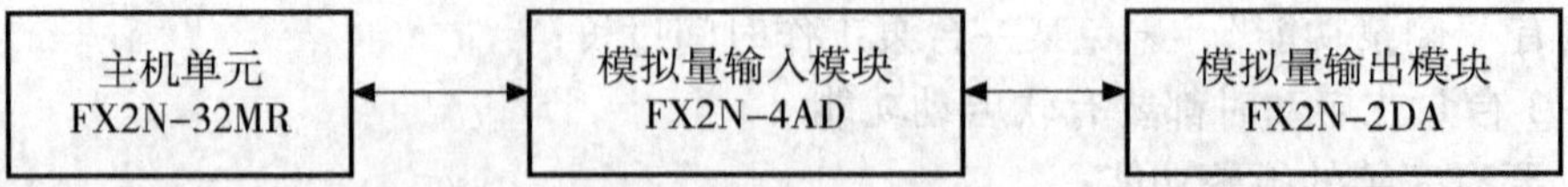

图 9－14　PLC 系统组成

4．电器控制系统原理图

电器控制系统原理图包括主电路图、控制电路图及 PLC 外围接线图。

（1）主电路图。如图 9－15 为电控系统主电路。3 台电动机分别为 M1、M2、M3。接触器 KM1、KM3、KM5 分别控制 M1、M2、M3 的工频运行；接触器 KM2、KM4、KM6 分别控制 M1、M2、M3 的变频运行；FR1、FR2、FR3 分别为 3 台水泵电动机过载保护用的热继电器；QS1、QS2、QS3、QS4 分别为变频器和 3 台水泵电动机主电路的隔离开关；FU1 为主电路的熔断器，VVVF 为通用变频器。

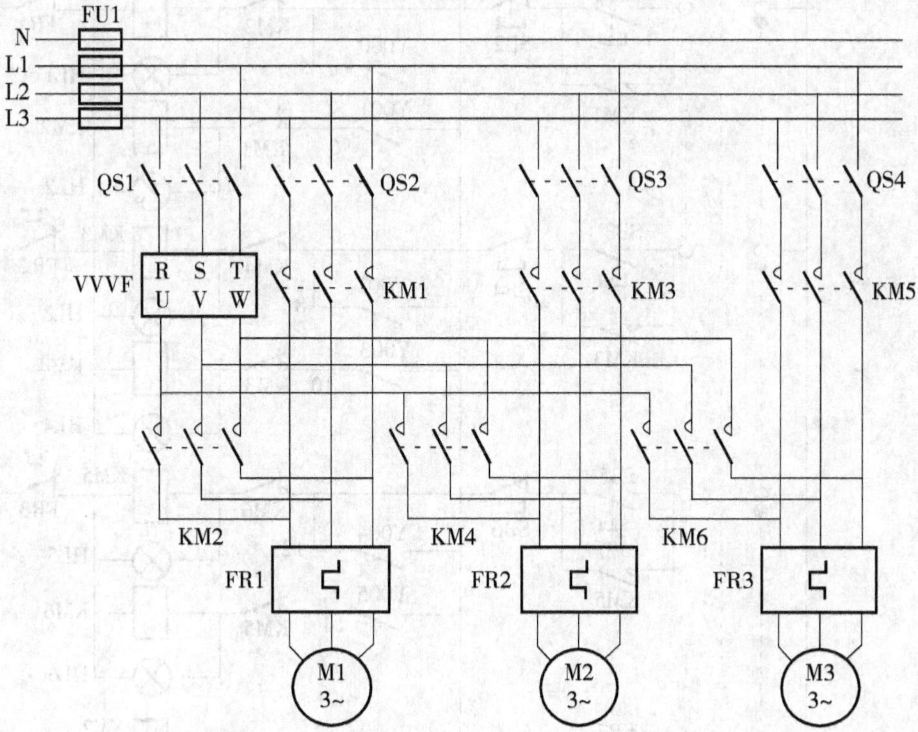

图 9－15　电控系统主电路

（2）控制电路图。图 9　16 所为电控系统控制电路图。图中 SA 为手动/自动转换开关，SA 打在 1 的位置为手动控制状态；打在 2 的位置为自动控制状态。手动运行时，可用按钮 SB1 ~ SB8 控制 3 台水泵的启/停和电磁阀 YV2 的通/断；自动运行时，系统在 PLC 程序控制下运行。

图中的 HL10 为自动运行状态电源指示灯。对变频器频率进行复位时只提供一个干触点信号，由于 PLC 为 4 个输出点为一组共用一个 COM 端，而本系统又没有剩下单独的 COM 端输出组，所以通过一个中间继电器 KA 的触点对变频器进行复频控制。图中的 Y000 ~ Y005 及 Y010 ~ Y015 为 PLC 的输出继电器触点，它们旁边的 4、6、8 等数字为接线编号，可结合图 9－15 一起读图。

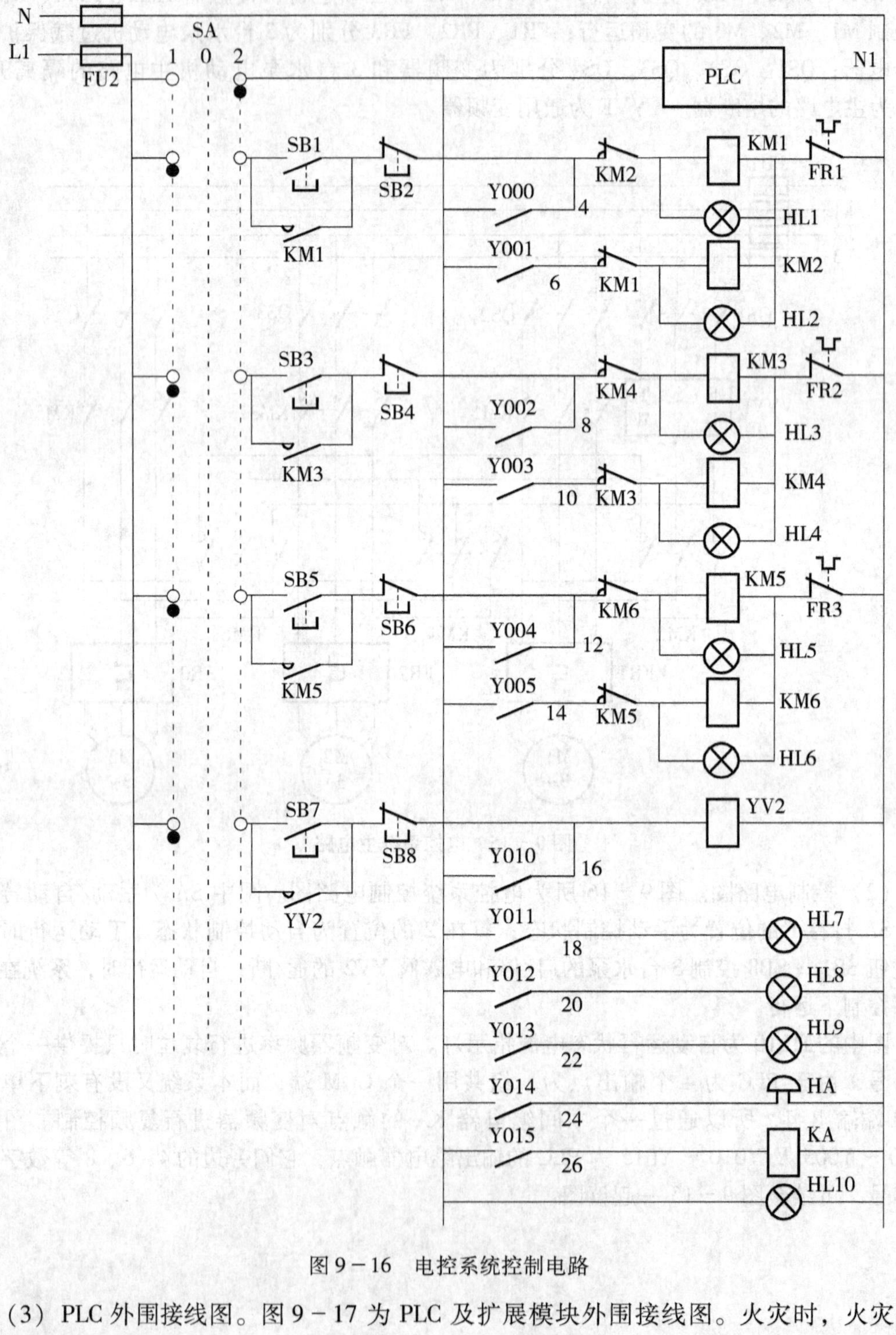

图 9－16　电控系统控制电路

（3）PLC 外围接线图。图 9－17 为 PLC 及扩展模块外围接线图。火灾时，火灾信号 SA1 被触动，X000 为 1。

本例忽略了以下因素：直流电源的容量；电源方面的抗干扰措施；输出方面的保护措

施；系统保护措施。

5. 系统程序设计

硬件连接确定之后，系统的控制功能主要通过软件实现，结合前述泵站的控制要求，对泵站软件设计分析如下：

（1）由“恒压”要求出发的工作泵组数量管理。

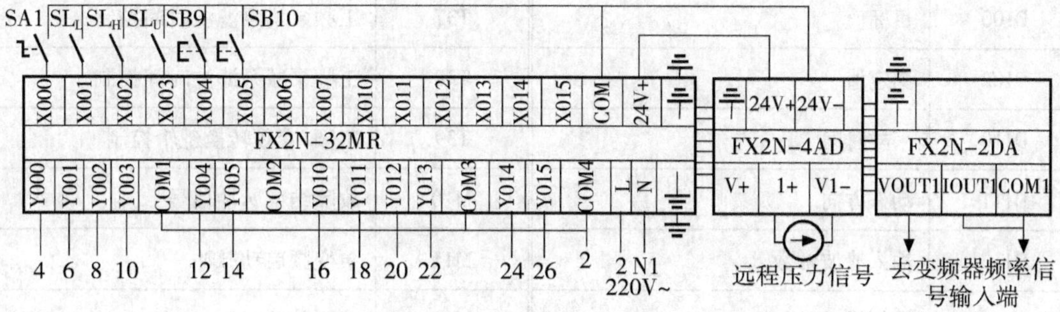

图 9-17　恒压供水控制系统 PLC 及控展模块外围接线

前面已经说过，为了恒定水压，在水压降低时要升高变频器的输出频率，且在一台泵工作不能满足恒压要求时，需启动第二台泵或第三台泵。判断需启动新运行泵的标准是变频器的输出频率达到设定的上限值。这一功能可通过比较指令实现。为了判断变频器工作频率达上限值的确实性，应滤去偶然的频率波动引起的频率达到上限情况，在程序中考虑采取时间滤波。

（2）多泵组泵站泵组管理规范。

由于变频器泵站希望每一次启动电动机均为软启动，又规定各台水泵必须交替使用，多泵组泵站泵组的投运要有个管理规范。在本例中，控制要求中规定任一台泵连续变频运行不得超过 3h，因此每次需启动新运行泵或切换变频泵时，以新运行泵为变频泵是合理的。具体操作时，将正在运行的变频泵从变频器上切除，并接上工频电源运行，将变频器复位并用于新运行泵的启动。除此之外，泵组管理还有一个泵的工作循环控制问题，本例中使用泵号加 1 的方法实现变频泵的循环控制（3 再加 1 等于零），用工频泵的总数结合泵号实现工频泵的轮换工作。

（3）程序的结构及程序功能的实现。

根据本章第三节可知，PLC 在恒压供水系统中的任务较多，由于模拟量单元及 PID 调节都需要编制初始化及中断程序，本程序可分为 3 部分：主程序、子程序和中断程序。系统初始化的一些工作放在初始化子程序中完成，定时中断程序则用来实现 PID 控制的定时采样及输出控制。主程序的功能最多，如泵切换信号的生成、泵组接触器逻辑控制信号的综合及报警处理等都在主程序。生活及消防双恒压的两个恒压值是采用数字方式直接在程序中设定的。生活供水时系统设定值为满量程的 70%，消防供水时系统设定值为满量程的 90%。这里满量程可以理解为 12 位二进制数字对应的十进制数 4000。在实际工程中，如传感器选择适当，4000 也应对应传感器输出的满度值。在本系统 PID 中，只是用了比例和积分控制，其回路增益和时间常数可通过工程计算初步确定，但还需要进一步调整以达到最优控制效果。初步确定的增益和时间常数已写入程序中。

程序中使用的 PLC 元件及其功能如表 9－5 所示。

表 9－5　程序中使用的 PLC 机内器件及功能

器件地址	功　能	器件地址	功　能
D100	目标值	T37	工频泵增泵滤波时间控制
D102	测定值	T38	工频泵减泵滤波时间控制
D110	采样时间	T39	工频/变频转换逻辑控制
D111	动作方向	M10	故障结束脉冲信号
D112	输入滤波常数	M11	泵变频启动脉冲
D113	比例增益	M12	减泵脉冲
D114	积分时间	M13	倒泵变频启动脉冲
D115	微分增益	M14	复位当前变频泵运行脉冲
D116	微分时间	M15	当前泵工频运行启动脉冲
D150	变频运行频率下限值	M16	新泵变频启动脉冲
D160	生活供水变频运行频率上限值	M20	泵工频/变频转换逻辑控制
D162	消防供水变频运行频率上限值	M21	泵工频/变频转换逻辑控制
D180	P1 调节结果存储单元	M22	泵工频/变频转换逻辑控制
D182	变频工作泵的泵号	M30	故障信号汇总
D184	工频运行泵的总台数	M31	水池水位下限故障逻辑
D190	倒泵时间存储器	M32	水池水位下限故障消铃逻辑
T33	工频/变频转换逻辑控制	M33	变频器故障消铃逻辑
T34	工频/变频转换逻辑控制	M34	火灾消铃逻辑

双恒压供水系统的梯形图程序及程序注释如图 9－18 所示。因为程序较长，所以读图时请按语句号的顺序进行。

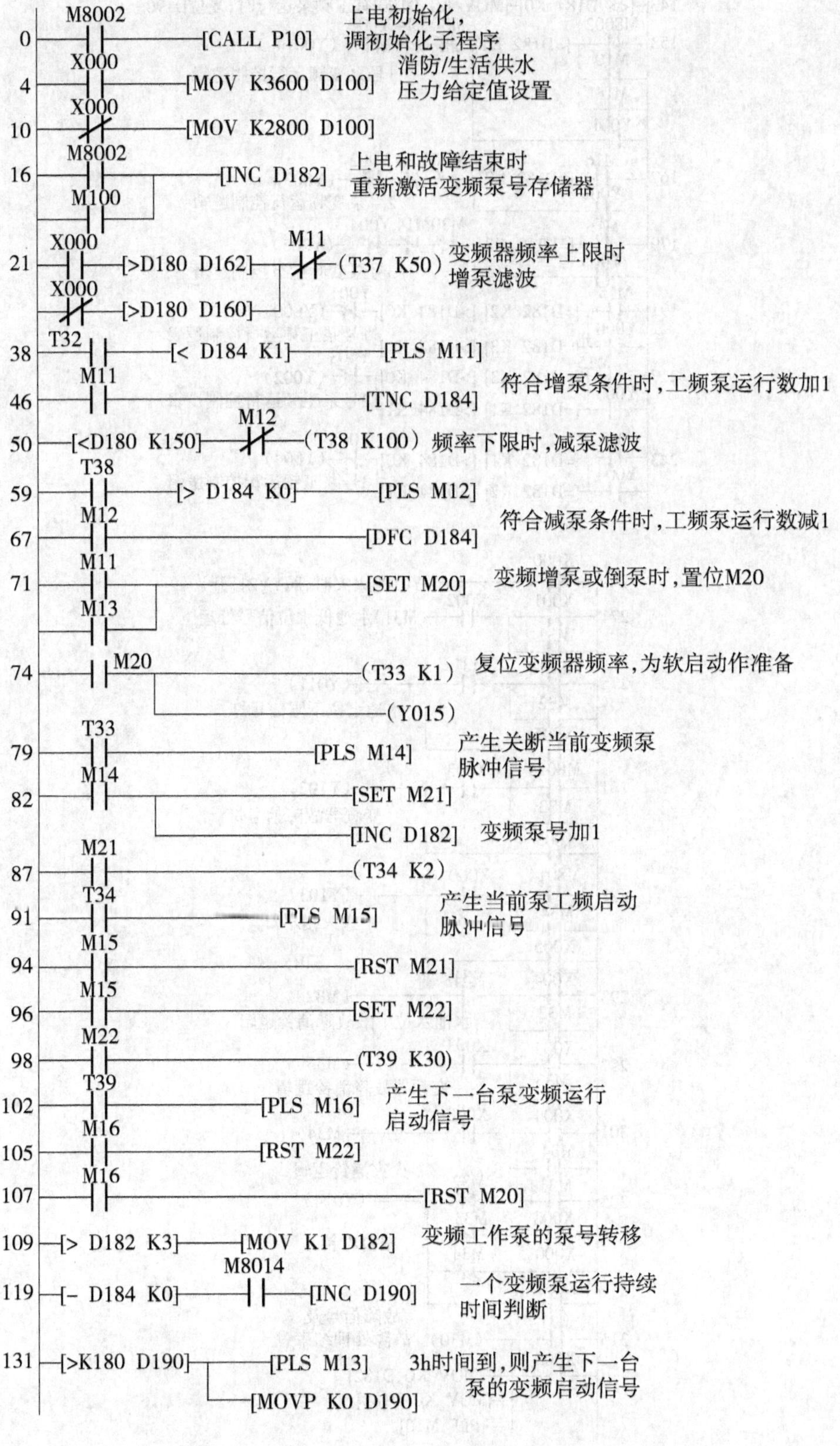
0 M8002 [CALL P10]
上电初始化，调初始化子程序
4 X000 [MOV K3600 D100]
消防/生活供水压力给定值设置
10 X000 [MOV K2800 D100]
16 M8002 M100 [INC D182]
上电和故障结束时重新激活变频泵号存储器
21 X000 [>D180 D162] X000 [>D180 D160] M11 (T37 K50)
变频器频率上限时增泵滤波
38 T32 [< D184 K1] [PLS M11]
46 M11 [TNC D184]
符合增泵条件时，工频泵运行数加1
50 [<D180 K150] M12 (T38 K100)
频率下限时，减泵滤波
59 T38 [> D184 K0] [PLS M12]
67 M12 [DFC D184]
符合减泵条件时，工频泵运行数减1
71 M11 M13 [SET M20]
变频增泵或倒泵时，置位M20
74 M20 (T33 K1) (Y015)
复位变频器频率，为软启动作准备
79 T33 [PLS M14]
产生关断当前变频泵脉冲信号
82 M14 [SET M21] [INC D182]
变频泵号加1
87 M21 (T34 K2)
91 T34 [PLS M15]
产生当前泵工频启动脉冲信号
94 M15 [RST M21]
96 M15 [SET M22]
98 M22 (T39 K30)
102 T39 [PLS M16]
产生下一台泵变频运行启动信号
105 M16 [RST M22]
107 M16 [RST M20]
109 [> D182 K3] [MOV K1 D182]
变频工作泵的泵号转移
119 [= D184 K0] M8014 [INC D190]
一个变频泵运行持续时间判断
131 [>K180 D190] [PLS M13] [MOVP K0 D190]
3h时间到，则产生下一台泵的变频启动信号

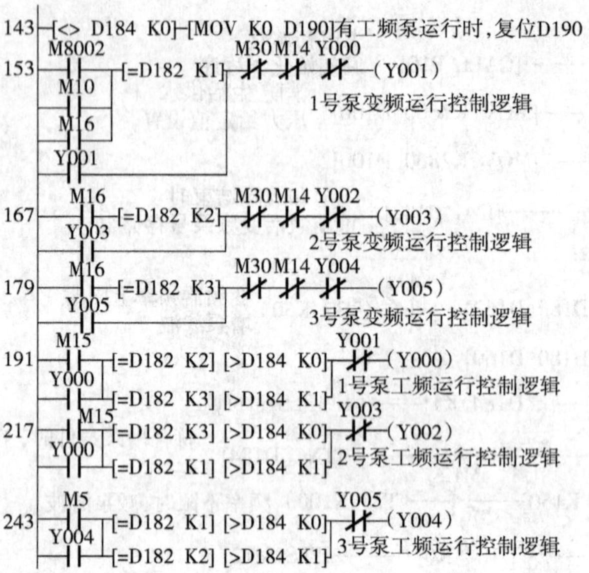
143 [<> D184 K0] [MOV K0 D190] 有工频泵运行时，复位D190
153 M8002 M10 M16 Y001 [=D182 K1] M30 M14 Y000 (Y001) 1号泵变频运行控制逻辑
167 M16 Y003 [=D182 K2] M30 M14 Y002 (Y003) 2号泵变频运行控制逻辑
179 M16 Y005 [=D182 K3] M30 M14 Y004 (Y005) 3号泵变频运行控制逻辑
191 M15 Y000 [=D182 K2] [>D184 K0] [=D182 K3] [>D184 K1] Y001 (Y000) 1号泵工频运行控制逻辑
217 M15 Y000 [=D182 K3] [>D184 K0] [=D182 K1] [>D184 K1] Y003 (Y002) 2号泵工频运行控制逻辑
243 M5 Y004 [=D182 K1] [>D184 K0] [=D182 K2] [>D184 K1] Y005 (Y004) 3号泵工频运行控制逻辑

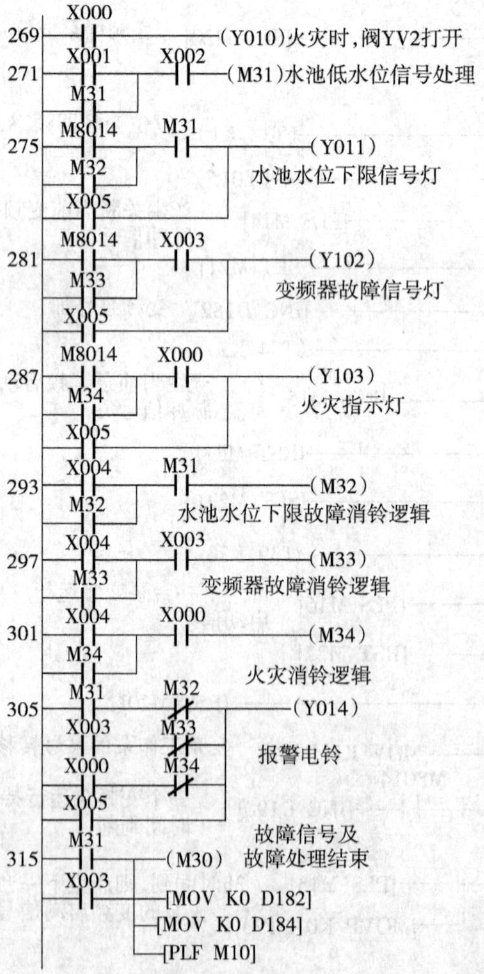
269 X000 (Y010) 火灾时，阀YV2打开
271 X001 M31 X002 (M31) 水池低水位信号处理
275 M8014 M32 X005 M31 (Y011) 水池水位下限信号灯
281 M8014 M33 X005 X003 (Y102) 变频器故障信号灯
287 M8014 M34 X005 X000 (Y103) 火灾指示灯
293 X004 M32 M31 (M32) 水池水位下限故障消铃逻辑
297 X004 M33 X003 (M33) 变频器故障消铃逻辑
301 X004 M34 X000 (M34) 火灾消铃逻辑
305 M31 X003 X000 X005 M32 M33 M34 (Y014) 报警电铃
315 M31 X003 (M30) 故障信号及故障处理结束
[MOV K0 D182]
[MOV K0 D184]
[PLF M10]

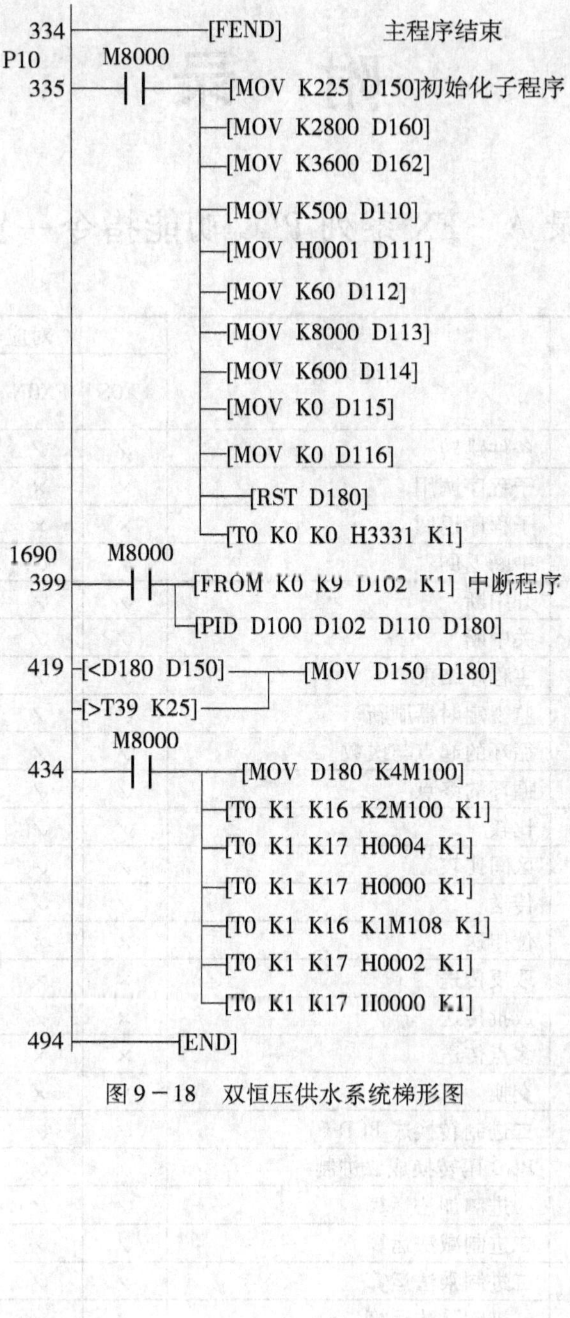

图 9－18　双恒压供水系统梯形图

附 录

附录 A FX 系列 PLC 功能指令一览表

分类	FNC No.	指令助记符	功能说明	对应不同型号的 PLC				
				FX0S	FX0N	FX1S	FX1N	FX2N FX2NC
程序流程	00	CJ	条件跳转	✓	✓	✓	✓	✓
	01	CALL	子程序调用	×	×	✓	✓	✓
	02	SRET	子程序返回	×	×	✓	✓	✓
	03	IRET	中断返回	✓	✓	✓	✓	✓
	04	EI	开中断	✓	✓	✓	✓	✓
	05	DI	关中断	✓	✓	✓	✓	✓
	06	FEND	主程序结束	✓	✓	✓	✓	✓
	07	WDT	监视定时器刷新	✓	✓	✓	✓	✓
	08	FOR	循环的起点与次数	✓	✓	✓	✓	✓
	09	NEXT	循环的终点	✓	✓	✓	✓	✓
传送与比较	10	CMP	比较	✓	✓	✓	✓	✓
	11	ZCP	区间比较	✓	✓	✓	✓	✓
	12	MOV	传送	✓	✓	✓	✓	✓
	13	SMOV	位传送	×	×	×	×	✓
	14	CML	取反传送	×	×	×	×	✓
	15	BMOV	成批传送	×	✓	✓	✓	✓
	16	FMOV	多点传送	×	×	×	×	✓
	17	XCH	交换	×	×	×	×	✓
	18	BCD	二进制转换成 BCD 码	✓	✓	✓	✓	✓
	19	BIN	BCD 码转换成二进制	✓	✓	✓	✓	✓
算术与逻辑运算	20	ADD	二进制加法运算	✓	✓	✓	✓	✓
	21	SUB	二进制减法运算	✓	✓	✓	✓	✓
	22	MUL	二进制乘法运算	✓	✓	✓	✓	✓
	23	DIV	二进制除法运算	✓	✓	✓	✓	✓
	24	INC	二进制加 1 运算	✓	✓	✓	✓	✓
	25	DEC	二进制减 1 运算	✓	✓	✓	✓	✓
	26	WAND	字逻辑与	✓	✓	✓	✓	✓
	27	WOR	字逻辑或	✓	✓	✓	✓	✓
	28	WXOR	字逻辑异或	✓	✓	✓	✓	✓
	29	NEG	求二进制补码	×	×	×	×	✓

续表

分类	FNC No.	指令助记符	功能说明	对应不同型号的 PLC				
				FX0S	FX0N	FX1S	FX1N	FX2N FX2NC
循环与移位	30	ROR	循环右移	×	×	×	×	✓
	31	ROL	循环左移	×	×	×	×	✓
	32	RCR	带进位右移	×	×	×	×	✓
	33	RCL	带进位左移	×	×	×	×	✓
	34	SFTR	位右移	✓	✓	✓	✓	✓
	35	SFTL	位左移	✓	✓	✓	✓	✓
	36	WSFR	字右移	×	×	×	×	✓
	37	WSFL	字左移	×	×	×	×	✓
	38	SFWR	FIFO（先入先出）写入	×	×	✓	✓	✓
	39	SFRD	FIFO（先入先出）读出	×	×	✓	✓	✓
数据处理	40	ZRST	区间复位	✓	✓	✓	✓	✓
	41	DECO	解码	✓	✓	✓	✓	✓
	42	ENCO	编码	✓	✓	✓	✓	✓
	43	SUM	统计 ON 位数	×	×	×	×	✓
	44	BON	查询某位状态	×	×	×	×	✓
	45	MEAN	求平均值	×	×	×	×	✓
	46	ANS	报警器置位	×	×	×	×	✓
	47	ANR	报警器复位	×	×	×	×	✓
	48	SQR	求平方根	×	×	×	×	✓
	49	FLT	整数与浮点数转换	×	×	×	×	✓
高速处理	50	REF	输入输出刷新	✓	✓	✓	✓	✓
	51	REFF	输入滤波时间调整	×	×	×	×	✓
	52	MTR	矩阵输入	×	×	✓	✓	✓
	53	HSCS	比较置位（高速计数用）	×	✓	✓	✓	✓
	54	HSCR	比较复位（高速计数用）	×	✓	✓	✓	✓
	55	HSZ	区间比较（高速计数用）	×	×	×	×	✓
	56	SPD	脉冲密度	×	×	✓	✓	✓
	57	PLSY	指定频率脉冲输出	✓	✓	✓	✓	✓
	58	PWM	脉宽调制输出	✓	✓	✓	✓	✓
	59	PLSR	带加减速脉冲输出	×	×	✓	✓	✓

续表

分类	FNC No.	指令助记符	功能说明	对应不同型号的PLC				
				FX0S	FX0N	FX1S	FX1N	FX2N FX2NC
方便指令	60	IST	状态初始化	✓	✓	✓	✓	✓
	61	SER	数据查找	×	×	×	×	✓
	62	ABSD	凸轮控制（绝对式）	×	×	✓	✓	✓
	63	INCD	凸轮控制（增量式）	×	×	✓	✓	✓
	64	TTMR	示教定时器	×	×	×	×	✓
	65	STMR	特殊定时器	×	×	×	×	✓
	66	ALT	交替输出	✓	✓	✓	✓	✓
	67	RAMP	斜波信号	✓	✓	✓	✓	✓
	68	ROTC	旋转工作台控制	×	×	×	×	✓
	69	SORT	列表数据排序	×	×	×	×	✓
外部I/O设备	70	TKY	10 键输入	×	×	×	×	✓
	71	HKY	16 键输入	×	×	×	×	✓
	72	DSW	BCD 数字开关输入	×	×	✓	✓	✓
	73	SEGD	七段码译码	×	×	×	×	✓
	74	SEGL	七段码分时显示	×	×	✓	✓	✓
	75	ARWS	方向开关	×	×	×	×	✓
	76	ASC	ASCII 码转换	×	×	×	×	✓
	77	PR	ASCII 码打印输出	×	×	×	×	✓
	78	FROM	BFM 读出	×	✓	×	✓	✓
	79	TO	BFM 写入	×	✓	×	✓	✓
外围设备	80	RS	串行数据传送	×	✓	✓	✓	✓
	81	PRUN	八进制位传送（#）	×	×	✓	✓	✓
	82	ASCII	16 进制数转换成 ASCII 码	×	✓	✓	✓	✓
	83	HEX	ASCII 码转换成 16 进制数	×	✓	✓	✓	✓
	84	CCD	校验	×	✓	✓	✓	✓
	85	VRRD	电位器变量输入	×	×	✓	✓	✓
	86	VRSC	电位器变量区间	×	×	✓	✓	✓
	87	—	—					
	88	PID	PID 运算	×	×	✓	✓	✓
	89	—	—					

续表

分类	FNC No.	指令助记符	功能说明	对应不同型号的PLC				
				FX0S	FX0N	FX1S	FX1N	FX2N FX2NC
浮点数运算	110	ECMP	二进制浮点数比较	×	×	×	×	✓
	111	EZCP	二进制浮点数区间比较	×	×	×	×	✓
	118	EBCD	二进制浮点数→十进制浮点数	×	×	×	×	✓
	119	EBIN	十进制浮点数→二进制浮点数	×	×	×	×	✓
	120	EADD	二进制浮点数加法	×	×	×	×	✓
	121	EUSB	二进制浮点数减法	×	×	×	×	✓
	122	EMUL	二进制浮点数乘法	×	×	×	×	✓
	123	EDIV	二进制浮点数除法	×	×	×	×	✓
	127	ESQR	二进制浮点数开平方	×	×	×	×	✓
	129	INT	二进制浮点数→二进制整数	×	×	×	×	✓
	130	SIN	二进制浮点数 sin 运算	×	×	×	×	✓
	131	COS	二进制浮点数 cos 运算	×	×	×	×	✓
	132	TAN	二进制浮点数 tan 运算	×	×	×	×	✓
	147	SWAP	高低字节交换	×	×	×	×	✓
定位	155	ABS	ABS 当前值读取	×	×	✓	✓	✓
	156	ZRN	原点回归	×	×	✓	✓	✓
	157	PLSY	可变速的脉冲输出	×	×	✓	✓	×
	158	DRVI	相对位置控制	×	×	✓	✓	×
	159	DRVA	绝对位置控制	×	×	✓	✓	×
时钟运算	160	TCMP	时钟数据比较	×	×	✓	✓	✓
	161	TZCP	时钟数据区间比较	×	×	✓	✓	✓
	162	TADD	时钟数据加法	×	×	✓	✓	✓
	163	TSUB	时钟数据减法	×	×	✓	✓	✓
	166	TRD	时钟数据读出	×	×	✓	✓	✓
	167	TWR	时钟数据写入	×	×	✓	✓	✓
	169	HOUR	计时仪	×	×	✓	✓	
外围设备	170	GRY	二进制数→格雷码	×	×	×	×	✓
	171	GBIN	格雷码→二进制数	×	×	×	×	✓
	176	RD3A	模拟量模块（FX0N－3A）读出	×	✓	×	✓	×
	177	WR3A	模拟量模块（FX0N－3A）写入	×	✓	×	✓	×

续表

分类	FNC No.	指令助记符	功能说明	对应不同型号的 PLC				
				FX0S	FX0N	FX1S	FX1N	FX2N FX2NC
触点比较	224	LD =	(S1) =(S2)时起始触点接通	×	×	✓	✓	✓
	225	LD >	(S1) >(S2)时起始触点接通	×	×	✓	✓	✓
	226	LD <	(S1) <(S2)时起始触点接通	×	×	✓	✓	✓
	228	LD < >	(S1)< >(S2)时起始触点接通	×	×	✓	✓	✓
	229	LD < =	(S1) ≤(S2)时起始触点接通	×	×	✓	✓	✓
	230	LD > =	(S1) ≥(S2)时起始触点接通	×	×	✓	✓	✓
	232	AND =	(S1) =(S2)时串联触点接通	×	×	✓	✓	✓
	233	AND >	(S1) >(S2)时串联触点接通	×	×	✓	✓	✓
	234	AND <	(S1) <(S2)时串联触点接通	×	×	✓	✓	✓
	236	AND < >	(S1)< >(S2)时串联触点接通	×	×	✓	✓	✓
	237	AND < =	(S1) ≤(S2)时串联触点接通	×	×	✓	✓	✓
	238	AND > =	(S1) ≥(S2)时串联触点接通	×	×	✓	✓	✓
	240	OR =	(S1) =(S2)时并联触点接通	×	×	✓	✓	✓
	241	OR >	(S1) >(S2)时并联触点接通	×	×	✓	✓	✓
	242	OR <	(S1) <(S2)时并联触点接通	×	×	✓	✓	✓
	244	OR < >	(S1)< >(S2)时并联触点接通	×	×	✓	✓	✓
	245	OR < =	(S1) ≤(S2)时并联触点接通	×	×	✓	✓	✓
	246	OR > =	(S1) ≥(S2)时并联触点接通	×	×	✓	✓	✓

附录B FX 系列 PLC 的内部软继电器及编号

编程元件种类 \ PLC 型号		FX0S	FX1S	FX0N	FX1N	FX2N (FX2NC)
输入继电器 X (按八进制编号)		X0 ~ X17 (不可扩展)	X0 ~ X17 (不可扩展)	X0 ~ X43 (可扩展)	X0 ~ X43 (可扩展)	X0 ~ X77 (可扩展)
输出继电器 Y (按八进制编号)		Y0 ~ Y15 (不可扩展)	Y0 ~ Y15 (不可扩展)	Y0 ~ Y27 (可扩展)	Y0 ~ Y27 (可扩展)	Y0 ~ Y77 (可扩展)
辅助继电器 M	普通用	M0 ~ M495	M0 ~ M383	M0 ~ M383	M0 ~ M383	M0 ~ M499
	保持用	M496 ~ M511	M384 ~ M511	M384 ~ M511	M384 ~ M1535	M500 ~ M3071
	特殊用	M8000 ~ M8255(具体见使用手册)				

续表

编程元件种类 \ PLC 型号		FX0S	FX1S	FX0N	FX1N	FX2N (FX2NC)
状态寄存器 S	初始状态用	S0 ~ S9	S0 ~ S9	S0 ~ S9	S0 ~ S9	S0 ~ S9
	返回原点用	—	—	—	—	S10 ~ S19
	普通用	S10 ~ S63	S10 ~ S127	S10 ~ S127	S10 ~ S999	S20 ~ S499
	保持用	—	S0 ~ S127	S0 ~ S127	S0 ~ S999	S500 ~ S899
	信号报警用	—	—	—	—	S900 ~ S999
定时器 T	100ms	T0 ~ T49	T0 ~ T62	T0 ~ T62	T0 ~ T199	T0 ~ T199
	10ms	T24 ~ T49	T32 ~ T62	T32 ~ T62	T200 ~ T245	T200 ~ T245
	1ms	—		T63	—	—
	1ms 累积	—	T63	—	T246 ~ T249	T246 ~ T249
	100ms 累积	—	—	—	T250 ~ T255	T250 ~ T255
计数器 C	16 位增计数(普通)	C0 ~ C13	C0 ~ C15	C0 ~ C15	C0 ~ C15	C0 ~ C99
	16 位增计数(保持)	C14、C15	C16 ~ C31198	C16 ~ C31198	C16 ~ C199	C100 ~ C199
	32 位可逆计数(普通)	—	—	—	C200 ~ C219	C200 ~ C219
	32 位可逆计数(保持)	—	—	—	C220 ~ C234	C220 ~ C234
	高速计数器	C235 ~ C255(具体见使用手册)				
数据寄存器 D	16 位普通用	D0 ~ D29	D0 ~ D127	D0 ~ D127	D0 ~ D127	D0 ~ D199
	16 位保持用	D30、D31	D128 ~ D255	D128 ~ D255	D128 ~ D7999	D200 ~ D7999
	16 位特殊用	D8000 ~ D8069	D8000 ~ D8255	D8000 ~ D8255	D8000 ~ D8255	D8000 ~ D8195
	16 位变址用	V Z	V0 ~ V7 Z0 ~ Z7	V Z	V0 ~ V7 Z0 ~ Z7	V0 ~ V7 Z0 ~ Z7
指针 N、P、I	嵌套用	N0 ~ N7	N0 ~ N7	N0 ~ N7	N0 ~ N7	N0 ~ N7
	跳转用	P0 ~ P63	P0 ~ P63198	P0 ~ P63	P0 ~ P127198	P0 ~ P127198
	输入中断用	I00 * ~ I30 *	I00 * ~ I50 *	I00 * ~ I30 *	I00 * ~ I50 *	I00 * ~ I50 *
	定时器中断	—	—	—	—	I6 ** ~ I8 **
	计数器中断	—	—	—	—	I010 ~ I060
常数 K、H	16 位	K: -32, 768 ~ 32, 767　　H: 0000 ~ FFFFH				
	32 位	K: -2, 147, 483, 648 ~ 2, 147, 483, 647 H: 00000000 ~ FFFFFFFF				

附录 C　FX2N 系列可编程控制器特殊元件编号及名称检索

一、PLC 状态

元件号/名称	动作功能	元件号/名称	寄存器内容
D8000（§） RUN 监控 常开触点	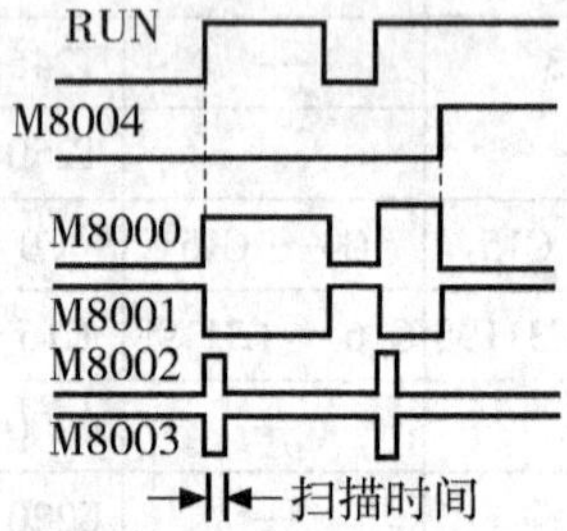	D8000 警戒时钟	初始设置值：100ms（PC 电源接通时将 ROM 中的初始数据写入）可以以 1ms 为单位改写
M8001（§） RUN 监控 常闭触点		D8001（§） PC 型号及 系统版本	2 1 0 2 BCD数据 FX V1.02
M8002（§） 初始脉冲 常开触点		D8002（§） 存储器容量	0002 ~ 2K 步 0004 ~ 4K 步 0008 ~ 8K 步
M8003（§） 初始脉冲 常闭触点		D8003（§） 存储器类型	RAM/EEPROM/EPROM 内装/外接存储卡保护开关 ON/OFF 状态
M8004（§） 出错	M8060 或 M8067 接通时为 ON	D8004（§） 出错 M 编号	8 0 8 0 BCD 数据 8060 ~ 8068（M8004 ON）
M8005（§） 电池电压低下	电池电压异常低下时动作	D8005（§） 电池电压	当前电压值（BCD 码），以 0.1V 为单位
M8006（§） 电池电压 低锁存	检出低电压后，若 ON，则将其值锁存	D8006（§） 电池电压低 下时电压	初始值：3.0V，PC 上电时由系统 ROM 送入
M8007（§） 电源瞬停检出	M8007 ON 的时间比 D8008 短，则 PC 将继续运行	D8007（§） 瞬停次数	存储 M8007 ON 的次数，关闭电源后数据全清
M8008（§） 停电检出	参照下图 若 ON→OFF 就复位	D8008（§） 停电检出时间	初始值 10ms（1ms 为单位）上电时，读入系统 ROM 中数据，参照下图

续表

元件号/名称	动作功能	元件号/名称	寄存器内容
M8009（§） DC 24V 关断	基本单元、扩展单元、扩展块的任一 DC 24 电源关断则接通	D8009 DC 24V 关断的单元号	写入 DC 24V 关联的基本单元、扩展单元、扩展块中最小的输入元件号

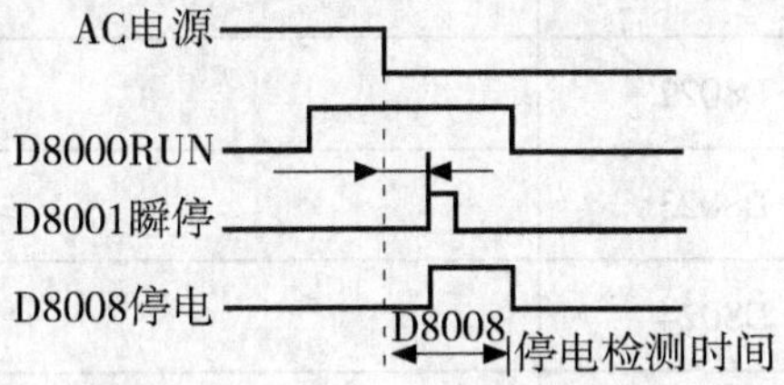

注：（1）用户程序不能驱动标有（§）记号的元件。
（2）除非另有说明，D 中的数据通常用十进制表示。

当用交流 220V 电源供电时，D8008 中的电源停电时间检测周期可用程序在 10 ~ 100ms 之内设置。

二、时钟

元件号/名称	动作/功能	元件号/名称	寄存器内容
M8010		D8010（§） 当前扫描时间	当前扫描周期时间（以 0.1ms 为单位）
M8011（§） 10ms 时钟	每 10ms 发一脉冲	D8011（§） 最小扫描时间	扫描时间的最小值（以 0.1ms 为单位）
M8012（§） 100ms 时钟	每 100ms 发一脉冲	D8012（§） 最大扫描时间	扫描时间的最大值[①]（以 0.1ms 为单位）
M8013（§） 1s 时钟	每 1s 发一脉冲	D8013	
M8014（§） 1min 时钟	每 1min 发一脉冲	D8014	
M8015		D8015	
M8016		D8016	
M8017		D8017	
M8018		D8018	
M8019		D8019	

①不包括在 M8039 接通时的定时扫描等待时间。

三、标志

元件号/名称	动作/功能
M8020（§） 零标志	加减运算结果为“0”时置位
M8021（§） 借位标志	减运算结果小于最小负数值时置位
M8022（§） 进位标志	加运算有进位或结果溢出时置位
M8023	
M8024	
M8025	外部复位 HSC 方式
M8026	RAMP 保持方式
M8027	PR 16 数据方式
M8028	
M8029（§） 指令执行完成	指令完成时置位 如 FNC 72（DSW）

元件号/名称	寄存器内容
D8020	
D8021	
D8022	
D8023	
D8024	
D8025	
D8026	
D8027	
D8028（§）	Z 数据寄存器
D8029（§）	V 数据寄存器

四、PC 模式

元件号/名称	动作/功能
M8030 电池欠压 LED 灯灭	M8030 接通后即使电源电压低，PC 面板上的 LED 也不亮
M8031 全清非保持存储器	当 M8031 和 M8032 为 ON 时，Y、M、S、T 和 C 的映像寄存器及 T、D、C 的当前值寄存器全部清“0”。由系统 ROM 置预置值的数据寄存器和文件寄存器中的内容不受影响
M8032 全清保持存储器	
M8033 存储器保持	PC 由 RUN→STOP 时，映像寄存器及数据寄存器中的数据全部保留
M8034 禁止所有输出	虽然外部输出端全为“OFF”，但 PC 中的程序及映像寄存器仍在运行
M8035[①] 强制 RUN 方式	用 M8035、M8036，M8037 可实现双开关控制 PC 启/停，即 RUN 为启动按钮，X00 停止按钮[②]
M8036[①] 强制 RUN 信号	
M8037[①] 强制 STOP 信号	

元件号/名称	寄存器内容
D8030	
D8031	
D8032	
D8033	
D8034	
D8035	
D8036	
D8037	

续表

元件号/名称	动作/功能	元件号/名称	寄存器内容
M8038		D8038	
M8039 定时扫描方式	M8039 接通后，PC 以定时扫描方式运行，扫描时间由 D8039 设定	D8039 定时扫描时间	初始值：0ms，PC 通电时由系统 ROM 送入 可以 1ms 为单位改变

①当 PC 由 RUN→STOP 时，M 继电器关断。

②无论 RUN 输入是否为 ON，当 M8035 或 M8036 由编程器强制为 ON 时，PC 运行。

五、步进顺控

元件号/名称	操作/功能	元件号/名称	寄存器内容
M8040 禁止状态转移	M8040 接通时禁止状态转移	D8040（§） ON 状态编号 1	状态 S0 ~ S999 中正在动作的状态的最小编号，存在 D8040 中，其他动作的状态号由小到大依次存在 D8041 ~ D8047 中（最多 8 个）
M8041① 状态转移开始	自动方式时从初始状态开始转移	D8041（§） ON 状态编号 2	
M8042 启动脉冲	启动输入时的脉冲输出	D8042（§） ON 状态编号 3	
M8043① 回原点完成	原点返回方式的结束后接通	D8043（§） ON 状态编号 4	
M8044① 原点条件	检测到机械原点时动作	D8044（§） ON 状态编号 5	
M8045 禁止输出复位	方式切换时，不执行全部输出的复位	D8045（§） ON 状态编号 6	
M8046（§） STL 状态置 ON	M8047 ON 时若 S0 ~ S899 中任意一处接通则 ON	D8046（§） ON 状态编号 7	
M8047 STL 状态监控有效	接通后 D8040 ~ D8047 有效	D8047（§） ON 状态编号 8	
M8048（§） 报警器接通	M8049 接通后 S900 ~ S999 中任意一处为 ON 时接通	D8048	
M8049 报警器有效	接通时 D8049 的操作有效	D8049（§） ON 状态最小编号	存储报警器 S900 ~ S999 中 ON 状态的最小编号

①PC 由 RUN→STOP 时 M 关断。

注：执行 END 指令时所有与 STL 状态相连的数据寄存器都被刷新。

六、禁止中断

元件号/名称	操作/功能	元件号/名称	寄存器内容
M8050 I0□□禁止	由 FNC（EI）开中断后，可通过相应特殊辅助继电器禁止个别中断输入 例如当 M8050 为 ON 时，I0□□中断被禁止	D8050	
M8051 I1□□禁止		D8051	
M8052 I2□□禁止		D8052	
M8053 I3□□禁止		D8053	
M8054 I4□□禁止		D8054	
M8055 I5□□禁止	由 FNC（EI）开中断后，可通过相应特殊辅助继电器禁止个别中断输入 例如当 M8050 为 ON 时，I0□□中断被禁止	D8055	
M8056 I6□□禁止		D8056	
M8057 I7□□禁止		D8057	
M8058 I8□□禁止		D8058	
M8057		D8059	

七、出错检测

编号	名称	PROGE 灯	PC 状态	编号	数据寄存器的内容	
M8060(§)	I/O 编号错	OFF	RUN	D8060(§)	引起 I/O 编号错的第一个 I/O 元件号①	
M8061(§)	PC 硬件错	闪动	STOP	D8061(§)	PC 硬件出错码编号	见出错码表
M8062(§)	PC/PP 通讯错	OFF	RUN	D8062(§)	PC/PP 通讯错的错码编号	
M8063(§)①	并机通讯错	OFF	RUN	D8063(§)①	并机通讯错码编号	
M8064(§)	参数错	闪动	STOP	D8064(§)	参数错的错码编号	
M8065(§)	语法错	闪动	STOP	D8065(§)	语法错的错码编号	
M8066(§)	电路错	闪动	STOP	D8066(§)	电路错的错码编号	
M8067(§)③	操作错	OFF	RUN	D8067(§)③	操作错的错码编号	

续表

编号	名称	PROGE 灯	PC 状态	编号	数据寄存器的内容
M8068	操作错锁存	OFF	RUN	D8068	操作错步序编号(锁存)
M8069	I/O 总线检查[2]	—	—	D8069(§)[2]	M8065 ~ M8067 错误的步序号

①如果对应于程序中所编的 I/O 号（基本单元、扩展单元、扩展模块上的）并未装在机上，则 M8060 置 ON，其最小元件号写入 D8060 中。

②M8069 接通后，执行 I/O 总线校验，如果有错，将写入出错码 6013 且 M8061 置 ON。

③当由 STOP→ON 时断开。

1 0 2 0
- 元件号10～177
- 1输入X
- 0输入Y

八、通信及特殊操作

元件号	操作/功能	元件号	数据寄存器内容
M8070	联机运行作为主站时 ON	D8070（§）	确认联机运行出错等待时间 500ms
M8071	联机运行作为主站时 ON	D8071	
M8072（§）	联机运行时 ON	D8072	
M8073（§）	联机运行时 M8070/M8071 设置不正确时 ON	D8073	
M8074		D8074	采样剩余次数
M8075	采样扫描准备开始指令	D8075	采样多次设置（1 ~ 512）
M8076	采样扫描运行开始指令	D8076	采样周期
M8077	采样扫描运行中标志	D8077	触发器指定
M8078	采样扫描结束标志	D8078	触发条件元件编号设置
M8079	扫描次数 512 次以上 ON	D8079	采样数据指针
M8080		D8080	位元件编号 No. 0
M8081		D8081	位元件编号 No. 1
M8082		D8082	位元件编号 No. 2
M8083		D8083	位元件编号 No. 3
M8084		D8084	位元件编号 No. 4
M8085		D8085	位元件编号 No. 5
M8086		D8086	位元件编号 No. 6
M8087		D8087	位元件编号 No. 7
M8088		D8088	位元件编号 No. 8
M8089		D8089	位元件编号 No. 9

续表

元件号	操作/功能	元件号	数据寄存器内容
M8090		D8090	位元件编号 No. 10
M8091		D8091	位元件编号 No. 11
M8092		D8092	位元件编号 No. 12
M8093		D8093	位元件编号 No. 13
M8094		D8094	位元件编号 No. 14
M8095		D8095	位元件编号 No. 15
M8096		D8096	位元件编号 No. 0
M8097		D8097	位元件编号 No. 1
M8098		D8098	位元件编号 No. 2
M8099	高速环形计数器操作	D8099	环形计数器增计数，计数范围0 ~32 767（以0.1ms为单位）

九、加/减计数器

编　号	功　　能	编　号	寄存器内容
M8200—M8234	M8000 为 ON 时，计数器 C□□□为减计数方式；OFF 时为加计数方式	D8200—D8234	

注：M8100 ~ M8199 及 D8100 ~ D8199 未使用。

十、高速计数器

编　号	功　　能	编　号	寄存器内容
M8235	M8□□□为 ON 时，单相高速计数器 C□□□为减计数方式；OFF 时为加计数方式	D8235（§）	保留为将来扩展功能用，用户编程时不要使用
M8236		D8236（§）	
M8237		D8237（§）	
M8238		D8238（§）	
M8239		D8239（§）	
M8240		D8240（§）	
M8241		D8241（§）	
M8242		D8242（§）	
M8243		D8243（§）	
M8244		D8244（§）	
M8245		D8245（§）	

续表

编　号	功　能	编　号	寄存器内容
M8246（§）	M8□□□为 ON 时，单相双输入计数器或双相计数器 C□□□为减计数方式；为 OFF 时，为加计数方式	D8246（§）	
M8247（§）		D8247（§）	
M8248（§）		D8248（§）	
M8249（§）		D8249（§）	
M8250（§）		D8250（§）	
M8251（§）		D8251（§）	
M8252（§）		D8252（§）	
M8253（§）		D8253（§）	
M8254（§）		D8254（§）	
M8255（§）		D8255（§）	

附录 D　出错码表

一、出错码表一

错误类型	出错码	出错内容	处理办法
D8061 PC 硬件出错	0000	无错	检查扩展电缆的连接是否正确
	6101	RAM 错	
	6102	运行电路错	
	6103	I/O 总线错（M8069 为 ON 时）	
D8062 PC/PP 通信出错	0000	无错	检查编辑器与 PC 是否接触良好
	6201	奇偶出错，溢出出错，成帧出错	
	6202	通信字符错	
	6203	通信数据检查和出错	
	6204	通讯数据格式错	
	6205	指令错	
D8063 联机通信错	0000	无异常	检查项目： 两台机的电源是否都已接通 各机的通讯适配器是否连接良好
	6301	奇偶出错，溢出出错，成帧出错	
	6302	通信字符错	
	6303	通信数据检查和出错	
	6304	数据格式错	
	6305	指令错	
	6306	警戒时钟错	

<table>
<tr><th>错误类型</th><th>出错码</th><th>出错内容</th><th>处理办法</th></tr>
<tr><td rowspan="7">D8064
参数出错</td><td>0000</td><td>无异常</td><td rowspan="7">停止 PC，用参数方式设定正确的值</td></tr>
<tr><td>6401</td><td>程序检查和出错</td></tr>
<tr><td>6402</td><td>存储器容量设置错</td></tr>
<tr><td>6403</td><td>保持区设置错</td></tr>
<tr><td>6404</td><td>注释区域设置错</td></tr>
<tr><td>6405</td><td>文件寄存器的区域设置错</td></tr>
<tr><td>6409</td><td>其他设置错</td></tr>
<tr><td rowspan="8">D8065
语法出错</td><td>0000</td><td>无异常</td><td rowspan="8">编程序时仔细检查每个指令，如果查出语法错，则在编程方式下修改</td></tr>
<tr><td>6501</td><td>不正确的指令，元件符号地址号组合</td></tr>
<tr><td>6502</td><td>设定值前无 OUTT，OUTC</td></tr>
<tr><td>6503</td><td>（1）OUTT，OUTC 指令后无设定值
（2）功能指令的操作数个数不够</td></tr>
<tr><td>6504</td><td>（1）标号号码重复
（2）重复使用同一中断输入或高速计数器输入口</td></tr>
<tr><td>6505</td><td>元件编号超出范围</td></tr>
<tr><td>6509</td><td>其他错</td></tr>
</table>

二、出错码表二

<table>
<tr><th>错误类型</th><th>出错码</th><th>出错内容</th><th>处理办法</th></tr>
<tr><td rowspan="6">D8066
电路出错</td><td>0000</td><td>无异常</td><td rowspan="6">在校验输入的电路块时，如果指令的组合发生错误将产生电路错。在编程方式时校正指令的错误</td></tr>
<tr><td>6601</td><td>LD 或 LDI 连续使用了 9 次以上</td></tr>
<tr><td>6602</td><td>（1）无 LD、LDI 指令
LD、LDI 及 ANB、ORB 使用错误
（2）以下指令未与母线相连
STL，RET，MCR，P（指针），I 中断，EI，DI，SRET，IRET，FOR，NEXT，FEND，END</td></tr>
<tr><td>6603</td><td>MIS 连续使用 12 次以上</td></tr>
<tr><td>6604</td><td>错误使用 MPS 与 MRD，MPP</td></tr>
<tr><td>6605</td><td>（1）STL 连续使用 9 次以上
（2）STL 里有 MC、MCR、I（中断）、SRET
（3）STL 外有 RET 或无 RET</td></tr>
</table>

续表

错误类型	出错码	出错内容	处理办法
	6606	(1) 无 P（指针）、I（中断） (2) 无 SRET、IRET (3) 主程序中有 I（中断）、SERT、IRET (4) 子程序中和中断程序中有 SIL、RET、MC、MCR	
	6607	(1) FOR 与 NEXT 关系不正确。嵌套为 6 级以上 (2) FOR ~ NEXT 之间有 STL、RET、MC、MCR、IRET、SPET、FEND、END 指令	
	6608	(1) 非法 MC ~ MCR 关系 (2) 无 MCR 编号 (3) 在 MC 和 MCR 块中有 SRET、IRET 或 I（中断）指令	
	6609	其他	

三、出错码表三

错误类型	出错码	出错内容	处理办法
D8067 运算出错	0000	无异常	这些错在程序执行时产生。当运算错误发生时，停止 PC，转到编程方式下修改程序 有时在无语法错误时也会出错 如下例： D500Z 不引起出错。但作为运算结果的 Z 值如果为 100（Z = 100），则 D500Z 即等于 D600，超出了允许元件号的范围，因此会产生错误
	6701	(1) CJ、CALL 指令无跳转目标 (2) END 指令后有标号 (3) FOR ~ NEXT 内和子程序之内有独立的标号	
	6702	CALL 的嵌套层数为 6 以上	
	6703	中断的嵌套层数为 3 以上	
	6704	FOR - NEXT 的嵌套层数为 6 以上	
	6705	功能指令使用了非法目标元件	
	6706	在功能指令中使用了非法目标元件	
	6707	所用的文件寄存器在设定范围之外	
	6708	其他（无 IRET 或 SRET、FOR - NEXT 非法关系等）	

参考文献

[1] 张万忠，孙晋主编. 可编程控制器入门与应用实例. 北京：中国电力出版社，2005.
[2] 王阿根编著. 电气可编程控制原理与应用. 北京：清华大学出版社，2007.
[3] 张万忠主编. 可编程控制器应用技术. 北京：化学工业出版社，2002.
[4] 周四六主编. 可编程控制器应用基础. 北京：人民邮电出版社，2006.
[5] 孙振强主编. 可编程控制器原理及应用教程. 北京：清华大学出版社，2005.
[6] 钟肇新，范建东编著. 可编程控制器原理及应用. 广州：华南理工大学出版社，2003.
[7] 刘守操等编. 可编程序控制器技术与应用. 北京：机械工业出版社，2006.
[8] 吴跃东，杨威主编. 电气控制与可编程控制器. 北京：人民邮电出版社，2007.
[9] 阮友德主编. 电气控制与 PLC 实训教程. 北京：人民邮电出版社，2006.
[10] 阮友德主编. PLC、变频器、触摸屏综合运用实训. 北京：中国电力出版社，2009.
[11] 王整风，谢云敏主编. 上海：上海交通大学出版社，2007.